MANUEL COMPLET

DU

BOULANGER,

DU

NÉGOCIANT EN GRAINS,

DU MEUNIER

ET DU

CONSTRUCTEUR DE MOULINS.

Première Partie.

©.

MANUEL COMPLET

DU

BOULANGER,

DU

NÉGOCIANT EN GRAINS,

DU MEUNIER

ET DU

CONSTRUCTEUR DE MOULINS.

TROISIÈME ÉDITION

ENTIÈREMENT REFONDUE, ET ENRICHIE DE TOUTES LES DÉ-
COUVERTES ET PERFECTIONNEMENS QUI SE RATTACHENT A
LA FABRICATION DU PAIN, A LA CONSTRUCTION DES MOULINS
ET A LA CONNAISSANCE DES CÉRÉALES ET DES LÉGUMINEUSES.

PAR M. BENOIT,

Ingénieur pour les Usines, Manufactures, Machines, etc.; l'un des
Fondateurs de l'École centrale des Arts;

ET M. JULIA DE FONTENELLE.

Ouvrage orné de planches.

Première Partie.

PARIS,

A LA LIBRAIRIE ENCYCLOPÉDIQUE DE RORET,
rue Hautefeuille, N.º 10, bis.

1836.

INTRODUCTION.

L'ÉTUDE des céréales, de leurs succédanées, des légumineuses, etc., etc., ainsi que celle des moyens propres à les panifier ou à améliorer leur panification, est un vaste sujet qui intéresse non-seulement l'agriculture et le commerce, mais encore toutes les diverses branches de la société. Une longue expérience a démontré que la culture et la conservation de ces mêmes céréales sont un des objets les plus propres à fixer l'attention des gouvernemens. C'est, en effet, à cette partie de l'économie publique, et même politique, qu'est attachée la prospérité, et, par fois, le sort des nations. On ne saurait donc se livrer avec trop d'ardeur à propager les préceptes qui peuvent en multiplier la reproduction, et en faire la meilleure application à la fabrication du plus précieux des alimens, le pain.

L'étude, la connaissance, la préparation et la panification des céréales, constituent trois arts séparés : celui du négociant en grains, celui du boulanger et celui du meunier. Ces arts ont entre eux une telle connexion, que nous avons cru devoir les réunir dans un seul volume, afin d'offrir, dans un même cadre, l'ensemble de tout ce qu'ils présentent d'intéressant, et de faire servir chacun de ces arts à éclairer les deux autres. La première édition de cet ouvrage, donnée par M. Dessables, était incomplète. L'éditeur nous confia la rédaction de la seconde. Pénétrés des devoirs que cette tâche nous imposait, nous crûmes devoir refondre totalement cet ouvrage, le mettre dans un ordre nouveau, l'enrichir de toutes les découvertes qui ont concouru au perfectionnement de ces trois arts, de manière à le rendre également utile au négociant, au boulanger, au meunier, au constructeur de moulins, à l'agriculteur, aux intendans et sous-intendans militaires, aux fournisseurs, en un mot à toutes les classes de la société.

Le succès a répondu à notre attente; aussi nous sommes-nous fait un devoir d'enrichir cette troisième édition de toutes les découvertes et perfectionnemens relatifs à ces branches industrielles.

Nous avons puisé une grande partie de nos matériaux dans le *Nouveau Cours complet d'Agriculture* par la section d'économie rurale de l'Institut, le *Dictionnaire technologique*, la *Chimie* de M. Thenard, les *Annales de Chimie*, les *Bulletins de la Société d'Encouragement pour l'industrie nationale*, les *Recherches statistiques sur la ville de Paris*, par M. le comte de Chabrol, le *Traité de l'industrie française*, par M. le comte Chaptal, la *Bibliothèque physico-économique*, et dans les ouvrages les plus récens qui ont paru en France et en Angleterre sur ces arts; et nous y avons joint l'analyse de la belle collection de blés que possède M. Julia de Fontenelle.

Pour plus de clarté, nous avons divisé ce nouveau Manuel en cinq parties.

La première comprend les céréales : ce sont le blé, le seigle, l'orge et l'avoine; nous y avons compris aussi, sous le nom de *succédanées*, le maïs, le sarrasin, le riz, le millet, etc.; et sous celui de *légumineuses*, les fèves, les haricots, les pois, les vesces, la gesse, le lupin, les lentilles, etc. Après avoir décrit les diverses espèces de blé, nous faisons connaître les maladies auxquelles il est sujet, et le moyen d'y remédier; les altérations qu'il est susceptible d'éprouver, les insectes qui l'attaquent, et les meilleures méthodes pour les reconnaître, et pour l'en préserver, telles qu'on les pratique soit en France, soit dans l'étranger. Vient ensuite leur conservation tant en sacs isolés que dans les greniers aérés ou clos, de MM. Dejean, Delacroix, etc., dans les matamores, silos, et au moyen des appareils aérifères. Enfin, leur analyse, et des tableaux des récoltes des grains dans toute la France, et dans le département de la Seine, par M. le comte Chaptal et M. le comte de Chabrol, complètent cette partie.

La seconde est consacrée aux farines, aux moyens de reconnaître leur bonté et de les conserver, aux caractères qui sont propres à chacune d'elles, à leur blutage, aux substances qu'on introduit dans celles de qualité inférieure pour rendre le pain plus blanc, à leur danger, et aux moyens de les reconnaître, etc.

Dans la troisième partie nous avons placé la description des fours à pain, leur chauffage, les divers combustibles, la théorie de la combustion, et les instrumens propres à la boulangerie.

La quatrième partie est consacrée à la panification, à la fermentation panaire, aux diverses espèces de levain, à l'emploi de l'eau et du sel marin, à la mise au levain, au pétrissage, et aux perfectionnemens qu'il a reçus, tant par la lambertine que par la nouvelle machine de Bercy, à la pesée et à la cuisson du pain et à son défournement, à la quantité qu'on peut en retirer d'un sac de blé, aux procédés propres à en augmenter la quantité, et à l'analyse du pain par Henry ; enfin, nous y traitons en même temps de la collection d'un grand nombre de pains, tels que celui de munition, le biscuit de mer, le pain de luxe, le pain d'épeautre, le pain sans levain, le pain de seigle, de méteil, d'épice, d'orge, d'avoine, de maïs, de sarrasin, de riz, de lentilles, de pois, de gesse, de lichen d'Islande, de manioc et de cassave, de nymphéa, de chiendent, de châtaignes, de marrons d'Inde, de pommes de terre, etc.; de l'organisation de la boulangerie à Paris.

Enfin, la cinquième partie est destinée à l'art du meunier et du constructeur de moulins; nous y avons exposé successivement les organes des moulins, la force nécessaire pour mettre les organes des moulins à farine en activité, les diverses manières de moudre, la classification des moulins, la détermination de la force des cours d'eau, la construction des moulins à eau en général, des moulins à roues horizontales, à coquilles, à roues verticales pendantes, en dessous, de côté, en dessus, des moulins à vapeur, des moulins à vent, etc. Cette partie a reçu une plus grande extension; nous y avons ajouté la description et les planches de plusieurs moulins à eau, à vapeur, à vent et à bras, du plus haut intérêt.

C'est par de longues et pénibles recherches que nous avons cherché à justifier la bienveillance avec laquelle le public et les journaux ont constamment accueilli nos productions.

MANUEL

DU

BOULANGER,

DU

NÉGOCIANT EN GRAINS,

DU MEUNIER

ET DU

CONSTRUCTEUR DE MOULINS.

~~~~~~

PREMIÈRE PARTIE.

DES CÉRÉALES.

───────

On a consacré le nom de *céréales* aux graminées que l'on cultive pour en obtenir les semences qui sont employées à la nutrition de l'homme. Ce nom générique vient de celui de *Cérès*, dont les brillantes fictions de la Mythologie avaient fait la déesse de l'agriculture, et à laquelle nous devrions ces présens si précieux. Les céréales, à proprement parler, se réduisent à quatre :

Le froment,	L'orge,
Le seigle,	L'avoine.

1

Il est quelques auteurs qui ont considéré aussi comme telles:

Le maïs,	Le sorgho,
Le sarrasin,	Le millet.
Le riz,	

Nous ne partageons point cette opinion ; nous ne considérons ici comme véritables céréales que les quatre graminées
précitées, ainsi que leurs variétés ; mais comme ces derniers
végétaux ont beaucoup d'analogie avec elles, nous les place-
rons à la suite, et avant les légumineuses.

Il est une foule d'autres semences qui s'y rattachent aussi ;
telles sont l'*alpiste*, la *fétuque flottante*, la *zizanie*, les *holcus*, etc. Nous les passerons sous silence, attendu qu'elles
n'ont point été encore *panifiées*.

Pour plus de clarté, nous allons énumérer les diverses semences précitées, que nous diviserons en céréales, succédanées des céréales, et graines légumineuses.

DU FROMENT OU BLÉ.

Latin, *bladum, triticum;* grec, *pyros;* arabe, *henta, henca*
ou *hantha;* italien, *grano;* allemand, *wueyssen;* anglais,
corn, wheat; espagnol *trigo;* patois languedocien, *blad,
touzello;* limousin, *blad*, etc.

Le blé est cultivé de temps immémorial ; tout porte à croire
qu'on doit rapporter les trois cent soixante variétés que nous
en connaissons à une espèce primitive qui s'est perdue par sa
naturalisation dans presque toutes les parties du monde.
L'Égypte est le pays où l'on remarque les plus anciennes
traces de sa culture. Les Latins avaient désigné les céréales
sous le nom générique de *bladum;* ils ajoutaient à cette dénomination celle de l'espèce ; ainsi ils nommaient :

Le froment,	*Bladum frumentum.*
L'avoine,	*Bladum ab equis.*
Le méteil,	*Bladum mediatum.*
Le blé d'hiver,	*Bladum hiemale*, etc.

Dans tout le midi de la France, les noms de *blé* et en patois de *blad*, provenant l'un et l'autre du latin *bladum*, sont
uniquement consacrés au froment.

Nous avons déjà dit que l'on connaissait un grand nombre
de variétés de blé. En 1784, M. Tessier forma le projet de
connaître toutes les plantes économiques que l'on cultive,

non-seulement dans chaque contrée de la France, mais dans les divers États de l'Europe, de l'Afrique, de l'Asie et de l'Amérique, pour les comparer. Cet illustre agronome reçut des semences de presque tous les points du monde, qu'il sema, avec soin, pendant plusieurs années de suite, à Rambouillet et dans un canton de la Beauce qui en est à 14 lieues ; il en distribua les produits à plusieurs personnes. C'est d'après ces importantes recherches qu'il a publié, dans le nouveau Cours complet d'Agriculture théorique et pratique publié par MM. les membres de la section d'agriculture de l'Institut de France, les précieux documens que nous allons transcrire fidèlement.

Parmi les différentes sortes de fromens que j'ai cultivés, dit-il, les uns ont la paille pleine et forte, les autres l'ont creuse et grêle ; plusieurs sont sans barbes ou arêtes ; la plupart ont des barbes. il y en a dont les épis ont presque la forme cylindrique ; d'autres l'ont presque carrée. On en voit d'épais, on en voit d'aplatis et de minces. Les barbes, ainsi que les balles, sont ou noires, ou blanches, ou rouges, ou violettes ; ces parties tantôt sont lisses, tantôt velues ; les grains n'ont pas non plus la même couleur, puisqu'il y en a de blanchâtres, de transparens, de jaunes, de ternes, de plus ou moins bombés, de plus ou moins gros, de plus ou moins allongés ; quelques-uns ont des taches ou sont ridés. Toutes ces différences peuvent établir une méthode pour distinguer les divers fromens ; mais laissant à part toute distinction botanique, M. Tessier réduit les fromens à deux sortes, savoir : aux fromens tendres et aux fromens durs. Dans les premiers, les grains sont flexibles sous la dent et d'une couleur plus ou moins jaune ; leur écorce est fine, et recouvre une farine blanche et abondante ; ces grains résistent au froid et sont cultivés, la plupart, dans les provinces septentrionales et dans le nord de l'Europe. Il en a reçu de la Russie, de la Suède, de la Pologne, de la Hollande, de tous les États d'Allemagne, des Pays-Bas, de la Suisse, de Genève, du cap de Bonne-Espérance même et du Maryland, parce que les Hollandais et les Anglais les ont portés dans leurs colonies.

Les fromens, ou blés tendres, sont sans barbes ou avec des barbes. Parmi les blés tendres et sans barbes, celui qui a les épis blancs, presque cylindriques, les grains jaunes et la tige creuse est préféré dans les meilleures provinces à blé de la France, qui toutes sont au nord, telles que la Flandre, l'Artois, la Picardie, la Brie, la Beauce, le pays fertile de l'Ile-de-France, appelé *la France*.

La Flandre, le Calaisis, le Cambraisis, le Boulonnais, et un canton de la Normandie, ont fait passer à M. Tessier un froment à épis blancs sans barbes, et à grains blancs arrondis, qu'il a trouvé aussi dans des envois de Pologne, de Zélande, d'Angleterre, de Limbourg et du cap de Bonne-Espérance.

Il a eu du pays d'Auge en Normandie, par les soins de M. le marquis Turgot, et de Saint-Diez en Lorraine, un froment sans barbes, à épis presque cylindriques et veloutés; il lui a aussi été apporté de Hollande, d'Angleterre, de la Sudermanie en Suède, du Holstein et du Mecklenbourg.

La vraie touzelle, espèce de froment à épis cylindriques, sans barbes et à grains blancs, allongés, est connue en Sicile, à Gênes, à Nice, ainsi qu'en France dans la Provence, le Languedoc et le comtat d'Avignon. Il n'en est pas venu du Nord.

Le plus cultivé des blés tendres, tant en France que chez l'étranger, est le blé à épis blancs et à barbes divergentes, tige creuse. Il est répandu partout, mais bien plus dans le Nord où il n'a sans doute passé que par les importations, comme les blés sans barbes ont passé dans le Midi. Les blés durs sont les blés dominans dans les pays chauds. S'il s'y trouve du blé tendre, c'est l'espèce dont on vient de parler. Parmi nous, elle est plus cultivée en mars qu'en automne, parce qu'elle est plus sensible au froid que nos blés sans barbes.

Après ce blé barbu, il y en a un autre aussi plus connu dans le midi de la France et de l'Europe que dans le nord : c'est celui qui a la tige pleine, l'épi rouge, et les barbes rouges convergentes. Ses grains, comme ceux de tous les blés à paille pleine, sont gros, fermes, et ont une peau épaisse qui, à la monture, donne beaucoup de son et de mauvaise farine.

Dans les blés tendres il y a des variétés qui ne se cultivent que dans peu de pays, soit parce qu'il y a peu de terrains propres à les produire, soit parce qu'ils ne sont pas d'un bon rapport. Le blé de providence, le blé de miracle, le blé de souris, un petit blé sans barbes, à épis roux et carrés, sont dans ce dernier cas.

Quelques provinces ne cultivent qu'une sorte de blé, tandis que d'autres en cultivent jusqu'à huit sortes.

Les blés durs diffèrent des blés tendres, parce que leurs grains sont ternes ou transparens et durs à casser; on en fait de la belle semoule; ils n'offrent pas un aussi grand nombre de sous-variétés que les blés tendres. Inconnus dans le nord de la France et de l'Europe, on les voit naître dans le comtat d'Avignon, la Provence et le Languedoc, où ils ont été introduits par le commerce de ces provinces avec l'Afrique et tout le Levant. Ce sont des blés durs que M. Tessier a reçus d'Égypte, de Syrie, d'Athènes, de Malte, de la Sardaigne, de la Sicile, de diverses parties de l'Italie, du Piémont, du Portugal, de l'Espagne, etc.

Des blés durs qu'il a semés pendant tous les mois de l'hiver, ont gelé presque entièrement. Les mêmes, semés en mars, sont bien venus, et ont fructifié. Des blés tendres, envoyés des pays où on cultive les blés durs, c'est-à-dire des pays chauds, n'ont pas souffert des rigueurs de l'hiver. Il semble qu'on peut en donner cette raison: c'est que ceux-ci, originaires des pays froids ou tempérés, en y repassant, ont retrouvé, pour ainsi dire, leur climat natal, tandis que les autres arrivaient dans un climat étranger qui leur était contraire.

Il serait important de savoir si les blés durs, introduits en France depuis un grand nombre d'années, y produisent autant que les blés tendres qui n'ont point sorti du pays; et si des blés tendres de France, exportés dans des climats chauds après un grand laps de temps, égaleraient en produits les blés durs de ces climats. Ces transports et ces essais multipliés et suivis apprendraient peut-être d'où chaque sorte de blé est originaire, parce qu'il y a lieu de croire que c'est du pays où elle produirait le plus.

De ces observations générales, M. Tessier passe à la description de celles des variétés ou sous-variétés de fromens qu'il a le plus étudiées. Il y en a sans doute un plus grand nombre; mais les unes lui sont inconnues, les autres n'offrent pas des différences assez sensibles pour être bien caractérisées.

Il se borne donc à un petit nombre.

N.o 1. Froment sans barbes; à balles blanches, peu serrées; grains jaunes, moyens; tige creuse.

Ce froment est celui qu'on sème dans les parties les mieux cultivées de la France, où la terre n'est pas compacte et où elle a peu de fond.

1*

N.° 2. Froment sans barbes; à balles rousses et peu serrées; grains jaunes, moyens; tige creuse.

On croit que ce froment n'est qu'une sous-variété du premier. Les grains en sont plus gros et d'un jaune plus roux. Il se cultive dans les mêmes cantons. On préfère ce blé dans les pays où le temps de la moisson est souvent pluvieux, parce que, germant plus difficilement, il est moins sujet à s'altérer quand les tiges sont en javelles et étendues sur les champs. On connaît encore une sous-variété de ce froment, qui ne diffère que parce que les grains sont blancs.

N.° 3. Froment sans barbes; à balles blanches, peu serrées; petits grains blancs, ronds; tige creuse.

Ce froment a beaucoup de rapport avec le N.° 1.er; sa paille et ses balles sont un peu plus blanches et ses grains blancs. On le cultive dans le nord de la France et même dans le midi.

On a cru en Angleterre avoir fait une découverte quand, pour la première fois, en l'an VI de la république, ce froment a été trouvé dans une haie, ce qui l'a fait nommer *hedge-wheat*, blé de haie. En ayant fait venir d'Angleterre, M. Tessier a reconnu que c'était cette variété cultivée dans diverses parties de la France depuis long-temps, et notamment aux environs de Dunkerque, sous le nom de blé de première qualité; près de Lille, sous celui de blanc-zée; près de Calais, sous celui de blé blanc, etc.

N.° 4. Froment sans barbes; à épi roux et carré; grains petits; tige creuse.

On le cultive à Phalsbourg en Alsace. Ce n'est qu'au printemps qu'on le sème ordinairement; cependant il a été semé en automne par M. Tessier pendant plusieurs années. Sa sous-variété a l'épi blanchâtre.

N.° 5. Froment sans barbes; à épi roux, grain de grosseur moyenne; tige creuse et grêle.

Ce froment se cultive aussi à Phalsbourg, toujours mêlé avec le précédent. On l'y sème au printemps; mais il a été semé seul et en automne pendant deux ans, par M. Tessier, avec succès. On soupçonne qu'il pourrait bien être le même que le N.° 2. Sa sous-variété a les épis blancs, et ressemble beaucoup au N.° 1.

N.° 6. Froment sans barbes; à épi blanc; grains blancs, longs et un peu transparens; tige creuse; calices rares et écartés.

Ce froment se cultive dans les provinces du midi de la France sous le nom de *touzelle*; il diffère du N.º 3, parce que les grains sont un peu plus longs et presque transparens.

N.º 7. Froment sans barbes; à épi velu et grisâtre; grains moyens; tige creuse; sa sous-variété a les épis roux.

Ce froment se cultive en Normandie, dans le pays d'Auge, à Boulogne-sur-Mer. Il vient de la Suède.

N.º 8. Froment barbu; à épi blanc, large; à barbes blanches, divergentes; grains moyens; tige creuse; calices peu serrés.

Ce froment se cultive dans presque toutes les parties de la France. Tantôt il est lisse, tantôt il est velu.

N.º 9. Froment barbu; à épi roux, large, et à barbes rousses, divergentes; grains moyens; tige creuse, et balles peu serrées.

Ce froment est velu ou lisse.

N.º 10. Froment barbu; à balles et barbes violettes, velues et droites; grains gros et longs; tige pleine.

Ce froment se cultive depuis long-temps dans les environs de Nice, d'où il a passé dans le Piémont. Une partie de ses barbes tombe à la maturité. Il a l'avantage d'être hâtif et d'avoir une végétation rapide.

N.º 11. Froment barbu; à épi étroit, velu et gris; barbes grises ou noires; grains gros et bombés, tachés de noir sur le le germe; tige pleine et balles serrées.

Ce froment, qu'on pourrait peut-être appeler *blé de souris*, se cultive particulièrement dans la vallée d'Anjou, toujours mêlé avec le suivant. Il ne vient que dans les terres qui ont beaucoup de fond. Quelquefois ses barbes tombent au moment de la parfaite maturité. Sa sous-variété est blanche, une autre est rouge.

N.º 12. Froment barbu; à épi rouge non velu, un peu étroit; barbes rouges; gros grains; tige pleine.

On le cultive dans la vallée d'Anjou, mêlé avec le précédent; on le cultive seul dans beaucoup d'endroits de la France. Quelquefois ses balles sont couvertes d'une espèce de fleur blanchâtre, semblable à celle qu'on trouve sur certains fruits, et surtout sur les prunes. Souvent les barbes de ce froment tombent toutes au moment de la maturité.

M. Tessier a eu, de Genève, sa sous-variété blanche, sous le nom de blé *nonette*. Il en est encore une violette, une rousse, une veloutée, et une à barbes noires.

N.º 13. Froment barbu ; à épi blanc, carré ; barbes noires, gros grains blancs , bombés ; tige à demi-creuse.

Ce froment se cultive dans le comtat d'Avignon. Les barbes ne sont pas noires dans toute leur longueur ; quelquefois leur extrémité est blanche ; il perd aussi ses barbes.

N.º 14. Froment barbu ; à épi blanc, étroit ; barbes noires ; grains fermes et longs ; tige grêle et pleine. Je le soupçonne une sous-variété du précédent ; peut-être est-ce le même. On le cultive dans le comtat d'Avignon.

Ce froment a une sous-variété dont les épis sont roux.

N.º 15. Froment barbu , à épi blanc, long, carré ; barbes blanches ; gros grains ; couleur ordinaire ; tige pleine.

Ce froment se cultive dans différens pays : c'est le *blé de Providence*. Il donne beaucoup de grains. Il convient aux terres qui ont du fond. Il y est d'un grand produit. Ses barbes tombent au moment de la maturité.

N.º 16. Froment barbu ; à épi rouge , carré , long ; gros grains ; tige pleine. Il est parvenu en France par l'Allemagne.

Ce froment, vers la maturité, perd toutes ses barbes. Il a une variété ou sous-variété couverte d'une espèce d'efflorescence blanchâtre.

N.º 17. Froment barbu ; à épi roux , velu , court , carré ; barbes rousses ; gros grains ternes et bombés ; tige pleine.

Il se cultive à Lavaur, dans la Gascogne , sous le nom de *blé pétaniel*. Au moment de la maturité, il perd ses barbes.

N.º 18. Froment barbu ; à épi blanc, velu, presque carré ; barbes blanches ; grains gros et bombés ; tige pleine.

On le cultive dans le comtat d'Avignon. Il paraît être une sous-variété du précédent ; mais cela n'est pas certain. C'est peut-être celle du N.º 10.

N.º 19. Froment barbu ; à épis groupés sur le même pied; roux, velu ; barbes rousses ; grains blanchâtres, très-gros ; tige pleine.

Ce froment, qui s'appelle *blé de miracle*, blé de Smyrne, ne se sème que par curiosité dans beaucoup de pays , et par conséquent en petite quantité. On croit qu'il se cultive en grand dans les environs de Grenoble, en Dauphiné. Ce froment paraîtrait devoir être une espèce : il a des variétés et des sous-variétés qui en diffèrent par la couleur plus ou moins rousse et quelquefois blanchâtre des épis. Il y en a une qui n'est pas velue.

N.º 20. Froment barbu ; à épi rouge ; balles et barbes rouges, rapprochées et serrées ; à gros grains tenus.

Ce froment se cultive dans le comtat d'Avignon ; il diffère du N.º 11, parce que ses épis sont moins longs, ses barbes et ses balles sont aussi couvertes de cette espèce de fleur qu'on voit sur certains fruits et surtout sur les prunes. Il paraît avoir une variété blanche et à barbes noires.

N.º 21. Froment barbu ; à épi blanc ; barbes blanches ; balles très-longues ; grains longs ; tige creuse. On lui a donné le nom de *blé de Pologne*. M. Tessier croit qu'il forme une espèce.

N.º 22. Froment barbu ; à barbes droites ; à épi aplati et épais ; grains longs et durs ; tige pleine. Il est originaire d'Afrique d'où il a passé dans le midi.

N.º 23. Froment à épi très-blanc ; barbes lisses, étroites ; tige pleine ; grains gros.

Ce froment de Catalogne et des îles Baléares a passé dans le Roussillon. On l'appelle *blat* ou *blé du Caure*, c'est-à-dire blé de cuisson, parce qu'on le prépare et on le mange comme le riz. Toute sa paille est extrêmement courte.

Ce travail de M. Tessier, tout intéressant qu'il est, se trouve bien loin de faire connaître les principales variétés des blés cultivés en France et principalement dans le midi. Nous allons prendre pour exemple les départemens des Pyrénées-Orientales, de l'Aude et de la Haute-Garonne, qui forment en partie la lisière de ces montagnes.

On cultive quatre variétés de froment ou blé en Roussillon, qu'ils nomment ainsi :

Le blé fort,   La touzelle rouge,

La touzelle blanche,   Le blé de mars.

Le *blé fort* a l'épi rouge, le grain gros, rouge en dehors et en dedans, et translucide.

La *touzelle blanche* ; son épi est blanc ; son grain beaucoup plus petit que le précédent ; sa farine est blanche, de même que son enveloppe.

La *touzelle rouge* ; elle diffère de la précédente variété par sa couleur, qui est rouge jaunâtre. Son grain est petit, un peu renflé, et coloré plus faiblement à sa renflure. Il est considéré dans le Roussillon et les départemens voisins comme très-productif ; aussi les bons agronomes de ces mêmes départemens ne manquent pas de changer leur semence chaque deux ans, et de semer du blé du Roussillon très-pur et exempt de graines étrangères. Ce blé, destiné à la semence, se vend de 20 à 25 pour 100 au-dessus du cours des blés du département de l'Aude, et de 50 pour 100 de ceux de la Haute-Garonne.

Cette fécondité attribuée au blé du Roussillon, est-elle bien constatée par des faits? ou bien doit-on l'attribuer à la plus grande quantité de graines qu'on sème sous un même volume? C'est à l'expérience à le démontrer: ces deux causes pourraient bien contribuer simultanément à cette préférence, de même que le blé beaucoup plus pur que l'on obtient, et que l'on vend de 5 à 7 pour 100 de plus. On évalue le poids de l'hectolitre de ce blé à environ 155 livres petits poids. Ce blé se récolte en pleine maturité ; ce qui, joint à la température locale, fait qu'il est bientôt sec, et se conserve facilement. Ce département fournit, avons-nous dit, du blé pour semence aux départemens voisins ; mais, à son tour, il en reçoit d'eux, ainsi que d'autres grains pour la nourriture de ses habitans. Ces blés et grains sont entreposés, en très-grande partie, dans une halle dite *Paillol*, où ils sont placés dans des compartimens avec une étiquette portant leurs prix. Ils sont commis à la garde d'un fermier qu'ils nomment *paillolé*, et qui est chargé de la vente. Le *blé de mars* ou le *trémas* n'est cultivé que sur les montagnes.

Dans le département de l'Aude, on cultive principalement trois qualités principales de blé. La plus générale est à épis barbus, à gros grains d'une couleur jaunâtre, et renflés au milieu, avec une teinte plus claire.

La seconde est la *touzelle rouge*. Ses grains sont un peu plus longs et moins renflés ; sa couleur est rougeâtre, et ses épis barbus. Cette qualité est plus pesante que la précédente et de meilleure conservation : elle est destinée à la semence. L'expérience a démontré qu'à la longue elle dégénère et produit la variété précédente.

La troisième est la *touzelle blanche* ou *blé de Pologne*. Celle-ci est moins généralement cultivée que les précédentes; à l'exception de quelques cantons, comme Azille, Tourrouzelle, Olonzac, où depuis très-long-temps elle est spécialement semée. Cette variété est à gros grains blancs, un peu renflés, un peu luisans et pesans. Ils sont très-recherchés pour la boulangerie.

Parmi ces trois variétés on en distingue trois autres mêlées, qui sont le *blé rouge et dur* à très-gros grains, le *blé jaunâtre* à épi non barbu, et une autre variété à épi barbu et d'un violet noirâtre.

Dans une autre partie du département de l'Aude, dite le *Razès*, l'on en cultive une autre variété dont la semence est longue, non renflée, et d'un jaune rougeâtre terne. Elle est estimée pour la panification. En général les blés récoltés dans les plaines sont mieux nourris et à plus gros grains que ceux qui, dans la même contrée, sont cultivés sur les montagnes. Les agronomes sèment très-souvent ces derniers dans les plaines, et *vice versâ*. Ils assurent que les blés des plaines, étant bien nourris et plus robustes, réussissent mieux sur les montagnes où les terres sont moins riches en engrais, tandis que les blés des montagnes, qui sont plus maigres, trouvent dans les plaines plus de sucs végétatifs.

Dans le département de la Haute-Garonne, les variétés cultivées diffèrent totalement des précédentes. Les grains sont très-gros, très-renflés, et d'une couleur jaune blanchâtre; on les nomme (les principales variétés) *mitadens, tremaisons, tremaisons fins.*

La variété la plus ordinaire est à très-gros grains, très-renflés, et d'une couleur très-pâle. Les *mitadens* sont à grains très-gros, quoique moins que les précédens; ils sont un peu moins renflés; leur couleur est à peu près la même. Les tremaisons ont le grain moins gros et moins renflé; sa couleur est jaunâtre, et celle des renflures blanchâtre. Enfin les tremaisons fins sont moins gros, moins renflés, jaunâtres et un peu luisans. Ces diverses espèces sont moins pesantes que celles du département de l'Aude, moins estimées, et se vendent environ de 10 à 12 pour 100 de moins. Il est digne de remarque qu'en suivant la route de Toulouse à Perpignan, l'on voit la qualité du blé s'améliorer : ainsi les blés de Castelnaudary sont plus estimés que ceux de Toulouse; ceux de Carcassonne l'emportent sur ceux de Castelnaudary et sont bien moins estimés que ceux de Narbonne, lesquels le cèdent à leur tour (en général) à ceux du Roussillon et principalement de la partie qu'on nomme la *Salanque*.

Si nous remontons vers l'autre partie de la France, nous voyons les blés du département de l'Hérault égaler en bonté ceux de Narbonne; les variétés cultivées sont les mêmes, ainsi que celles du département du Gard.

Depuis la publication de la 2.e édition de cet ouvrage, nous nous sommes livrés à un travail spécial sur l'analyse des blés des principales contrées de la France, et sur ceux des pays étrangers qui sont importés à Marseille. Ce travail qui n'a encore reçu aucune publication, fait partie de cette 3.e édition. Nous devons une partie de ces blés aux soins de M. Despine, de Marseille, et à son fils, jeune médecin très-instruit. Parmi ces blés, nous citerons plus particulièrement les suivans.

DESCRIPTION DE QUELQUES ESPÈCES DE BLÉS.

Siaise d'Arles.

Grain très-petit, tendre, d'une couleur rouge terne, forme un peu allongée avec une petite renflure à l'une de ses extrémités; sillon très-profond. Estimée. Il y en a une variété de blanche.

Basse Bretagne.

Elle se compose du mélange de deux espèces. L'une jaunâtre, ovoïde, d'une grosseur moyenne, à sillon moins profond; l'autre plus petit, d'une couleur rougeâtre, de forme allongée; sillon peu profond et évasé. Celle-ci fait le quart du mélange. Estimée.

Normandie blanc.

Grosseur moyenne, forme ovoïde, couleur blanche, sillon profond et évasé, tendre, très-farineux. Cette espèce n'est presque point mêlée à aucune autre. Elle est très-belle.

Blé de Loire.

Couleur fauve rougeâtre, un peu allongée, sillons peu profonds et très-évasés, tendre; elle contient quelques grains de blé dur un peu plus coloré et un tiers d'une quantité de couleur jaunâtre, ovoïde, à sillons peu profonds et très-évasés. Cette qualité est estimée.

Brissac.

Rouge jaunâtre, grosseur ordinaire, presque ovoïdes,

tendres, mêlés à quelques grains plus colorés, un peu allongés et demi-durs. Sillons peu profonds.

Marane rouge.

Rouge fauve terne, grosseur moyenne, en général, mais contenant de très-petits grains. Leur forme varie; la majeure partie est ovoïde; l'autre est un peu plus allongée. Sillons peu profonds et évasés. Tendres.

Marane blanc.

Blancs, ovoïdes et mêmes observations que pour les précédens.

Blé de Bourgogne et de la Pologne.

Nous avons examiné attentivement les blés fins et ordinaires de Bourgogne qui nous ont été adressés de Marseille par M. Despine; ils nous ont paru peu différer des tremaisons fins Castelnaudary. Il en est de même de ceux de la Pologne.

BLÉS DURS ÉTRANGERS.

Blé de Tangaroff.

Rouge, ovoïde allongé, sillon profond, grosseur ordinaire, moins cependant que celui de Salonique; en général demi-transparent et dur, uni à des grains demi-durs et à un très-petit nombre de tendres.

Blé de Maroc.

Cette espèce diffère totalement des précédentes; elle a la longueur, la forme et presque l'aspect du seigle, demi-transparente, dure, couleur de celle de Salonique; sillon peu profond et évasé. Belle qualité.

Blé de Salonique.

Couleur tenant le milieu entre les blés blancs et les rouges, grains assez gros, allongés, demi-transparens, durs, couleur

2

de la cassure égale à celle de l'enveloppe ; sillon assez profond. Belle qualité.

Blé de Barcelone.

Ce blé ne diffère presqu'en rien du blé dur récolté dans le Roussillon.

Blé de Sicile.

Il n'existe qu'une très-légère différence entre les blés durs de Sicile, ceux de Barcelone et du Roussillon; elle n'existe que dans la grosseur un peu plus forte des premiers. A cela près, même forme, même couleur et dureté.

BLÉS TENDRES ÉTRANGERS.

Richelle de Naples.

Mélange d'une variété rouge à grains assez gros, ovoïde, et de petits grains plus rouges allongés, à sillons peu profonds. Tendre.

Courlande.

Grain petit, rouge jaunâtre, ovoïde allongé, sillon d'une profondeur moyenne ; grains mal nourris. Tendres.

Odessa.

Couleur rouge terne, grains allongés et la plupart mal nourris ; tendres ; sillons d'une profondeur moyenne.

Mecklenbourg.

Grains petits, arrondis, rouges jaunâtres, ayant quelque ressemblance avec ceux du Roussillon ; sillon peu profond et très-évasé. Tendres.

Blé tendre de Barcelone.

Grosseur moyenne, forme ovoïde allongée ; sillons évasés

et d'une profondeur ordinaire ; c'est un mélange de blé rouge et de blé jaune, qui se rapproche assez des blés de Narbonne.

Blé tendre de Sicile.

Nous en avons vu des qualités. L'une rouge jaunâtre et l'autre jaunâtre. Les grains sont d'une grosseur ordinaire, ovoïdes, un peu renflés à la partie suprême ; sillons évasés, assez bien nourris.

Il est une remarque assez curieuse, que nous avons eu occasion de vérifier, c'est que les blés d'une contrée transportés dans une autre n'y donnent plus d'aussi beau pain. Nous sommes portés à croire que cela tient à la manière de pétrir, qui éprouve quelques variations ; aux quantités d'eau ajoutée à la pâte, et à la nature même de l'eau. Quoi qu'il en soit, le fait est constant. Ainsi, Carcassonne est, sans contredit, une des villes de France où l'on fabrique le plus beau pain avec les blés de son territoire, ou les Narbonne, les Mirepysset, ou ceux de Razés ; tandis qu'avec les blés fins de Toulouse ou ceux de Bourgogne, le pain obtenu n'est jamais de première qualité. Ce fait ne reconnaîtrait-il pas aussi pour une des causes le transport de ces grains par eau, pendant lequel le blé absorbe l'humidité, se gonfle et perd une partie de sa force ? Notre opinion nous paraît fondée, au moins pour ceux de Bourgogne, qui voyagent sur le Rhône pendant plusieurs jours, exposés aux infiltrations de l'eau, aux eaux pluviales, de manière que, lorsqu'ils sont parvenus dans les départemens des Bouches-du-Rhône, du Gard, de l'Hérault et de l'Aude, ils sont très-humides et gonflés. Ces blés ont alors augmenté de volume, et par conséquent diminué de poids ; ils ont beaucoup moins de force. Un grand nombre d'expériences m'a démontré que la farine provenant de ces blés est moins riche en gluten. Les blés de Bourgogne, qui ont éprouvé ce transport, sont, dans le midi de la France, les moins estimés de tous les blés ; aussi, en général, les négocians des départemens de l'Aude et des Pyrénées-Orientales n'en font-ils venir que dans les temps de disette ; encore même ces blés valent-ils jusqu'à 25 pour 100 de moins que ceux de ces localités. Nous ajoutons à ces faits que les blés transportés par eau, tels que ceux de Toulouse et de la Bourgogne, ne

se conservent pas long-temps sans s'échauffer et être attaqués par le charançon. Nous avons vu chez l'un des plus habiles négocians de Narbonne, environ deux mille sacs de blé
venus de Toulouse sur la rivière d'Aude, sur laquelle ils
avaient séjourné environ douze jours, être dans un tel état
d'humidité, que, malgré qu'il fût placé, à son arrivée, en
couches d'un pied dans des greniers très-aérés, et remué souvent, il ne tarda pas à s'échauffer beaucoup. Bientôt, et malgré tous les soins usités en pareil cas, le charançon l'attaqua,
et ses ravages furent tels, qu'environ la moitié du blé fut
perdue, et que l'autre, portant également ce germe de destruction, fut vendue à très-vil prix, et donna une farine de si
mauvaise qualité qu'elle ne put être employée seule. Il est
un fait bien reconnu, c'est que plus les blés sont pesans, plus
ils sont estimés, et plus ils donnent de bon pain. L'expérience
m'a démontré qu'ils étaient beaucoup plus riches en gluten
que les blés légers. Cette différence dans la qualité de gluten
n'est pas à dédaigner. Les négocians s'attachent à la reconnaître d'une manière qu'il est bon de signaler. Ils triturent
entre les dents molaires quelques grains de blé, en forment
une pâte avec de la salive, au moyen de la langue; ils la pro-
mènent ensuite pendant quelque temps dans la bouche, la
retirent, la pétrissent entre les doigts; et, la prenant ensuite
entre le pouce et l'index, et les écartant, ils jugent par la
longueur et la résistance des filets, produits par l'adhérence
du gluten à ces deux doigts, de sa qualité, et, par suite, de
ce qu'ils appellent la *force du blé*.

Nous ajouterons à ces faits que plusieurs analyses nous ont
démontré :

1.º Que les blés durs sont les plus riches en gluten;
2.º Viennent ensuite les blés rouges;
3.º A la suite se trouvent les blés blancs;
4.º Enfin les blés jaunâtres.

Il est bon de faire observer que nous admettons tous ces
blés dans un même état de siccité et de conservation. Nous
devons dire pourtant que les blés récoltés dans un bon sol,
et qui sont par conséquent bien nourris, sont aussi plus riches
en gluten que ceux récoltés dans des terrains maigres, et qui
sont mal nourris et pour ainsi dire desséchés. Ceux-ci offrent
presque autant de son que de farine; aussi le pain en est-il de
mauvaise qualité.

Doit-on récolter les blés avant ou en pleine maturité?

Cette question a été élevée depuis quelques années par certains agronomes, qui ont soutenu qu'il était plus avantageux de récolter les blés avant qu'ils fussent en pleine maturité. Nous allons présenter successivement les avantages que ces deux méthodes peuvent offrir.

Il est bien reconnu que les blés parvenus à leur entière maturité donnent une moindre quantité de produit, parce qu'avant et pendant qu'on les coupe, il se détache des grains des épis; ce qui n'arrive pas lorsque les blés sont un peu verts. Ajoutez à cela que ces derniers blés sont plus gros, à cause de la plus grande quantité d'eau de végétation qu'ils contiennent; de sorte que, sous le rapport du volume du produit, c'est un avantage. Et voici les désavantages que nous avons été dans le cas de constater par vingt ans d'expérience chez plusieurs membres de la famille d'un de nous, livrés exclusivement au commerce des blés.

Lorsque le blé a été coupé vert, il se sépare plus difficilement de l'épi; il est même beaucoup de grains qui ne sortent pas de la balle. Ce blé est plus gonflé, à cause de l'eau qu'il contient, et qui va jusqu'à 10 pour 100, tandis que le blé mûr ne contient guère au-delà de 5 à 6 pour 100.

Ce blé a besoin de rester exposé long-temps à la chaleur solaire pour être bien séché; malgré cela il s'échauffe plus facilement que l'autre, et est bien plus exposé à être attaqué par le charançon. Ce blé, comme on dit vulgairement, *n'est pas de garde.* Sa couleur est moins luisante que l'autre; et, lorsqu'il est bien sec et moulu, sa farine contient plus de son et moins de gluten que le blé mûr; aussi a-t-on reconnu qu'il avait *moins de force,* et donnait moins de pain, parce qu'il absorbait moins d'eau. Les agronomes et les boulangers se gardent bien de réduire en farine les blés peu de temps après la récolte; ils trouvent bien plus d'avantage à mouturer des blés d'une année, et bien sains, tant sous le rapport du *rendement* que sous celui de la beauté et de la bonté du pain.

Le blé récolté vert doit être aussi rejeté pour les semailles, attendu qu'outre qu'il a moins de force végétative que le blé bien nourri et parvenu à son entière maturité, il est aussi beaucoup plus disposé à la maladie qu'on nomme le charbon.

2*

Au reste l'analyse comparative que nous avons faite du même blé coupé avant et pendant sa maturité contribuera beaucoup à en faire connaître les causes. Depuis notre travail, M. le professeur Lavini s'est livré à de semblables recherches qui tendent évidemment à confirmer les résultats des nôtres. Voyez ces analyses.

MALADIES DES BLÉS.

Les maladies des blés, vrais fléaux de l'agriculture, sont la *carie* et le *charbon* ou *nielle*. Nous allons les décrire successivement.

De la carie, broudure, broussure, butz, bosse, bouté, charbonnette, carboncle, charbouille, chambucle, cloque, cloche, gras, foudre, faux blé, moucheture, moucheron, moucheté (blé), machuré, molage, nielle, noir, nubli, pourriture, ruble, etc.

Cette maladie ne doit point être confondue avec le charbon; nous en donnerons les caractères distinctifs. M. Tillet est le premier qui se soit livré à des recherches à ce sujet, qui ont été étendues par M. Parmentier et complétées par M. Tessier. Nous croyons devoir donner ici un extrait de l'excellent article sur la carie, publié dans l'Encyclopédie méthodique, par le dernier, avec les considérations nouvelles qui y ont été ajoutées par M. Bosc, dans son article *Carie* du Cours complet d'agriculture, publié par la section d'agriculture de l'Institut. Voici la description du blé carié.

Les grains de froment cariés diffèrent peu en apparence des grains sains; l'on voit cependant à l'une des extrémités, les restes des stigmates; leur enveloppe est finement ridée, très-mince et d'un gris obscur. Le grain, au lieu de friser, offre une poudre d'un brun noirâtre, insipide, d'une odeur fétide, grasse au toucher, et offrant, au microscope, des globules semi-transparens; et ayant environ un deux-centième de ligne. Le blé carié est plus léger que l'eau. Voici les signes auxquels on reconnaît les pieds de blé qui doivent être cariés. Les feuilles sont d'abord d'un vert plus foncé que celui des autres pieds; les tiges sont ternes, les étamines sont flasques; les stigmates sans barbes, et l'embryon a l'odeur de la carie. Les épis bien développés sont bleuâtres, leurs balles sont plus serrées, et les anthères, collées contre le germe, sont flasques et sans pollen. Si l'on suit ces épis dans les progrès de leur végétation, on remarque qu'ils deviennent plus larges, s'ébouriffent, le grain grossit, et la matière pulpeuse du gris cendré passe au brun, en répandant l'odeur qui caractérise cette dégénérescence. Il est bon de faire observer que les épis sains sont moins chargés de grains que les cariés. On trouve fréquemment, ajoute M. Tessier, des épis sains sur des pieds qui en offrent de viciés ; des grains sains mêlés avec des cariés dans le même épi ; enfin quelquefois des grains à moitié sains et à moitié cariés. Ces derniers, lorsque le germe est resté intact, lèvent comme les sains et ne donnent point de reproductions cariées, d'après les observations de M. B. Prévost.

On a long-temps regardé la carie comme étant due aux brouillards, à la nature du sol, ou à la qualité des grains (1). MM. Tillet et Tessier ont constaté cette erreur, et M. B. Prévost a démontré qu'elle reconnaissait pour cause des plantes que M. Decandolle a nommées *vraies parasites* et *parasites intestines*, parce qu'elles vivent dans l'intérieur des plantes et à leurs dépens. Les globules qui composent la poussière noirâtre qui, dans la carie, remplace la farine, sont, d'après les travaux de ces habiles botanistes, des champignons parvenus à moitié de leur croissance, et qui ont besoin de se trouver dans d'autres circonstances pour prendre leur entier développement, et pouvoir se propager. Ces champignons doivent appartenir au genre *uredo*. MM. B. Prévost et Decandolle ont donné chacun une théorie du développement de la carie. Nous nous contenterons d'exposer celle de M. Decandolle, qui nous a paru la plus probable.

Les grains de blé livrés à la terre sont empreints de globules de carie. Ces grains se gonflent d'autant plus vite, que la température est plus élevée, la terre plus humide, et qu'ils sont moins enfoncés dans la terre. La carie se gonfle en même temps, pousse son tubercule, ses rameaux, achève enfin son

---

(1) Ce qui a donné lieu à cette erreur, c'est que la carie et le charbon se développent plus souvent et exercent le plus leurs ravages dans les sols humides et dans les années pluvieuses.

évolution en peu de jours (1), c'est-à-dire avant que le grain ait été complètement privé par la radicule des sucs nutritifs qu'il est destiné à leur fournir. Alors, les bourgeons sémini-formes qui ont enfilé les canaux des rameaux ou des branches, et dont la petitesse est extrême, s'élèvent dans la pantule avec la lenteur convenable au but de la nature, et se déve-loppent chacun séparément lorsqu'ils sont arrivés au germe, seul endroit où la nature a réuni les circonstances nécessaires à leur multiplication. La nourriture destinée à la formation de la substance du grain est absorbée par eux, ainsi qu'une partie de celle qui doit faire croître les étamines et le pistil qui, en conséquence, ne se développent qu'imparfaitement; mais, chose singulière, celle qui sert à l'accroissement de l'écorce du grain et des balles qui l'entourent, n'est point diminuée, au contraire elle est augmentée. Tous les germes des épis cariés grossissent donc par l'effet même de la carie, tandis qu'il en est toujours plusieurs dans les épis sains qui avortent. De là vient que les grains des premiers sont géné-ralement plus nombreux que ceux des seconds. Dans tout le cours de la vie d'un pied de blé, attaqué de carie, cette carie agit sur toutes ses parties d'une manière sensible à l'œil ; elle en abrége l'évolution ; de plus, elle cause un retard dans la germination des grains, et accélère la dessication de la tige.

D'après les recherches précitées, presque tous les agro-nomes instruits, ainsi que les physiciens qui se livrent à des études sur la végétation, s'accordent à dire que la carie ne peut se reproduire que par elle-même. Il en est cependant d'autres qui, d'après des expériences bien constatées, per-sistent à soutenir qu'elle peut naître spontanément, et ensuite se propager. Il n'est pas difficile, dit M. Tessier, d'expliquer la cause de leur erreur. Suivant lui, les bourgeons sémini-formes de la carie peuvent, d'une part, être emportés par le vent à des distances inconnues, à raison de leur légèreté ; et de l'autre, se conserver intacts dans la terre pendant un temps indéterminé. De là vient qu'on en voit paraître dans des con-trées où elle ne s'était pas montrée, ou dans des champs où l'on avait semé du blé bien chaulé. Nous ne poursuivrons point la série des travaux entrepris sur la carie par MM.

_____

(1) Ces faits ont été évidemment constatés par M. B. Prévost.

Tillet, Parmentier, Tessier, B. Prévost, Decandolle, Bosc, etc.; nous nous bornerons à dire que la carie est une maladie contagieuse, qui exerce d'autant plus ses ravages, que ses germes sont plus multipliés, que la température de l'air est élevée, la terre plus humide, et l'année beaucoup plus pluvieuse. M. Tillet a constaté que la perte que pouvaient éprouver les agriculteurs, par ce fléau, pouvait s'élever jusqu'aux trois quarts de leur récolte; il est cependant rare qu'elle s'élève au tiers et même au quart. M. Tessier s'est convaincu qu'il suffit de deux onces de globules de carie pour infecter de trente à quarante livres de blé nouveau. M. Bosc ajoute, 1.º que plus la carie est vieille et moins elle a d'action sur le blé, soit vieux, soit nouveau; 2.º que plus le blé est vieux et moins la carie, nouvelle ou vieille, l'infecte facilement ou abondamment.

A ces faits, nous devons en joindre deux autres très-curieux: le premier, c'est que si l'on saupoudre, à différentes époques, avec de la carie, des épis de blé formés, il ne se produit pas de carie dans les grains; le second, c'est que si l'on met en contact du blé sain avec l'huile épaisse que l'on obtient par la distillation de la carie, ce blé semé produit plus d'un tiers d'épis cariés. Ce fait est bien difficile à expliquer, à moins que d'admettre qu'il passe à la distillation de la carie non altérée, qui est entraînée par l'huile.

Suivant les remarques des plus habiles agronomes, et particulièrement celles de M. Bosc, il résulte:

1.º Que les blés du nord sont beaucoup plus facilement atteints de cette maladie que ceux du midi.

2.º Que les blés durs, ou blés d'Afrique, n'en sont point naturellement atteints, et qu'ils n'y sont exposés que par une sorte d'inoculation.

3.º Qu'il en est de même des blés barbus, qu'ils soient durs ou tendres, excepté le barbu à épis blancs ou roux et à barbes divergentes, qui y est très-sujet.

4.º Les épeautres en sont quelquefois perdus.

5.º Lorsque le printemps et l'automne ont été peu pluvieux, les blés en sont moins infectés.

6.º Les terrains secs et aérés en offrent bien moins.

7.º Dans certains cantons, elle est inconnue (1).

(1) Dans le midi de la France, on éprouve peu les ravages

8.º Le seigle, l'orge et l'avoine ne sont pas atteints de carie ; M. Tillet n'a pu même parvenir à la leur inoculer.

9.º L'ivraie peut en être atteinte.

Moyens propres à combattre la carie des blés.

Nous avons déjà dit qu'il était aisé de reconnaître les pieds de blé carié, et nous en avons indiqué les signes ; les agriculteurs pourront donc se délivrer d'une très-grande partie de ce blé carié en faisant arracher ces plantes peu de temps avant la coupe du blé, et en les brûlant. Il est aussi un moyen secondaire, c'est de cribler, fortement et long-temps, ce blé dans de grands cribles de fil de fer.

Le lavage est encore un excellent moyen ; on sait que le blé carié surnage l'eau ; on doit donc mettre ce blé dans de grandes cuves munies d'une chantepleure ou d'un robinet, et verser sur ce blé de l'eau à 30 degrés centigrades, de manière à ce que le blé en soit recouvert d'environ huit pouces ; l'on remue le blé, on le laisse reposer, et l'on décante l'eau, dans laquelle surnagent les grains de carie. L'on renouvelle cette opération deux ou trois fois, jusqu'à ce qu'on s'aperçoive que l'eau n'offre plus de grains de carie ; alors on jette sur le blé de l'eau froide, on le remue, et on fait écouler l'eau en ouvrant le robinet ou la chantepleure ; l'on renouvelle ces ablutions jusqu'à ce que l'eau passe claire. Ces eaux de lavage sont plus énergiques, si elles sont acidulées par le vinaigre ou l'acide sulfurique, ou bien si elles contiennent en solution un peu d'alcali ou bien du chlorure de sodium (sel marin). Quelques agronomes ont recours à l'eau de fumier ; l'expérience nous a démontré que ce moyen facilitait le développement des grains de carie.

D'autres agronomes ont retiré de bons effets de l'emploi des corps gras, tels que les huiles animales et végétales, qui, en enveloppant de toute part les globules de la carie, et les mettant à l'abri du contact de l'air et de l'humidité, empêchent que l'acte de la germination ait lieu. Les alcalis,

---

de la carie, surtout dans le département de l'Aude, de l'Hérault et des Pyrénées-Orientales. Dans le canton de Narbonne, dont le terrain est très-sec, elle est presque inconnue.

es acides, les oxides, et quelques sels métalliques, agissent sur la carie en désorganisant ces plantules. Le sous-acétate de cuivre, à très-petite dose, agit efficacement. Mais presque tous ces divers moyens sont trop coûteux pour être mis en usage dans toutes les localités. Il n'en est pas de même de la suie, dont les bons effets sont bien reconnus, lorsqu'elle n'est pas recuite.

D'après tout ce que nous avons exposé, il est aisé de voir combien il importe à l'agriculteur de semer des blés exempts de carie ; et même d'employer des moyens propres à détruire le peu qui peut se trouver dans les blés. C'est pour cela que les moyens précités ont été mis en usage ou proposés. Mais il en est un autre très-avantageux, que son bas prix met à la portée de tout le monde : c'est l'*oxide de calcium* ou *chaux* ; c'est de l'emploi de cet oxide que cette préparation du blé a pris le nom de chaulage. C'est à M. Tessier qu'on doit les expériences les plus concluantes qui ont été tentées à cet effet. D'après cet habile professeur, la chaux agit sur la carie en désorganisant ses globules ; on pratique cette opération de quatre manières : *par aspersion, par immersion, par précipitation*, ou *par la chaux sèche*.

Le *chaulage par aspersion* consiste à verser sur le blé en tas, de la crème de chaux ou de la chaux délayée dans l'eau; bien remuer le blé avec la pelle, et à le laisser ainsi jusqu'à ce qu'il s'échauffe, c'est-à-dire depuis deux jusqu'à huit jours. Quelques agriculteurs le font sécher avant de le semer. Nous trouvons cette méthode vicieuse, 1.º attendu que la chaux qui se dégage, lorsqu'on le projette pour le semer, incommode beaucoup l'ouvrier ; 2.º c'est que le blé humide lève bien plus vite. Cette manière, qui est la plus usitée, n'est pas la meilleure, attendu qu'un grand nombre de grains échappent au chaulage.

Le *chaulage par immersion*. Cette manière s'opère en plongeant plusieurs fois dans des cuves pleines de lait de chaux, des corbeilles à moitié pleines de blé, et en remuant le blé, afin qu'il en soit bien pénétré. Ce moyen est préférable au premier ; il offre de plus l'avantage de séparer une partie du blé carié, qui vient surnager la liqueur.

Le *chaulage par précipitation*. Cette pratique diffère de la précédente en ce que l'on verse le blé, par petites parties, dans le lait de chaux, où il séjourne au moins vingt-quatre heures. Cette méthode est moins suivie, quoique MM. Bosc et Tessier la regardent comme préférable. Je ne partage point leur opinion : j'ai reconnu que du blé en immersion dans du lait de chaux pendant vingt-quatre heures, perdait beaucoup de sa force, et qu'une partie ne levait pas. D'ailleurs, comme l'on fait sécher ce blé, la chaux incommode beaucoup celui qui le sème.

Chaulage par la chaux sèche. Ce moyen est très-simple, il consiste à mêler exactement avec le blé plus ou moins de chaux, ou pulvérisée ou délitée, c'est-à-dire réduite en poudre par son exposition à l'air. Mais la chaux, ainsi mélangée, a le grave inconvénient d'incommoder encore plus le laboureur. Pour obvier à cet inconvénient, il est des agriculteurs qui lavent ensuite les blés chaulés par les diverses méthodes. Cette pratique est vicieuse ; M. Bénédict Prévost s'est convaincu qu'il paraissait alors beaucoup plus de carie : elle doit donc être rejetée.

Dans quelques localités, l'on a chaulé avec le sulfate de fer (couperose) et le sulfate de cuivre (vitriol de chypre), et même le sublimé corrosif. Nous allons faire connaître une méthode que nous avons contribué à propager pendant plus de vingt ans ; elle consiste à chauler par l'arsenic. Voici la manière d'opérer : on prend une once d'arsenic en poudre très-fine par hectolitre de blé ; on le fait bouillir dans cinq litres d'eau de rivière ; lorsque cette liqueur est tiède, on étend le blé par terre, et on l'asperge soigneusement avec cette liqueur, en le remuant constamment. Le lendemain, on sème ce blé, qui, se trouvant un peu gonflé, germe beaucoup plus vite. Cette pratique est généralement suivie maintenant dans tout le département de l'Aude, et surtout dans l'arrondissement de Narbonne, où tous les pharmaciens vendent le deutoxide d'arsenic sous le nom de *poudre contre le charbon.* Nous en avons débité nous-même annuellement jusqu'à quatre mille paquets, sans qu'il en soit jamais arrivé aucun accident fâcheux. Cette méthode très-simple est d'une efficacité constatée par une longue expérience ; le prix en est d'ailleurs très-modique, puisqu'il ne revient pas à un sou par hectolitre. Les pharmaciens vendent ces paquets deux sous chacun, et malgré ce gain de plus de cent pour cent, il en est que la cupidité porte à y ajouter jusqu'à 40 centièmes d'alun. Cette fraude est facile à reconnaître : il suffit de verser un peu de cette poudre dans de l'eau froide, de remuer, et de décanter cette eau au bout de quelques minutes. En versant dans une partie de cette liqueur quelques gouttes de nitrate de barite, elle doit devenir laiteuse, ce qui annonce l'acide sulfurique, l'un des constituans de l'alun, tandis que quelques gouttes de solution de potasse ou de soude versées dans l'autre, y forment un précipité blanc, qui est l'alumine, autre constituant de l'alun, que les chimistes, pour désigner la combinaison de ces deux principes, nomment *sulfate d'alumine*. Ces effets n'ont pas lieu si le deutoxide d'arsenic est pur.

Nous ne saurions trop recommander de bien nettoyer les vases dans lesquels on aura fait bouillir l'arsenic, afin d'éviter les dangers qu'une coupable négligence pourrait entrainer.

Nous avons déjà dit que la carie avait une odeur très-désagréable ; nous ajoutons ici que les globules qui s'envolent lorsqu'on dépique le blé qui en est infecté, non-seulement font tousser les batteurs, mais qu'elles diminuent l'appétit des ouvriers et les font tousser ; ces accidens n'ont aucune suite fâcheuse ; ils disparaissent avec la cause qui les produit, c'est-à-dire en cessant ce travail. Plusieurs médecins ont regardé la carie des blés comme cause productrice de plusieurs maladies endémiques ; les expériences de MM. Tillet et Tessier ont démontré cette erreur. Il est en effet constaté que le pain provenant d'un blé carié, fait éprouver du dégoût sans autre inconvénient, sans doute à cause des effets produits par le calorique sur la carie pendant la cuite du pain. A l'appui de cette assertion, nous citerons les habitans de plusieurs contrées qui se nourrissent constamment d'un pain provenant de blé carié, et souvent très-fortement, et qui, cependant, n'en éprouvent aucun fâcheux effet. Il en est de même des animaux qui en mangent la paille, sans en être affectés. Malgré cela, nous conseillons de laver bien soigneusement les blés affectés de carie, et destinés à être réduits en farine, afin de rendre le pain de meilleure qualité et plus agréable au goût.

Du charbon, improprement nommé nielle.

Les agronomes ont long-temps confondu la carie avec le charbon ; c'est à MM. Tillet et Tessier que nous devons la

3

connaissance de la différence de ces deux fléaux des céréales. Nous avons dit, à l'article précédent, que la carie n'attaquait que le blé; le charbon, au contraire, infecte, attaque presque toutes les graminées, mais surtout l'orge, l'avoine et le maïs. Quant aux blés, ils en éprouvent moins de ravages que de la carie. C'est à Bulliard que nous devons la connaissance de la nature du charbon; c'est cet habile botaniste qui a reconnu que cette décomposition du grain était due à un véritable champignon du genre *uredo*, qu'il a rangé parmi les *réticulaires*, parce qu'il a vu dans l'intérieur du grain la poussière verdâtre placée sur un réseau, que l'on a reconnu depuis n'être que les débris de la substance même du grain qui a servi à la nutrition de ces champignons. Cette poussière ou ces rudimens des *uredo* circulent dans le végétal, et arrivent au grain comme ceux qui produisent la carie; voyez l'article précédent. Voici maintenant leurs signes caractéristiques.

La poudre de charbon ou nielle surnage l'eau, jusqu'à ce qu'elle n'en soit pas complétement saturée; elle est noirâtre; vue au microscope, elle présente un amas de globules agglomérés et un peu gluans, qui ne sont autre chose que les bourgeons séminiformes; elle est inodore, tandis que la carie a une odeur fétide, elle contracte cependant, avec beaucoup de facilité, celle de moisi; elle brûle très-vite, et son charbon est difficile à incinérer; elle s'attache aisément aux grains de blé sains, ainsi qu'aux jambes des animaux ou des hommes qui traversent les champs qui en sont atteints; enfin, l'on n'en retire, par l'analyse chimique, que les mêmes produits des grains sains, mais, dit M. Bosc, dans des mêmes proportions différentes. Nous ne partageons point l'opinion de cet habile agronome, tant à cause de la différence qui existe entre ces globules et la farine, que parce qu'il n'a point encore été tenté des analyses rationnelles, et au niveau des découvertes chimiques, de ces uredo.

M. Bosc assure que cette poussière de charbon n'acquiert une couleur noire que lorsqu'elle est parvenue à son point de maturité. « Alors, dit-il, l'écorce sous laquelle elle était cachée, se fend; elle s'applique sur les grains sains, et, l'année suivante, chaque globule peut occasionner la perte d'un grain en donnant naissance à un nouveau champignon, qui s'accroîtra également à ses dépens. » Nous avons déjà dit que M. Tessier est un des agronomes qui ont le plus étudié le charbon et ses effets. Il résulte de ses recherches cette connaissance :

1.º Que tous les épis d'un même pied sont charbonnés, à plus forte raison tous les grains d'un même épi, quoique l'on trouve aussi des grains sains sur des épis en grande partie charbonnés ; dans ce cas, les grains sains sont petits et ridés, tandis que dans la carie, les grains qui en sont atteints sont rarement les plus nombreux sur un même épi.

2.º Que les pieds atteints de charbon ne poussent que fort peu de tiges, encore même la plupart ne prennent pas leur entier développement, et l'épi reste dans son enveloppe, mais à l'état charbonné. Nous ajouterons que ce sont principalement ces épis dont l'enveloppe des grains est déchirée par le battage, qui propagent principalement cette maladie.

3.º Que les épis du blé charbonné sont noirâtres en sortant de leur enveloppe, et que plus tard, dit M. Bosc, elles n'offrent plus qu'un squelette noirci par la destruction des grains.

4.º Que le moyen indiqué par M. Tessier pour reconnaître les épis charbonnés, avant la sortie de leur enveloppe, c'est la feuille supérieure qui est tachée de jaune et sèche à son extrémité.

5.º Que le charbon n'étend pas autant ses ravages sur le blé que la carie, attendu qu'avant la moisson, ses globules sont dispersés en grande partie par les vents.

6.º Que par cette même raison, il reste peu de charbon dans le pain, surtout quand le blé a été lavé avant sa réduction en farine, et que le pain qui en contient, n'est pas nuisible, comme des expériences tentées par M. Tessier, le lui ont démontré.

Aux articles orge, avoine et maïs, nous aurons occasion de revenir sur le charbon des céréales.

Battage des blés charbonnés.

Pour dépouiller les blés d'une partie de charbon, on emploie avec succès, dans la Brie, un instrument nommé *âne* qui consiste en un bloc de bois en dos d'âne, ou en un tonneau supporté par quatre pieds. Le batteur prend une forte poignée de blé, maintenue par une corde et deux bâtonnets qui servent à la serrer, il en frappe l'âne ou les tonneaux à plusieurs reprises. Le courant d'air qu'il produit ainsi enlève la poussière du charbon, tandis que le bon grain tombe au pied de l'âne. Ce battage et des plus aisés; il ne coûte pas plus de 2 centimes par setier.

Altérations qu'éprouvent les blés.

Nous ne regarderons point comme altérations les dommages occasionnés par les rats, les chats, les oiseaux, etc., parce qu'il est extrêmement facile de s'en garantir; nous allons nous borner à examiner celles qui sont produites par l'humidité, ou lorsque le blé est coupé vert.

Il est une règle générale, c'est que tous les végétaux entassés dans un état humide, ne tardent pas à s'échauffer beaucoup, et par suite se moisissent, et finissent par éprouver la fermentation putride. Il arrive aussi quelquefois qu'ils s'enflamment spontanément. C'est ainsi que l'on a vu des gerbiers de blé, des meules et des greniers à foin, des balles de toile, des tas de grains, prendre feu, pour avoir été entassés humides, ou coupés avant leur maturité, et non bien séchés. Tous les négocians en grains, ainsi que MM. les boulangers, savent, par leur expérience et par une expérience de tradition, que les blés coupés verts, ainsi que ceux qui sont enfermés sans être bien secs, s'échauffent vite, et que le charançon ne tarde pas à s'y développer. On ne saurait donc prendre trop de précaution pour s'assurer de la siccité des blés; car il arrive très-souvent, surtout dans le midi de la France, que les rouliers déchargent leur blé et l'étendent dans une salle basse, où ils l'arrosent avec plus ou moins d'eau; ils le remuent et le laissent en cet état pendant quelques jours; ils le remettent ensuite dans les sacs pour le porter à sa destination. Ce blé, ainsi gonflé, augmente en volume de cinq à six pour cent. Quelques-uns même y ajoutent de la terre. Ces deux altérations sont faciles à reconnaître: la dernière, à la simple inspection, et la première, au volume du grain, à sa couleur plus pâle, à sa dureté moindre sous la dent, et à ce qu'il glisse moins dans la main (1). Il est des négocians en grains, parmi lesquels je citerai l'honorable M. Julia

---

(1) En termes de commerce, on dit alors que ces blés sont doux.

aîné, ancien officier de hussards, et maintenant cultivant avec un égal succès et l'agriculture et le commerce à Narbonne; il est des négocians, dis-je, qui, sans regarder ces blés, les distinguent au tact. Feu mon respectable père, ancien juge au tribunal de commerce, avait acquis une telle supériorité en ce genre, qu'en plongeant sa main dans un grand nombre de sacs pleins de blé, il reconnaissait, sans le regarder, ceux qui n'étaient pas de la même qualité.

On doit donc rejeter les blés qui ont été mouillés, parce qu'ils donnent une perte de 5 à six pour 100, et qu'ils ont moins de force végétative et panifiante; ajoutons à cela qu'ils sont bientôt attaqués par le charançon. Ces observations s'appliquent également aux blés coupés verts. Nous allons maintenant parler du charançon et des moyens de s'en délivrer.

Du charançon, curculio, calandre, chatte peleuse, cosson, cossan, goud.

Ces insectes font partie de l'ordre des coléoptères. Ce genre, qui contient plus de six cents espèces, a été divisé en quinze autres par Fabricius, Clairville et le savant Latreille; de sorte que le charançon du blé se trouve compris dans le genre nommé *calandre*, nom que l'on donne, dans quelques départemens, à la larve de cet insecte. Nous allons emprunter à M. Boitard la description des insectes de ce genre. Cette connaissance ne peut qu'être utile aux agriculteurs, aux négocians en grains et aux boulangers.

Les *calandres* (*calandras*). Pénultième article des tarses bilobé; antennes brisées, insérées à la base de la trompe, de huit articles, dont le dernier forme une massue presque globuleuse ou triangulaire. Leur trompe est longue et arquée. Ces insectes rongent les grains des plantes céréales, et en font un grand dégât; ceux occasionnés par la larve de la calandre du blé, ne sont malheureusement que trop communs. (1)

(1) Ce n'est pas seulement de cette espèce dont on a à se plaindre; il en est encore d'autres qui leur nuisent également, quoique d'une manière moins dangereuse, et dont il est bon par conséquent qu'ils étudient les mœurs; toutes vivent aux dépens des fruits ou des autres parties des plantes. M. Bosc, *Nouveau Cours complet d'Agriculture.*

3*

Calandre du blé, calandra granaria de Latreille. Cette espèce a une ligne et demie de longueur; elle est d'un brun marron obscur; le corselet est fortement ponctué; elle a des lignes nombreuses, profondes et ponctuées sur les élytres. C'est celle qui, en France, produit les plus grands ravages sur les blés.

Calandre raccourcie, calandra abbreviata de Latreille. Elle a de quatre à six lignes de longueur; elle est d'un noir mal ponctué; elle a une ligne lisse au milieu du corselet, dans toute sa longueur, neuf lignes enfoncées sur chaque élytre, ayant leurs interxalles ponctués. (Paris.)

Calandre du riz, calandra oriza de Fabricius. Cette espèce est semblable à celle du blé, avec cette différence qu'elle a deux taches ferrugineuses sur chaque élytre. (Italie.)

A ces notions de M. Boitard, nous allons ajouter les données de M. Bosc. Les élytres de ces insectes sont ordinairement très-durs; le plus souvent ils ne recouvrent point d'ailes, et sont même soudés. La forme de leur corps varie considérablement. Il en est de très-longs et d'autres complétement globuleux; quelques-uns sont pourvus de cuisses postérieures très-grosses, au moyen des muscles desquels ils font des sauts très-étendus. Cependant, ce sont en général des insectes forts lents dans leurs mouvemens, et dont l'unique défense est de rapprocher leur corps de leurs pattes, leurs antennes et même leur tête, et de se laisser tomber en contrefaisant les morts, jusqu'à ce que le danger leur semble ne plus exister. C'est dans l'état de larve, ajoute M. Bosc, que les charançons sont réellement nuisibles aux plantes et à leurs graines. Ces larves sont des vers sans pattes, ayant neuf anneaux et une tête écailleuse pourvue de mâchoires, elles sont ordinairement blanches et globuleuses, cependant leur couleur et leur forme varient quelquefois.

Nous ne croyons pouvoir mieux faire que d'exposer ici la description du mode de propagation du charançon ou calandre, qu'en a tracée M. Bosc dans l'ouvrage précité; la voici:

Dès que les premières chaleurs du printemps commencent à se faire sentir, c'est-à-dire vers le mois d'avril, les charançons du blé, qui s'étaient réfugiés dans les trous des murs, sous les planchers des greniers, etc., sortent de leur retraite, et viennent sur les tas de blé où ils s'accouplent, et où les femelles déposent leurs œufs. Ces œufs sont placés à deux ou

rois pouces de profondeur dans ces tas; jamais plus d'un sur
haque grain, et toujours dans la rainure, dessus ou très-près
u germe. Ils y sont attachés par le moyen d'une gomme qui
es recouvre. C'est par erreur qu'on a dit que la femelle fai-
ait un trou dans le grain pour y introduire l'œuf. La larve
ort de cet œuf au bout de deux, trois ou huit jours, suivant
la chaleur de la saison, et s'introduit de suite dans le grain.
La peau du lieu où est placé l'œuf, étant extrêmement fine et
ecouvrant la partie la plus tendre et la plus sucrée, cette
larve n'a pas à vaincre un obstacle au-dessus de ses forces,
et trouve d'abord une nourriture analogue à sa faiblesse :
aussi croît-elle rapidement, et au bout d'une vingtaine de
ours, elle a dévoré la totalité de la farine que contenait le
grain. Alors elle se transforme en nymphe, et après dix ou
quinze jours, toujours suivant la chaleur de la saison, elle
sort du grain par une ouverture non apparente, que la larve
avait réservée (sans la percer) vers un des bouts. Comme les
grains de blé ne sont pas égaux, il y en a dont la farine ne
suffit pas à la nourriture d'une larve; mais elle ne va pas
chercher un autre grain, comme quelques agronomes l'ont
cru; elle se contente de celui qu'elle a, seulement l'insecte
parfait qu'elle produit est plus petit que ceux qui proviennent
de larves qui ont eu toute la subsistance qui leur était nécessaire.

Ces femelles, deux ou trois jours après être sorties de leur
enveloppe, au plus tard, si la saison est chaude, pondent
une nouvelle génération qui en pond au moins une autre
avant les froids; de sorte que, dans le climat de Paris, les
cultivateurs doivent craindre que chacune de celles qui ont
d'abord pondu, leur occasionne, dans le courant de l'été,
une perte de 6,046 grains de blé d'après les recherches de
M. Joyeuse, couronnées en 1768 par la Société d'agriculture de Limoges.

Dans le midi de la France, et notamment dans les départemens de l'Aube, de l'Hérault et des Pyrénées-Orientales,
la larve qui vient de naître parvient à l'état d'insecte dans
environ vingt-cinq jours : aussi produisent-elles, si rien ne
s'oppose à leur développement, six ou sept générations; de
sorte que les ravages qu'ils exercent sur les blés sont tels que
si l'on ne prenait pas de prompts moyens pour l'arrêter, tout
le blé serait bientôt perdu. Nous avons cité un exemple, dont

nous avons été témoin, d'une partie de blé de deux mille
sacs, qui, malgré les soins qu'on en prit, fut à moitié perdue,
et l'autre fut vendue à vil prix.

Ceux qui n'ont aucune connaissance des mœurs de la calandre ou charançon lui attribuent les ravages que leurs larves
seules exercent sur les blés; en admettant même que le charançon se nourrit d'un peu de farine, ses effets sont un peu
dangereux :

1.º Parce que cet insecte ne vit, tout au plus, que huit
ou dix jours;

2.º Attendu que les mâles meurent, au plus tard, un jour
après avoir fécondé les femelles ;

3.º Les femelles périssent le lendemain du jour qu'elles ont
fini de pondre leurs œufs ;

4.º Enfin la durée de la vie des charançons de la dernière
génération est bien plus longue; mais ils passent l'hiver sans
manger.

Il est bien reconnu que le charançon attaque le blé tant
dans les greniers que dans les granges ; dans ce dernier cas,
suivant les observations de M. Tessier, il s'y multiplie plus
abondamment, et devient beaucoup plus difficile à détruire.
Cet habile agronome en donne les raisons suivantes :

1.º Parce qu'il est rare que les gerbes soient rentrées parfaitement sèches, et que la chaleur qui se développe favorise
singulièrement la multiplication du charançon ;

2.º Parce que le froid, qui est nuisible à cet insecte, ne
pénètre pas aussi facilement à travers un grand amas de gerbes
qu'à travers une couche de blé ;

3.º Parce que le blé se sèche moins vite dans l'épi que
dans un grenier ;

4.º Attendu que les insectes parfaits se cachent plus facilement dans les murs et dans les pailles, lorsque les froids viennent interrompre leur ponte.

L'agronome précité s'est convaincu par de nombreuses observations que le blé conservé en meule est toujours exempt
de charançon. Suivant lui, cela vient de ce que ces insectes
ne vivent jamais aux dépens du blé sur pied, et que les meules
sont toujours assez éloignées des fermes pour que les femelles, qui ont été fécondées après l'hiver, ne puissent point
y aller déposer leurs œufs. Sous ce rapport la conservation du
blé en meule est avantageuse.

Moyens propres à reconnaître que le blé est attaqué du charançon.

Cette connaissance est très-aisée à acquérir; les négocians en grains, les boulangers et les meuniers intelligens ne s'y trompent jamais.

Il est d'abord une règle générale à établir, c'est que les blés renfermés sans être bien secs, ainsi que ceux qui ont été coupés avant leur maturité, y sont très-sujets, ou, pour mieux dire, en sont presque toujours attaqués. Or, toutes les fois que le blé commence à s'échauffer, l'on peut en conclure qu'il est attaqué ou près d'être attaqué du charançon. M. Bosc semble attribuer ce développement de chaleur à la présence de ces larves dans le blé. Nous ne partageons point cette opinion; d'après les découvertes de la chimie moderne, il est bien démontré que les végétaux entassés humides s'échauffent au point de s'enflammer quelquefois spontanément, comme l'un de nous l'a dit dans son ouvrage sur l'air marécageux, couronné par l'Académie royale des Sciences, et dans ses recherches sur les combustions humaines spontanées, lues en 1828 à l'Académie royale des Sciences. Ce dégagement de calorique nous paraît dû à la décomposition de l'eau, et nullement à la *présence des larves dans le blé*, il ne fait que favoriser le développement et la multiplication de ces mêmes larves.

La présence du charançon est donc précédée de l'échauffement du grain, qui est très-sensible quand on plonge la main dans le tas. Bientôt le blé, atteint de cet insecte, contracte une odeur et une saveur particulières; son poids diminue graduellement, et il s'en exhale une poussière brunâtre due à la farine et à des débris du grain. Les grains de blé, contenant encore la larve, sont plus pesans que l'eau; mais ceux d'où elle est sortie n'offrent en général que l'enveloppe qui est très-légère, et surnage l'eau. En criblant ce blé, on en retire une grande quantité de ces enveloppes. Nous devons faire observer que les parties du blé qui sont adossées contre une muraille, et surtout contre le tuyau d'une cheminée où l'on fait du feu, sont celles où se développe une plus grande quantité de charançons. Il en est de même des parties situées au midi; le contraire a lieu pour celles qui sont exposées au nord; enfin, comme cet insecte craint et la lumière et le froid,

Il se porte toujours de préférence vers les parties obscures ou peu éclairées et plus chaudes. M. Bosc assure que le charançon et sa larve peuvent supporter un degré de température égal au 70.e degré de Réaumur, et que ce n'est presque qu'en desséchant la larve qu'on la fait périr.

Moyens propres à arrêter les ravages produits par le charançon sur le blé.

Ces moyens doivent être divisés en généraux et partiels. Nous allons les étudier successivement.

Moyens généraux.

D'après ce que nous avons dit que l'humidité du blé et sa récolte avant parfaite maturité étaient deux causes qui le disposaient à être attaqué par le charançon, il est bien évident que, pour prévenir les ravages de cet insecte, il faut auparavant bien faire sécher ces blés à la chaleur solaire avant de les enfermer dans des greniers. On doit aussi les conserver en couches d'un à deux pieds dans de vastes greniers bien éclairés et bien aérés, et non dans des salles basses qui sont toujours humides, et faire en sorte qu'il n'y ait pas dans la même salle ou grenier des blés vicieux ; car il est démontré que, dans ce cas, les charançons femelles déposent toujours de préférence leurs œufs sur les blés les plus nouveaux.

Malgré ces précautions, lorsqu'on s'aperçoit que le blé commence à s'échauffer, il faut bien se garder de le mêler avec d'autre blé bien sec et bien frais ; cette pratique est d'autant plus vicieuse que le blé ajouté se trouve dès-lors également exposé aux ravages du charançon. L'on doit, au contraire, étendre ce blé en couches très-minces, le remuer très-souvent avec la pelle, bien aérer et bien ajourer le grenier, et, si les localités le permettent, on doit le faire passer dans un autre grenier. Afin de détruire le charançon ou ses larves qui se trouvent logées contre le mur, l'on a proposé la chaleur d'une étuve ; mais nous avons déjà dit que la température de 70 degrés Réaumur n'était pas suffisante pour faire périr les larves de cet insecte. Voici un moyen qui nous a très-bien réussi, et que nous regardons comme infaillible. Il consiste à prendre un réchaud des plombiers, à le remplir de charbons ardens, à l'appliquer contre la muraille jusqu'à ce qu'elle ait acquis une haute température, et à promener ainsi sur toutes les parties un ou plusieurs de ces réchauds, comme on le pratique lorsqu'on applique sur les murs l'enduit hydrofuge de MM. Darcet et Thenard. Cette pratique fait périr toutes les larves qui se trouvent logées dans les pores de la muraille. On peut également tirer un très-bon parti de l'application de l'enduit hydrofuge des deux chimistes récités.

Il est encore un excellent moyen pour rétablir le blé qui commence à être atteint du charançon : c'est de l'exposer sur des toiles en couches très-minces à l'ardeur du soleil et à travers un courant d'air, et, quand il est bien sec et bien frais, on doit le conserver dans des sacs bien ficelés. Dans ce cas, en admettant qu'il y ait des charançons dans le grenier, ils ne peuvent atteindre ce blé, attendu qu'ils ne sauraient traverser la toile. Parmentier a proposé un moyen à peu près semblable : il veut seulement qu'on place les sacs sur des châssis en bois, et qu'on place des perches entre les rangs. Lorsqu'on aperçoit que le blé est en proie au charançon, on doit recourir non-seulement aux moyens précités, mais on doit encore le vanner, le cribler souvent, et rejeter avec soin les grains légers, établir des courans d'air dans le grenier, et remuer très-souvent ce blé avec la pelle. Enfin il est des personnes qui recourent au lavage du blé ; par ce moyen, ils séparent tous les grains que la larve a dévorés ; mais ils ne peuvent en tirer ceux où elle vit, lesquels vont au fond de l'eau. Le lavage, il est vrai, détruit un grand nombre de charançons, mais non les larves. On doit avoir grand soin de bien faire sécher ce blé lavé. Nous ajoutons à ces données que, quoi que soit le moyen que l'on ait pris pour arrêter les progrès du charançon, il convient de réduire de suite en farine le blé qui en est atteint ou menacé, et de panifier le plus tôt possible cette farine ; toujours en ayant soin de laver auparavant le blé. Le pain obtenu de cette farine n'est nullement malfaisant ; il a seulement un léger goût caractéristique.

Moyens partiels.

L'on a proposé une foule de moyens pour détruire, non les larves, mais les charançons ; il faudrait un gros volume pour les recueillir tous. Nous allons nous contenter d'en présenter quelques-uns, en engageant cependant MM. les négocians en grains et MM. les boulangers et meuniers à ne pas trop compter sur leur efficacité. Ainsi les uns ont indiqué les substances répandant une très-forte odeur ; mais le moyen peut les éloigner momentanément sans les détruire. La *Biblio-thèque physico-économique* (1) attribue de très-bons effet au chanvre récemment arraché. En 1782, un agronome de Rouillac plaça sur un tas de blé atteint du charançon, des poignées de chanvre ; le lendemain elles furent couvertes de charançons. On battit les poignées dehors du grenier ; on les remit sur le blé, et le succès fut tel qu'au bout de cinq jou les charançons furent détruits complétement. Le chanvre rou réussit aussi, mais moins promptement. Le charançon repa-rut au mois de mai (2) ; le chanvre en étoupes opéra, dans huit jours, la destruction de ces insectes. L'auteur conseille de faire une décoction de chanvre, d'y tremper des toiles, et de les placer sur le blé pour le délivrer du charançon. L'expérience ne nous a rien appris sur ce point. Nous devon faire observer que chaque jour l'on doit battre le chanv hors du grenier pour le dépouiller des charançons, et que l'on doit remuer le blé afin de mettre tous les grains en contact avec le chanvre.

Le même journal conseille de frotter la pelle destinée à r muer le blé avec de l'ail, et à l'asperger avec la liqueur q reste au fond du charnier où l'on a salé le lard, et que l'o nomme *saumure*. L'odeur, jointe à l'agitation du blé, chasse, dit l'auteur, le charançon que l'on voit courir de toutes part sur les murs ; on les rassemble avec un balai, et on les brûle.

M. Payrandaux a communiqué à la Société philomatiqu le procédé suivant qui a été découvert par son père. Il con siste à couvrir de toisons de laine en suint les tas de blé atta qués de charançons. Après quatre ou cinq jours de séjour ces toisons sont couvertes de ces insectes. On les enlève, o les secoue loin du grenier, on les replace sur le blé, et l'on continue cette opération cinq à six fois ; il ne reste plus alor de charançons, même après plusieurs mois.

_____

(1) Année 1785.
(2) Ce fait prouve que les larves n'avaient point été détruites.

M. Van-den-Driesche a communiqué à la Société d'Encouragement les heureux effets qu'il a obtenus de la fleur de sureau pour détruire les charançons, et chasser les fourmis et les teignes.

Le docteur Darrieux a conseillé d'agiter le blé avec des pelles, d'arranger le tas en dos d'âne, et d'y enfoncer des planches dont un bout s'élève au-dessus du tas, et doit être garni de chiffons ou autres matières semblables où le charançon puisse se loger. Ces insectes s'y rendent, et on les retire quelques heures après. On continue jusqu'à ce qu'il n'en reste plus.

M. Cassan, pharmacien, mettant à profit les données de l'agronome de Rouillac précité, a obtenu de très-bons effets des draps de chanvre mouillés, tordus, et placés sur les grains. Deux heures après, tous les charançons s'y trouvent attachés; on tire les draps, on les plonge dans l'eau pour y noyer les insectes, et on les replace, après les avoir tordus, sur le blé.

Il paraît que les feuilles de sureau jouissent des mêmes propriétés que les fleurs; la *Bibliothèque physico-économique* (1) rapporte qu'un fermier du département du Gard, dont les greniers fourmillaient de charançons, les fit disparaître complétement en plaçant sur les tas des branches de sureau.

M. Dispan recommande d'enfermer le grain le plus froid et le plus tard possible, de ne vanner que par les vents du nord, de ne verser les sacs dans le grenier que vingt-quatre heures après, de remuer le blé deux ou trois fois le mois, le matin, jusqu'aux premiers froids.

M. Chevalier assure que, ayant un tas de blé infecté de charançons, il frotta la pelle, pour le remuer, et un grand nombre de douves de tonneau, avec de l'ail; il les distribua ensuite dans le blé. Il ne fut pas long-temps à s'apercevoir des bons effets de ce procédé; les charançons quittèrent le tas, s'attachèrent à la muraille, comme immobiles, et, sans retourner au blé, y périrent et s'y desséchèrent.

Moyens usités dans quelques parties de l'Allemagne, en Prusse et en Silésie.

En Allemagne, on se délivre du charançon en faisant

(1) Année 1818.

4

bouillir de l'absinthe et de l'yèble *(sambucus ebulus)* dans l'eau, et éteignant de la chaux vive dans cette décoction. Avec ce lait de chaux, on blanchit les murs et le sol des greniers à blé.

D'autres font ramasser des sacs de fourmis, de la grosse espèce, qu'ils répandent dans les greniers infectés de charançons. Les fourmis se jettent avec avidité sur ces insectes, les dévorent, et disparaissent ensuite.

On recourt aussi à un autre moyen, c'est de les asphyxier par la vapeur du charbon allumé, qu'on place dans les greniers en bouchant soigneusement toutes les issues.

A Berlin, l'on enduit, vers le mois de septembre, à un pied au-dessus du plancher, les pièces de bois et le pourtour des murs des greniers ou des magasins avec le vieux-oing, dont on se sert pour graisser les roues des voitures, ou avec de la térébenthine.

A Potzdam, l'on place horizontalement, dans les tas de blé, des tuyaux en fer-blanc, fermés aux deux bouts et ouverts dans leur longueur, à peu près au tiers de leur circonférence ; on les remplit d'eau : l'insecte, en marchant sur le blé, rencontre ces ouvertures, y tombe et s'y noie. Ce moyen nous paraît très-peu efficace, et doit être rejeté à cause de l'eau qui peut tomber sur le blé.

En Silésie, enfin, on prend des tiges de haricots ramés, garnies de cinq à six feuilles ; quand elles viennent d'être cueillies, on les place sur les tas de blé, l'envers des feuilles en contact avec le grain. Le lendemain, ces feuilles sont couvertes d'insectes. On répète cette opération jusqu'à ce qu'on n'aperçoive plus de charançons.

Examen chimique du charançon.

M. Penaut, pharmacien à Bourges, s'est livré à des expériences chimiques sur le charançon, qui ont été consignées dans le *Journal de Chimie médicale*, tome III. Suivant lui,

1.º Ces animaux peuvent former à peu près, dans ce pays, un vingtième du blé employé à faire le pain.

2.º Le charançon frais, pilé avec un peu d'huile d'amande douce, et appliqué sur la peau, a donné naissance, en cinq heures, à une vésication suivie d'ampoule.

3.º Ce principe vésicant pourrait bien être la cause des coliques nombreuses qui règnent dans le pays.

Ce pharmacien a reconnu dans le charançon,

Un extrait gélatineux,

Un principe colorant rougeâtre,

Une huile jaunâtre,

Des traces d'acide gallique.

MM. Bonastre et Henry en ont donné une analyse plus complète, de laquelle il résulte que ces animaux contiennent,

Un acide analogue à l'acide gallique,

Une substance analogue au tannin,

Des matières grasses fixes,

Une matière résineuse,

Un principe amer,

Une matière animale particulière,

De la chytine,

Des phosphates de chaux et de magnésie,

Des sulfates,

De la silice, et un principe odorant particulier.

Ces deux habiles pharmaciens assurent que le chlore, la vapeur d'éther et le gaz ammoniac, peuvent être employés pour détruire ces animaux, lesquels ne contiennent point de principe vésicant, malgré l'assertion de M. Penaut. Nous ignorons quel est l'effet de la vapeur d'éther et du gaz ammoniac sur le charançon ; mais, ce que nous pouvons attester, c'est qu'un grand nombre de fumigations avec le chlore, que nous avons pratiquées, il y a plus de dix ans, dans des greniers contenant du blé attaqué par le charançon, n'en ont nullement arrêté les ravages, ni influé sur la multiplication de ces insectes, et que nous nous sommes convaincus que ces fumigations chloreuses ne produisaient aucun bon effet.

De l'alucite ou chenille, et papillon des grains, pou volant.

Nous ne croyons pouvoir mieux faire connaître cet insecte, et les moyens d'en garantir les blés, qu'en publiant ici le rapport qu'a fait à ce sujet, M. Pineau, au nom d'une commission, à la Société d'agriculture du département du Cher.

L'insecte si redouté, et qui fait tant de ravages dans nos granges et nos greniers, est le même qui causa des inquiétudes si vives dans l'Angoumois, et fut observé par MM. Tillet et Duhamel ; c'est le papillon des blés, alucite d'Olivier, œcophore de Latreille, de l'ordre des lépidoptères, famille

des nocturnes, tribu des tinéites. Ce papillon a des antennes
à filets grainés ; il porte ses ailes inclinées en forme de toit,
de couleur de café au lait, brillantes au soleil, bordées d'une
frange de poils, surtout au côté intérieur ; il a deux barbes
qui, partant de dessus la tête, passent entre deux antennes,
se prolongent jusqu'au dessus des yeux, où elles rencontrent
une touffe de poils relevés en arrière. Il a une trompe, ou
langue filiforme.

Ce papillon peut vivre de vingt à trente jours.

La femelle dépose ses œufs, qui sont si petits qu'ils peuvent passer par le trou de l'aiguille la plus fine, sur les grains,
et surtout dans la rainure qui sépare les deux lobes du froment.
De chaque œuf il naît une chenille, qui pénètre de suite, par
cette rainure, dans l'intérieur du grain, prend la place de la
substance qu'elle dévore, et, après avoir passé à l'état de
chrysalide, elle se transforme en papillon environ trois semaines après son introduction ; de sorte que l'on peut porter
à un mois l'accomplissement de la génération de cet insecte
avant sa transformation en chrysalide ; la chenille coupe,
sous l'écorce du blé, une petite pièce qui, faiblement retenue,
cède au mouvement que fait le papillon pour sortir.

La multiplication de cet insecte dépend de circonstances
atmosphériques toutes particulières ; il lui faut un temps
chaud ; la première volée se montre ordinairement au mois
de mai, et de mois en mois jusqu'en octobre, et même en
novembre, si ce mois est encore chaud. Enfin, cette année,
nous avons vu une nouvelle apparition de ces insectes le 23
décembre. Pendant le cours des trois premières semaines de
ce mois, le thermomètre de Réaumur n'a jamais été au-dessous de 6, et s'est même élevé jusqu'à 12 (médium, 9 et
demi de température). Nous sommes persuadé, ainsi que le
fait observer l'auteur de l'article *alucite*, *du Cours d'agriculture* de chez Déterville, que les pays plus froids que le
nôtre ont peu à craindre la multiplication de ces insectes,
qui ne pourraient y faire qu'une ponte ou deux, et que dans
le Nord ils doivent y être inconnus.

Les ravages de l'alucite sont très-considérables dans nos
pays ; chaque teigne n'attaque qu'un seul grain, et si deux se
trouvent sur le même, l'une détruit l'autre ; lorsque le temps
favorable permet que le papillon sorte promptement, nous
pensons que la moitié d'un grain peut suffire à la nourriture

de sa teigne ; mais sa multiplication progressive peut réduire
à rien les plus belles richesses agricoles.

Nous croyons que cet insecte se reproduit dans les champs,
sur les blés en épis, aussi bien que dans les greniers. Des
faits nombreux, et l'expérience journalière des habitans de
la campagne, prouvent cette assertion. Cette année, des blés
mis dehors en meule, à certaine distance des habitations,
ont été attaqués comme ceux mis dans les granges : d'où seraient venus les papillons, dont le vol est si borné? Tout
cela nous paraît réfuter l'opinion de M. Bosc, émise en note
dans le *Mémoire de la Société centrale d'agriculture*, et qui
professe des doutes sur la reproduction dans les champs.

Les moyens à employer contre cet insecte consistent d'a-
bord à le prévenir. L'isolement absolu du blé sain de tout autre
blé froment est le plus convenable ; pour cela, on indique
de renfermer le grain dans des sacs de toile serrée, dans des
tonneaux parfaitement fermés ; enfin, de recouvrir le tas de
blé avec un pouce ou deux de chaux ou de plâtre en poudre,
ayant soin d'arroser cette surface poudreuse. Au bout de
quelques jours, les grains supérieurs poussent des jets qui
forment, avec la chaux ou le plâtre, un chapeau compacte :
ce dernier procédé ne peut être employé qu'en grand ; sur
de petites portions, il occasionnerait trop de perte. Ces
moyens préservateurs offrent encore l'avantage d'agir sur les
insectes. L'isolement n'empêchera pas, il est vrai, le développement du papillon, mais il s'oppose à sa reproduction.
Nous renvoyons, à cet égard, au *Mémoire de la Société centrale d'agriculture*, qui présente les opinions motivées de
M. Bonneau de l'Indre.

Le grand moyen de l'étuve ou du four, indiqué par tous
les auteurs, offre cet avantage que, par une chaleur montée à
un certain degré, 60 du thermomètre de Réaumur, pour les
blés de semence, et plus haut même pour ceux destinés au
commerce, prolongé pendant douze heures, on parvient à
détruire les papillons, teignes, larves, œufs, qui se trouvent
dans les blés ; mais, après avoir employé ce procédé, il faudra encore avoir recours à celui indiqué précédemment ; car,
si le blé sorti du four ou étuve reste à l'air, il reprend une
partie de l'humidité ; son écorce se ramollit un peu, et laisse
pénétrer la chenille, quand les papillons des tas voisins auront
pu déposer les œufs. Nous pensons cependant que l'écorce,

4*

plus dense qu'avant la dessiccation, offrira plus de résistance à ces animaux encore faibles, et qu'il en périra une grande partie avant d'avoir pu pénétrer dans l'intérieur du grain.

D'un autre côté, il paraît que, pour la vente, ce moyen nuit au poli, au coulant du blé. Du reste, il n'est pas aussi facile à employer qu'il le paraît d'abord : il faut une main exercée ; car si le four offre les soixante degrés de chaleur demandée, il est très-probable que, dans une masse un peu considérable, cette chaleur ne sera pas la même partout ; que celle des parties supérieures pourra bien s'élever à soixante degrés, tandis que le noyau ne sera qu'à quarante, trente et même vingt-cinq. Nous pensons donc que cette pratique, utile pour la consommation intérieure d'une famille, est d'un avantage douteux pour les grains destinés au commerce ; car il faut bien faire entrer en ligne de compte la perte occasionnée par le retrait.

L'œuf fécondé et imperceptible à l'œil, reste attaché au grain, dont il suit tous les mouvemens ; lorsque la chenille paraît, elle se cramponne sur le blé qui lui a servi de berceau, se hâte de s'y former une demeure, dont elle ne doit sortir qu'après la métamorphose la plus extraordinaire. Pendant son séjour dans le grain, elle se nourrit de la substance dont elle prend la place, et tient ainsi à couvert son corps faible ; l'instant où elle doit se former en chrysalide est prévu : elle a soin de se faire une coque, qui la maintient mollement dans sa demeure ; dans cet état inerte, espèce de première mort, elle résiste parfaitement aux chocs qui pourraient la détruire. Enfin, devenu animal parfait, le papillon se dégage de toutes ses enveloppes, voltige autour des blés, se pose sur leurs tas, et paraît n'avoir d'autre instinct que celui de la reproduction.

C'est dans ce moment que viennent se précipiter sur lui des ennemis dont son obscurité l'avait préservé jusqu'alors. Si le blé en gerbe reste dehors, ou si les greniers sont ouverts, tous les oiseaux insectivores s'y précipitent, et sans attaquer les grains, ils se nourrissent de tous ces insectes qui paraissent.

C'est ainsi, dit-on, qu'en certains lieux, on met dans les greniers, dont les fenêtres sont fermées avec des treillis, des bergeronnettes, oiseaux qui vivent d'insectes ; les bergeronnettes mangent les alucites et autres insectes, à mesure qu'ils paraissent, et leurs larves, toutes les fois qu'elles peuvent les voir. Le seul soin à avoir est de tenir dans le grenier un ou plusieurs baquets remplis d'eau; quinze à vingt de ces petits oiseaux suffisent pour les plus vastes greniers.

Le crible, le van, le fléau, en détruisent une grande partie; l'on ne saurait battre trop promptement les grains infestés par ces insectes. Lorsque vos blés sont conduits dans vos greniers, remuez-les souvent à la pelle, passez au crible au moins tous les quinze jours; un des meilleurs instrumens, et dont l'usage nous a montré tout l'avantage, c'est le ventilateur, décrit dans le *Cours d'agriculture* sous le nom de bluteau-crible. Les papillons qui ne sont pas tués de suite par le fait de cette machine, rejetés au loin, froissés, mutilés, ne peuvent plus se réunir pour la reproduction. Un propriétaire ne peut trop surveiller ses greniers, et s'il sent dans ses blés une augmentation de chaleur, il peut être assuré d'en voir paraître une volée. Lorsque le papillon s'est montré, hâtez-vous de mettre en usage tout ce qui peut troubler sa tranquillité; plus vous agirez promptement, plus vous serez assuré du succès, puisque vous éviterez plus certainement l'émission des œufs.

Les courans d'air, dans les greniers, nuisent infiniment à ces insectes, qui aiment un certain degré de chaleur. Il ne serait pas même très-difficile d'établir un courant d'air dans l'intérieur des tas de blé, au moyen de cylindres creux, du diamètre de trois pouces, faits soit en osier, soit en fer-blanc, criblés de petits trous; plusieurs de ces tubes, convenablement disposés, et ayant au-dehors une embouchure en forme d'entonnoir, et se réunissant au milieu des tas de blé, feraient de très-bons ventilateurs.

Les *Mémoires de la Société royale et centrale* indiquent un procédé employé par M. Lacroix, qui enferme ses blés dans des foudres placés sous terre au milieu d'un courant d'air, qui abaisse la température à 10 degrés. M. Blondeau pense que ce procédé, qui paraît remplir toutes les conditions, n'est pas toujours praticable dans certains cantons un peu bas; il croit qu'il pourrait être remplacé par des greniers couverts en paille, et à double couverture. Tout le monde sait que la paille est un très-mauvais conducteur de la chaleur; et si l'on a soin d'établir des ouvertures opposées et un courant d'air dans la masse même du blé, ainsi que nous l'avons dit plus haut, nous croyons que l'on obtiendra un résultat avantageux.

Un autre procédé, dont l'idée a été fournie également à M. Blondeau par la connaissance du genre de ces insectes, c'est l'emploi du feu, ou plutôt de la lumière. Comme tous les nocturnes, le papillon des blés s'en approche et s'y brûle; des flambeaux, convenablement distribués, pourront en faire périr une grande quantité.

Procédé pour corriger la mauvaise qualité des blés avariés.

La mauvaise qualité que les années pluvieuses et les longs transports donnent aux blés, surtout à ceux qui ne sont pas soignés sur les routes, peut être corrigée et détruite par différens procédés; celui de M. Peschier, pharmacien à Genève, nous paraît bon à le conserver. Il lave le grain avarié dans une eau alcaline bouillante (1), où, après l'avoir laissé en repos pendant une demi-heure, il l'agite fortement. L'eau prend alors une couleur brune très-foncée, produite par l'abondante dissolution, et suspension des parties détruites dans la fermentation. Ce lavage écoulé, le grain se lave avec de l'eau froide, jusqu'à ce qu'elle soit incolore, l'agitant fortement chaque fois, afin d'en détacher d'avantage par le frottement ce qui serait resté attaché à l'écorce. Le grain est ensuite égoutté pendant vingt-quatre heures, et séché rapidement, soit à l'air, soit dans une étuve, ou, mieux encore, dans des fours dont on a retiré le pain. Par ce travail, il perd non-seulement toute sa mauvaise odeur, mais aussi son goût et l'âcreté qui se faisait sentir à la gorge, et il acquiert un goût agréable de gruau d'avoine, provenant vraisemblablement de l'effet de la chaleur à laquelle il est exposé pendant la fermentation. Le grain fournit dans cet état une farine d'un blanc roux, à peu près sans odeur, qui donne un pain brun nourrissant, n'ayant aucune odeur étrangère à celle du pain ordinaire. On a cependant remarqué parfois qu'il laisse apercevoir une faible amertume. Le déchet éprouvé par les lavages est d'un cinquième environ. (*Bibliothèque physico-économique.*)

---

(1) Elle se prépare dans la proportion de 1,400 kilogrammes d'eau, et 1,088 de potasse du commerce sur un quintal de blé.

Reproduction du blé.

Le blé est une des céréales qui donnent le plus de semences, suivant la nature du sol, la température du climat et la régularité des saisons.

Les sols argileux, ou quartzeux, ou trop calcaires, sont impropres à sa reproduction. Ceux qui lui conviennent le mieux sont ceux qui sont formés par un mélange de ces trois terres dans des proportions convenables, et qui sont riches en engrais. Ainsi les plaines conviennent bien mieux à la culture du blé, soit parce que la température y est plus douce que sur les montagnes, soit parce que les engrais que l'on répand sur celles-ci sont charriés par les averses dans les plaines. Enfin, les montagnes un peu élevées, où règnent très-souvent des brouillards, sont totalement impropres à la culture du blé. On en trouve des exemples dans les départemens du midi. Nous allons prendre pour exemple ceux de l'Aude, de l'Hérault et des Pyrénées-Orientales, dont les plaines donnent des récoltes très-abondantes en blé, tandis qu'à une ou deux lieues plus loin les terres ne peuvent produire que du seigle. Un sol sec n'est propre à la culture du blé que lorsque le printemps et une partie de l'été sont pluvieux; hors de ce cas, il ne donne que de très-modiques récoltes, qui sont même presque entièrement perdues, si l'on a fumé ces terres, et que le printemps et l'été aient été secs. Les blés récoltés dans les terres sèches se conservent cependant plus long-temps sans éprouver d'altération. Par une raison contraire, les récoltes en blé sont très-abondantes dans les terrains des plaines humides, si le printemps et l'été sont très-peu pluvieux; dans le cas contraire, ces blés jaunissent, produisent beaucoup de paille et peu de grains, encore même n'est-il pas de bonne conservation.

Les terrains salés sont impropres à la culture du blé si la quantité est trop forte; tandis qu'à petite dose le chlorure de sodium (sel marin) le favorise. Nous prendrons pour exemple la vaste plaine de Narbonne, dite l'Étang salin, et du temps des Romains le lac Rouge (*lacus Rubrensis*), la plaine de Coursan, celle de Salles, Fleury, etc., qui jadis ont été recouvertes par les eaux de la Méditerranée. Ces vastes plaines offrent trois qualités de terre; l'une propre à la culture du blé, l'autre qui y est impropre, mais propre à celle du salicor ou soude, et une troisième qui est impropre à toute culture. Souvent dans un quart d'arpent, on trouve ces trois qualités de terre.

Dans son Mémoire sur les défrichemens, l'un de nous a publié l'analyse suivante de ces terres :

1.º Les terres les plus salées et impropres à toute culture donnent du chlorure de sodium (sel marin) jusqu'à 0,14.

2.º Celles qui sont propres à la culture du salicor, 0,10.

3.º Celles où le blé croît, de 0,03 à 0,08.

Cette dernière terre donne des récoltes très-abondantes en blé, et même sans aucun engrais. Le blé qu'on y récolte donne un pain qui a une légère saveur salée.

Il faudrait très-peu de blé pour sa reproduction, si tous les grains semés levaient. Malheureusement un très-grand nombre sont perdus; car, pour que la germination ait lieu, il faut :

1.º Que la semence ait été cueillie dans un état de maturité parfaite, et il s'en faut de beaucoup que tous les épis y soient parvenus;

2.º La présence de l'eau est indispensable, mais non en excès;

3.º Il en est de même de celle de l'air; ainsi les grains semés trop profondément pour que l'air ne puisse y pénétrer, ne lèvent point;

4.º Une douce chaleur est indispensable; à 0 le blé ne germe pas; il en est de même d'une température élevée; la plus favorable est de 10 à 30 degrés centigrades.

L'on peut calculer que dans les montagnes la récolte est à la semence comme un est à trois, quatre, cinq, six et sept. On peut compter, terme moyen, cinq pour un.

Dans les plaines, le produit est de huit à douze et jusqu'à quinze pour un; on peut cependant porter le terme moyen de neuf à dix.

Il est démontré que si tous les grains de blé germaient, il en faudrait très-peu pour ensemencer. Plusieurs agronomes ont fait des essais pour reconnaître le nombre de semences qu'un seul grain de blé peut produire; nous allons nous borner à présenter le fait suivant, pris dans le tome LVIII *des Transactions philosophiques* de Londres.

L'auteur de cette expérience, M. Miller, sema, le 2 juin,

quelques grains de blé dans un terrain qui n'était pas même très-favorable à la végétation de cette plante. Le 8 août suivant, c'est-à-dire aussitôt que la végétation du blé fut assez avancée pour permettre la division des touffes, il sépara en huit parties l'une de celle-ci, et il transplanta chacune d'elles séparément. Ces plantes ayant poussé un certain nombre de nouveaux drageons, il en fit une nouvelle division à trois époques différentes. Une partie fut ainsi traitée vers la mi-septembre, et une autre du 15 septembre au 14 octobre. Le nombre de ces divisions donna ainsi soixante-sept nouvelles plantes, qui, après être restées en terre pendant tout l'hiver, furent divisées de nouveau à dater du 15 mars au 12 avril; et l'on obtint ainsi cinq cents plantes, qui furent confiées à la terre sans être soumises à de nouvelles divisions.

On remarqua que ces plantes végétaient plus vigoureusement que celles des champs voisins. Quelques-unes produisirent plus de cent épis, et plusieurs de ces épis avaient sept pouces de long, et contenaient de soixante à soixante-dix grains. Le nombre total des épis ainsi produits par un seul grain, montait à 21,100, et le grain que ceux-ci donnèrent pesait quarante-sept livres sept onces. En faisant le calcul du nombre de grains qui entraient dans une once, on trouva qu'un seul grain avait produit 576,820 grains.

L'auteur de cette expérience fait observer que si l'on eût ait au printemps deux divisions au lieu d'une seule, on eût u porter ce nombre des plantes à deux mille au lieu de cinq cents, d'autant qu'il s'était assuré par d'autres expériences ue cette division pouvait avoir lieu deux fois au printemps.

On conçoit qu'il serait difficile d'établir la culture du blé n grand par la méthode que l'on vient d'exposer. Le temps t la main-d'œuvre qu'il faudrait employer à une semblable pération, rendraient cette culture très-dispendieuse. Il est ependant des circonstances, telles qu'une destruction presue totale des champs de blé, où l'on pourrait réparer en artie les pertes qu'on aurait éprouvées. Alors la division des ieds qui n'auraient pas été détruits, fournirait, surtout dans es petites cultures, un moyen de subsistance qu'on ne saurait e procurer d'une autre manière.

Choix du blé de semence.

Depuis long-temps on recommande aux agriculteurs de

n'employer pour les semailles que des blés de première qualité, et ceux dont le grain est pesant, bien nourri et d'un aspect brillant. Cette recommandation n'est pas fondée sur un préjugé, et en effet quelques expériences directes, communiquées à l'Académie des sciences, dans la séance du 10 septembre 1831, prouvent qu'il y a beaucoup d'avantage à n'employer à l'ensemencement des champs que les grains de bonne qualité, et que l'économie qu'on veut trouver à faire usage des grains de rebut est loin d'équivaloir à la perte qu'on éprouve au moment de la récolte. Ces expériences démontrent encore que les préparations employées pour préserver le blé de la carie ou de la rouille ne peuvent être efficaces qu'autant que les semences employées ne proviennent pas elles-mêmes d'épis infectés de carie ou de rouille, quelque soin qu'on ait pris d'ailleurs à n'employer que des grains sains en apparence. Les cultivateurs Belges prennent un soin tout particulier pour récolter le blé qui doit servir à la semence. Ils font, au moment de la moisson, démêler quelques épis très-beaux; ce travail, n'exigeant aucune force, est exécuté par de vieilles femmes. Le grain provenant de ces épis de choix est semé dans un terrain susceptible, par sa nature et sa culture, de donner des produits remarquables, surtout par la qualité, sans beaucoup s'inquiéter de la quantité. La récolte de ce champ est spécialement destinée à fournir du blé de semence; ce serait un travail trop long et trop dispendieux pour qu'il n'y ait pas perte; mais ici ce n'est que la semence de la semence que l'on se procure ainsi.

Blutage des grains.

Lorsque le blé a été battu, on le crible soigneusement avant de l'enfermer; mais pour le dépouiller de la plus grande partie de terre qu'il contient, il faut recourir au blutage, que l'on opère au moyen d'un blutoir ou sorte de crible ou bluteau composé ou crible à vent. Le blutage contribue également beaucoup à leur conservation. M. Duhamel, dans son important ouvrage sur la *Conservation des grains*, a décrit le meilleur bluteau à vent que nous possédions; nous allons lui en emprunter la description.

On met, comme aux autres, le grain dans une trémie (*fig. 1*); il en sort par une ouverture B (*fig. 2*), qu'on re plus ou moins grande en ouvrant plus ou moins une porte à coulisse C (fig. 5), ce qui s'exécute aisément en tournant un petit cylindre D, même figure, placé au-dessus, autour duquel est une ouverture qui répond à la petite porte.

Au sortir de la trémie, le froment se répand sur le crible E (fig. 4), qui est fait par des mailles de fil de laiton, assez larges pour que le bon froment y puisse passer; les grains avortés et la plupart des charbonnés passent avec le bon froment, et sont chassés vers F (fig. 1 et 2) par le courant d'air dont on parlera par la suite.

Ce crible est reçu dans un châssis léger de menuiserie G (fig. 4) et bordé des deux côtés et au fond par les planches minces HH.

On fait en sorte que le crible E penche un peu par le devant, et cette circonstance fait que le froment coule plus ou moins vite, on est maître de régler convenablement la pente du crible en tournant une traverse cylindrique I (fig. 2) qui porte à un de ses bouts une petite roue dentée L (fig. 1), qui est retenue par un linguet. En tournant cette traverse, on accourcit ou on allonge une ficelle N (fig. 2) qui élève ou abaisse le bout antérieur du crible.

Malgré cette pente du crible, le froment ne coulerait pas, si l'on négligeait d'imprimer au crible un mouvement de trémoussement. Voici par quelle mécanique on produit cet effet.

Au bout O de l'essieu (fig. 5), opposé à celui où est la manivelle P (fig. 1), il y a une roue Q (fig. 6 et 7), qui a des coches sur la face verticale tournée du côté de la caisse. Un morceau de bois ou un long levier un peu coudé en R, répond à ces coches par un bout S. Ce levier touche et est attaché à la caisse par le sommet R de l'angle fort obtus que forment ces deux branches; à l'extrémité T du levier, opposée à la roue cochée, est attachée une ficelle qui, traversant la caisse, va répondre au crible. De l'autre côté de la caisse est un morceau de bois V (fig. 1) qui fait ressort, et répond, comme le levier dont on vient de parler, au crible par une ficelle qui traverse la caisse. Il est clair que si l'on fait tourner l'essieu, les coches de la petite roue Q donnent un mouvement d'oscillation au bout du levier R qui lui répond; ce mouvement se communique à son tour au bout T, et de là au crible, au moyen de la ficelle T, ce qui lui donne le trémoussement qu'on désire.

Ce mouvement détermine le grain à couler peu à peu sur le crible qui est un peu incliné, et ce qui n'a pu passer au travers des mailles tombe par l'extrémité en forme de nappe, sur un plan incliné X *(fig. 2)* qui le jette dehors, et vis-à-vis la partie antérieure du crible. Ce qui a passé par le crible supérieur tombe en forme de pluie sur un plan incliné d'environ 45 degrés, où le froment en roulant trouve une grille ou treillis de fil d'archal M *(fig 2 et 8)* semblable au premier E *(fig. 4)*, mais dont les mailles sont un peu plus étroites, pour que le petit grain tombe sur la caisse en N *(fig. 8)*, pendant que le gros se répand derrière le crible en T.

On aperçoit sur un des côtés de la caisse une manivelle P *(fig. 1)* qui fait tourner une roue dentée F, laquelle engrène dans une lanterne G, fixée sur l'essieu qui fait tourner la petite roue cochée Q *(fig. 8)* dont on a parlé.

Ce grand essieu qui, au moyen de la lanterne, tourne fort vite, porte huit ailes *(fig 1, 2 et 8)* HHH formées de planches minces qui, imprimant à l'air qu'elles frappent une force centrifuge, produisent un vent considérable qui chasse bien loin vers F toute la poussière, la paille et les corps légers qui se trouvent dans le grain ; soit que ces corps étrangers aient passé par le crible, ou qu'ils se trouvent dans les mottes et les immondices qui tombent en nappe devant le crible.

Pour se former une idée juste de cet instrument, il faut se représenter un homme appliqué à la manivelle P *(fig. 1)*; elle fait tourner une roue dentée ou hérisson N. Cette roue engrenant dans la lanterne G, qui est placée au-dessus, imprime un mouvement de rotation assez vif au grand essieu qui fait tourner les ailes HHH *(fig. 1, 2 et 8)* renfermées dans la caisse K, et à la petite roue cochée Q qui est de l'autre côté de cette même caisse. Cette petite roue Q imprime un mouvement de trémoussement au levier TRS *(fig. 8)* qui fait mouvoir le crible supérieur L *(fig. 2)* tant qu'on tourne la manivelle.

Un homme verse du froment dans la trémie A. Ce froment coule peu à peu sur le crible supérieur L *(fig. 2)* qui, ayant un peu de pente vers l'avant, et étant dans un trémoussement continuel, tamise le froment, et le passe peu à peu en forme de pluie. Dans cette chute il traverse un tourbillon de vent occasionné par les ailes HHH *(fig. 1, 2 et 8)* attachées au grand essieu, et il tombe sur un plan incliné où il y a un second crible B *(fig. 5)*, et M *(fig. 2)*, nommé *crible infé-rieur*, qui sépare le gros grain du petit.

Comme les pièces qui composent ce crible n'exigent pas une exacte proportion, l'échelle *(fig. 9)* suffira pour indi-quer à peu près qu'elle doit être leur grandeur; enfin il est bon d'être prévenu que le grand essieu doit être de fer, et les fuseaux de la lanterne G, de cuivre; sans quoi ces deux pièces ne dureraient pas long-temps. Il serait encore avanta-geux d'augmenter la grandeur du crible inférieur, et l'on pourrait avoir des cribles dont les mailles seraient différem-ment rangées pour séparer les différens grains et les diffé-rentes graines.

Ce crible est admirable pour séparer du bon grain, la pous-sière, la paille, les graines fines, les graines charbonnées, en un mot tout ce qui est plus léger et plus gros que le bon fro-ment. Il sépare encore exactement toutes les mottes formées par les teignes, les crottes de chat, de souris, etc.

Pour que ce bluteau-crible produise le meilleur effet pos-sible, il faut que le grenier soit percé de fenêtres ou de lu-carnes des deux côtés opposés; car en plaçant le bout F du crible *(fig. 2)*, vis-à-vis la croisée qui est exposée au vent, le vent qui traverse le grenier se joignant à celui du crible, chasse bien loin les immondices. Ainsi, c'est un bon instru-ment dont on doit se pourvoir lorsqu'on se propose de faire des magasins considérables de blé.

Ce n'est pas à ce seul point que se borne son utilité, je lui en reconnais une au moins aussi précieuse, qui est celle de séparer le bon grain de toutes les immondices à mesure qu'il vient d'être battu, et par conséquent de ne pas le porter et le reporter de l'aire au magasin et du magasin, qu'on nomme dans quelques endroits *la Saint-Martin*, à l'aire. Pour *ven-ter* ou *vanner* le blé, on est forcé d'attendre un beau jour, et un jour pendant lequel la force du vent ait quelque activité, ce qui est assez rare pendant les grandes chaleurs de l'été. Si le grain reste long-temps amoncelé sans être battu, il court de grands risques de s'échauffer, pour peu que la moisson ait été levée par un temps humide. Ce bluteau-crible prévient tous ces inconvéniens. Pour vanner, on est obligé de jeter en l'air et au loin le grain chargé d'ordures. Le grain, par sa pesanteur spécifique, tombe le premier et le plus près, mais mêlé avec les petites mottes de terre égales à son poids; la poussière et les pailles, plus légères, sont entraînées plus loin par le vent. La ligne de démarcation entre le bon grain, le mauvais et les ordures, n'est pas exacte ; de manière qu'on est obligé de revenir plusieurs fois à la même opération. Voici comme je m'y prends pour nettoyer mon grain avec le bluteau-crible.

Tout le grain que l'on a à nettoyer est rangé sur une ligne de trois à quatre pieds de largeur, deux pieds environ de hauteur, et la longueur de ce parallélogramme est indéterminée si c'est en plein air, ou proportionnée à la grandeur du local du bâtiment, si le grain y est renfermé ; le premier est convenable à tous égards. A cinq pieds d'un des bouts du parallélogramme, je place une grille de fer de quatre pieds de largeur, sur cinq pieds de hauteur ; elle est soutenue de chaque côté dans la partie supérieure, avec un piquet en bois, terminé dans le bas par une pointe de fer qui entre dans la terre, à la profondeur d'un pouce ; par ce moyen, les deux piquets une fois assujettis, la grille est solide, parce qu'également à sa base elle est garnie de deux pointes de fer d'un pouce, qu'on enfonce de manière que sa traverse inférieure touche la terre par tous les points. L'inclinaison de trente degrés est celle qu'on doit donner à la grille, et ses mailles n'ont que six à huit lignes de diamètre.

Deux hommes armés de pelles sont placés à la tête du monceau de blé, et en jettent alternativement une pellée contre la grille. Lorsque le monceau de blé est passé, lorsque celui des débris de la paille et que la grille sont trop éloignés des travailleurs, alors les deux hommes enlèvent avec leur pelle le monceau de paille, et rapprochent la grille à une distance convenable du blé pour continuer leur opération ; le blé passé est en cet état porté au bluteau.

Si on demande pourquoi ce premier travail ? Je répondrai que lorsqu'on jette dans le bluteau les débris de la paille, et les épis pêle-mêle avec le grain, il faut répéter à plusieurs fois le blutage ; au lieu qu'une fois suffit lorsqu'on a pris la première précaution. Si on repasse une seconde fois son grain au bluteau, il en sortira de la plus grande netteté. Cette opération occupe deux hommes, et les deux mêmes suffisent pour le blutage ; un seul cependant suffit pour cette dernière, si au-dessus de la trémie, on a ménagé une espèce de magasin ou réservoir à blé ; une fois plein, l'ouvrier pourrait travailler toute la journée et d'un seul trait, s'il n'avait besoin de repos de temps à autre. Pour qu'il prenne ce repos, il tire une petite corde qui tient à une tirette ou coulisse, et la coulisse en s'abaissant ferme l'ouverture de ce réservoir. J'ai fait vanner du blé de toutes les manières, et je n'en ai point trouvé de plus économique et plus expéditive que celle dont je viens de parler. Qu'on ne perde jamais de vue qu'il n'y a point de petite économie à la campagne.

Nouveau Tarare pour nettoyer les grains, au moyen de deux cribles concentriques de plusieurs formes, tournant en sens contraire, par M. Fichet.

(Brevet d'invention et de perfectionnement.)

Le bâtis de cette machine est une caisse en bois ayant la forme d'un parallélipipède rectangle de trois pieds six pouces de haut, sur quatre pieds six pouces de longueur et deux pieds de large. Cette caisse est sans fond; ses deux bouts sont à jours et garnis seulement de traverses d'assemblage, qui servent à supporter les différentes parties de cette machine. Le dessus est recouvert par une planche à feuillures, que l'on enlève à volonté pour voir l'intérieur du mécanisme. Les côtés latéraux sont fermés par des panneaux assemblés aux quatre pieds de la caisse et sur les traverses longitudinales.

Au bord de l'une des faces latérales de cette caisse et sur le devant de la machine, est un engrénage qui donne le mouvement à toutes les parties mobiles. Cet engrénage est composé, extérieurement, de trois roues dentées engrenant ensemble, et placées l'une au-dessus de l'autre dans la hauteur de la caisse, parallèlement aux faces latérales.

Celle des trois roues qui occupe la position inférieure porte vingt dents; son axe, qui est un prisme pentagonal, est armé de cinq ailes formant un ventilateur. La largeur de ces ailes est un peu moindre que celle de la caisse intérieurement, et leur rayon est d'environ onze pouces.

Ce ventilateur, qui avance en avant de la machine, est enveloppé, extérieurement, par un tambour en planches formant un peu plus d'un demi-cylindre, qui vient s'accrocher contre les pieds ou montans du bâtis et dont chaque bout est percé, au centre, d'un grand trou, pour donner passage à l'air extérieur que le ventilateur doit chasser dans la caisse.

5*

La seconde roue dentée est placée immédiatement au-dessus de la première, et son axe, qui est engagé en dedans de la caisse, porte une manivelle à l'aide de laquelle un homme fait mouvoir la machine. Les dents de cette roue sont au nombre de trente-trois.

La troisième roue a aussi trente-trois dents, elle reçoit son mouvement de la roue précédente, et son axe porte, dans l'intérieur de la caisse, une roue d'angle de dix-huit dents, dont les axes sont enfilés l'un dans l'autre, de manière à pouvoir tourner en sens contraire. L'axe intérieur est un arbre en fer, placé au milieu et dans toute la longueur de la caisse; il est reçu dans des collets disposés, à cet effet, sur les traverses supérieures des bouts du bâtis. En avant de la machine, cet axe est à la hauteur du centre de la troisième roue de l'engrenage extérieur; il est d'environ deux pouces plus bas à son autre extrémité. Cet arbre, sur lequel est montée une des deux roues d'angle de vingt-huit dents, dont on vient de parler, sert d'axe à un premier crible cylindrique en tôle, bouché des deux bouts et enveloppé par un second crible cylindrique et concentrique, également en tôle : c'est sur le bout de ce dernier crible, qui est un peu plus long que le premier, qu'est fixée la deuxième roue d'angle de vingt-huit dents, qui lui imprime, au moyen de la roue de dix-huit dents, un mouvement inverse à celui du crible intérieur.

Le crible extérieur, ou enveloppant, est monté sur des roues à jour, auxquelles l'axe en fer du crible intérieur ou enveloppé sert d'essieu.

Le grain arrive entre les deux cribles cylindriques par deux trémies placées l'une au-dessus de l'autre, au-dessus de la tête des cribles. Entre ces deux trémies est placé un petit grillage horizontal, que l'on incline à volonté au moyen d'un petit treuil avec encliquetage et roue à rochets placée au-dessus.

Ce grillage reçoit d'abord le grain de la trémie supérieure, pour le rendre, après l'avoir agité par un mouvement horizontal de va-et-vient, à la trémie inférieure qui le conduit entre les deux cribles.

Les cribles sont percés de trous ronds, pratiqués de manière que leurs bavures se trouvent dans l'espace cylindrique ménagé entre les deux cribles.

Le crible intérieur est divisé, dans sa longueur, en trois

portions égales ; celle du haut est cylindrique, celle du milieu présente quatre angles rentrans, dans lesquels s'amasse le grain qui, dans le mouvement de rotation, se trouve, par ce moyen, lancé plus fortement contre la paroi intérieure du crible enveloppant ; ce qui aide beaucoup à dégager l'enveloppe du grain de toute matière étrangère. La portion inférieure de ce crible porte des petites brosses placées longitudinalement sur sa surface, et l'extrémité inférieure du crible enveloppant est formée d'un grillage fait de fils de fer disposés les uns à côté des autres, et maintenus dans leur écartement par plusieurs ligatures. Les soies des brosses du crible intérieur entrent dans les espaces réservés entre ces fils de fer, et en chassent les grains qui pourraient s'y arrêter. Ce crible est percé de trous dans toute sa longueur et même dans ses angles rentrans.

Le grain, entraîné et agité entre les deux cribles, se dépouille des parties hétérogènes qui couvrent son enveloppe, par le frottement qu'il éprouve sur les bavures des trous de chaque crible ; le mouvement de rotation en deux sens qu'il éprouve, est très-favorable à ce dépouillement, et oblige en même temps le grain à descendre lentement, par l'effet de la pente, dans le bas des cribles, où il est reçu dans une trémie qui le conduit sur une planche en bois fixe, inclinée de l'arrière à l'avant de la machine sur laquelle il subit l'action du ventilateur, avant de se rendre dans une caisse disposée à terre en avant du tarare et sous les ailes du ventilateur.

Les déchets, composés de pierrettes, de pailles et autres matières étrangères et même de quelques grains de blé, qui sont passés à travers les trous du crible extérieur, tombent sur une planche inclinée de l'avant à l'arrière, placée immédiatement sous les cribles, et vont se rendre dans une caisse placée derrière le tarare. L'expulsion de ces déchets est facilitée par un mouvement continu de va-et-vient imprimé longitudinalement à la planche inclinée qui les reçoit.

Une claie inclinée de l'arrière à l'avant, placée tout-à-fait au bas de la machine et ayant, comme la planche précédente, un mouvement de va-et-vient, reçoit les derniers déchets qui ne sont pas sortis par les trous du crible extérieur, et qui sont passés avec le blé par la trémie placée comme nous venons de le dire, au bas des cribles ; au sortir de cette dernière trémie, le grain et les déchets qui l'accompagnent tombent

sur une plaque de tôle percée de trous, ajustée horizontalement à charnières et faisant l'effet d'une petite porte qui
s'entrouvre et se referme alternativement. Le mouvement de
cette porte oblige les matières dernières qui passent avec le
grain par la trémie à se rendre sur la claie, aussi bien que
celles qui sont renvoyées en cet endroit par l'action du ventilateur. La petite porte dont on vient de parler est placée en
tête du plan incliné qui reçoit le grain nettoyé; c'est l'action
même de cette plaque de tôle qui, en se refermant brusque-
ment, fait sauter le blé sur ce plan incliné, où il subit défini-
tivement l'action du ventilateur qui achève de le nettoyer.

Les derniers déchets dont on vient de parler se rendent,
en passant à travers la claie, dans une caisse placée pour les
recevoir sous la machine, et comme ils sont bien supérieurs à
ceux qui proviennent des cribles, puisqu'ils contiennent tout
le bon grain qui s'est échappé par la plaque de tôle en forme
de porte, en les soumettant une seconde fois à l'action de la
machine, on en obtient du grain parfaitement nettoyé.

Les mouvemens de va-et-vient imprimés aux plans inclinés
et au grillage placé entre les deux trémies destinées à l'introduction du grain entre les cribles cylindriques, sont produits
par des excentriques placés extérieurement sur l'axe du ventilateur, du côté de la machine opposé à l'engrenage, et par les
tringles ou bielles attachées à ces différentes pièces mobiles.

On peut, avec cette machine, nettoyer toute espèce de
grains; il faut seulement avoir des cribles de rechange appro-
priés à la nature de la graine à nettoyer.

Récolte du blé en France, jadis et aujourd'hui.

Il est une vérité maintenant bien reconnue, c'est que la
prospérité des empires est en raison directe des progrès de la
civilisation et de l'industrie. La France nous en fournit un
exemple remarquable. Il y a environ quarante ans que sa population n'était que de vingt-cinq millions d'habitans; depuis
lors elle a été presque toujours en guerre avec ses voisins,
elle a vu non-seulement l'Europe coalisée contre elle,
mais encore ses cruels proconsuls décimer ses sujets, et la
guerre civile désoler une partie de son territoire; malgré ces
terribles fléaux, sa population s'est accrue depuis de six millions. Tels sont les bienfaits de l'industrie. Ce surcroît de po-

pulation doit nécessairement consommer un cinquième de plus de substances alimentaires. La production du blé est-elle donc, de nos jours, en raison directe de cet accroissement. Ces intéressantes recherches ont fait le sujet d'un travail qui vient d'être présenté à l'Académie royale des Sciences, dans lequel l'auteur démontre :

Que la France produisait il y a quarante ans, et ayant vingt-cinq millions d'habitans, quatorze milliards de livres de grains, ce qui portait la consommation (la semence prélevée) à cinq cent quatre-vingt-trois livres de blé par tête, ou bien une livre dix onces de pain par jour.

Depuis cette époque, la population s'étant augmentée, comme nous l'avons déjà dit, d'environ six millions, il est naturel de penser,

1.º Que les subsistances ont dû suivre cet accroissement; elles s'élèvent, en effet, au niveau des besoins, mais sans les dépasser, puisque les états des douanes prouvent que, depuis long-temps, les exportations comme les importations de grains sont nulles en France;

2.º Que dès-lors la totalité des récoltes premières se trouvant en rapport avec la population, évaluée aujourd'hui à environ trente-deux millions d'individus, devrait rapporter par an dix-sept milliards de blé, semence non comprise;

3.º Que, bien loin de là, la récolte générale paraît être, d'après les tableaux officiels de l'administration, à peu près à même aujourd'hui qu'autrefois.

Si nous considérons maintenant qu'un grand nombre de terres ont été défrichées en France depuis la révolution, et rendues à l'agriculture, on aura lieu d'être surpris que la production des céréales ne s'élève pas à environ un tiers de plus de ce qu'elle était auparavant. Cependant cette surprise devra cesser, si l'on considère la grande extension qu'a prise la culture des prairies artificielles, des légumineuses, et principalement de la pomme de terre et de la vigne. Dans le midi de la France, principalement dans les départemens de l'Aude, de l'Hérault, de la H.te-Garonne et des Pyrénées-Orientales, non-seulement on a planté les terres qui ne donnaient que de faibles récoltes en blé, mais encore, dans quelques localités, des terres de plaines qui donnaient des récoltes abondantes. Les vins provenant de ces dernières terres, sont, il est vrai, d'une qualité inférieure; mais comme elles en produisent beaucoup plus que les sols maigres, la quantité supplée à la qualité. Ces vins sont appelés *vins de chaudière*, parce qu'on les distille de préférence, à cause de leur prix inférieur, pour en retirer l'alcool.

Conservation du blé.

Cette branche importante de l'économie publique intéresse infiniment le sort des peuples, et mérite par conséquent de fixer l'attention des gouvernemens.

Nous avons déjà dit qu'un des points essentiels pour la conservation du blé et des céréales, nous ajouterons même des légumineuses, consiste à les récolter dans leur état de maturité, à les bien cribler, et à les dessécher complétement avant de les enfermer. Les blés qui réunissent ces conditions sont susceptibles d'une longue conservation, surtout ceux que l'on récolte dans le midi de la France, en Espagne, dans la Sicile, etc. Mon honorable père avait l'habitude de conserver des échantillons, nommés *montres* dans le commerce des grains, de toutes les parties de blé qu'il achetait ; j'en ai vu chez lui qui, après trente-deux ans, étaient encore très-bien conservés, sans autre préparation que d'être serrés dans du papier. Dans le midi de la France, dès que le blé a été coupé, on le met en gerbes, et quelques jours après, on le *dépique* ou on le bat au moyen des haras ; s'il fait du vent, on le vanne, on le crible de suite, et on l'enferme sans autre préparation. Cependant ce blé, s'il n'est pas coupé vert, se conserve très-bien plusieurs années ; s'il était exposé aux rayons solaires pendant deux ou trois jours, serré ensuite dans des sacs de toiles, et gardé dans un lieu sec, nous ne craignons pas d'avancer qu'il se conserverait plus de cinquante ans sans altération. MM. les propriétaires et les négocians prennent si peu de précautions pour leur conservation, qu'ils enferment ces blés dans des magasins humides au rez-de-chaussée, et en forment des tas de deux, trois, quatre et jusqu'à cinq cents setiers qui ont jusqu'à plus de trois mètres de hauteur. Ils en agissent ainsi, parce que le blé exposé dans des greniers secs diminue de volume, et comme ces blés ne sont pas pour garder long-temps, ils évitent ainsi un déchet qui leur serait très-préjudiciable (1). Ils ne conservent donc,

_____

(1) Lorsque ces négocians achètent des blés très-secs, ils

en général, dans les greniers, que le seigle, l'orge, l'avoine et les légumineuses.

Il est des années qui produisent d'abondantes récoltes, et d'autres qui le sont très-peu; il serait alors très-important d'acheter les blés du Roussillon et du département de l'Aude, de les laisser exposés quelques jours au soleil, et de les transporter dans les greniers dits d'abondance. Le bénéfice serait très-grand, si l'on considère que, dans l'espace de trois ans, nous avons vu le blé se porter de 18 francs l'hectolitre à 68 francs, et ce prix aurait encore été plus élevé sans l'importation des blés d'Odessa, de Tangaroff, dits de la mer Noire, auxquels le gouvernement français accordait une prime d'encouragement.

Les blés de l'extrême midi de la France n'ont nullement besoin du secours de l'étuve ni des fours pour leur conservation; il suffit, comme nous l'avons déjà répété, qu'ils soient de bonne qualité, coupés par un temps sec, et en pleine maturité, et qu'ils soient dépiqués et enfermés par un beau temps. Dans les contrées précitées l'on n'enferme point le blé en gerbes, on le bat peu de jours après qu'il est moissonné. Il n'en est pas de même dans le nord de la France. Dès que le blé est coupé et mis en gerbes, on les dispose dans la grange ou sous les hangards, ou bien l'on en forme des meules à demeure, pour y acquérir, dit-on, le dernier degré de maturité; on le bat ensuite à la fin de l'automne, etc. Cette pratique nous paraît très-vicieuse; il vaudrait mieux ne couper ces blés que lors de leur parfaite maturité et les battre de suite, parce qu'il est plus aisé de le bien sécher sans balle et à la fin du mois d'août ou au commencement de septembre, qu'à la fin de l'automne ou pendant la saison pluvieuse de l'hiver.

Il est des agriculteurs qui, après avoir battu et vanné le blé, le mêlent avec la petite paille, et le conservent ainsi dans leurs greniers. Par ce moyen, il est beaucoup plus exposé au contact de l'air.

Parmentier a conseillé de passer les blés au four pour les bien dessécher et les conserver; mais outre que cette méthode est longue et coûteuse, et qu'il est impossible d'avoir cons-

s'aperçoivent qu'en les déposant dans les magasins, ces blés gagnent en volume, dans un ou deux mois, de 2 à 3 pour 100.

tamment une température égale, nous pouvons affirmer qu'un blé, ainsi préparé, est impropre à la semence, et que le pain qu'il donne a une saveur particulière.

Duhamel a beaucoup préconisé l'emploi de l'étuve pour dessécher le blé; Parmentier n'a pas craint de faire, du vivant de l'auteur, des objections contre cette méthode. Il est impossible, dit-il, de fixer le temps que le grain doit séjourner dans l'étuve, ni de déterminer au juste le degré de chaleur convenable pour sa parfaite dessiccation. Elle préjudicie toujours au commerce par le déchet sensible qu'elle occasionne au poids et à la mesure; par les frais de construction, de chauffage et de main-d'œuvre que l'étuve occasionne; elle enlève en outre au blé cet état lisse et coulant qu'on nomme la *main*; elle le ronge, et efface les traits et les signes qui font connaître le terroir qui l'a produit, ainsi que les défauts que la saison et les négligences lui ont acquis; enfin, la farine qui résulte d'un grain étuvé est toujours terne, et le pain manque de ce goût de fruit qui caractérise les bons blés non étuvés.

Nous partageons l'opinion de M. Parmentier, et nous ne croyons point qu'on puisse appliquer à la dessiccation en grand des blés ni le four, ni l'étuve. Nous croyons préférable de la borner à une bonne construction de greniers, comme nous le dirons bientôt.

Le blé bien préparé est susceptible d'une très-longue conservation, si on le tient à l'abri de l'air et de l'humidité; ainsi l'on en a trouvé à Sedan un tas qui avait cent dix ans. En 1817, on découvrit dans la citadelle de Metz un magasin de blé qui y avait été enfermé en 1523, et malgré que ce grain eût deux cent quatre-vingt-quatorze ans, le pain en fut assez bon; enfin des villages entièrement détruits par les Turcs, en 1826, offrirent, dans ces derniers temps, des blés encore bons.

M. Julia de Fontenelle a examiné des blés trouvés dans les ruines de Thèbes, et faisant partie de la collection des antiquités vendues au roi de Prusse par M. Passalaqua; ce blé contenait encore son amidon, quoiqu'il eût plus de trois mille ans.

Il n'en est pas de même des blés qu'on trouve enfouis dans la terre; l'humidité tend à leur décomposition; ils prennent alors une couleur noire; ils sont très-friables, un peu acides, et sont, pour ainsi dire, carbonisés. On en a trouvé naguère en cet état dans une démolition du quai de la Grève, et le 31 janvier 1838 à l'ouverture d'un fossé, à un mètre de profondeur, près de Sarreguemines, etc.

Nous allons maintenant parler de la conservation des blés, soit en plein air, soit à l'abri du contact de l'air.

Conservation du blé avec le contact de l'air.

On peut conserver les blés avec ou sans le contact de l'air ; par cette dernière méthode, leur conservation est bien plus certaine et de bien plus longue durée. Les premiers sont déposés dans des réservoirs ou greniers situés au-dessus du sol, et les autres dans des réservoirs souterrains nommés *silos* ou *matamores*. Nous allons examiner successivement les uns et les autres.

Des greniers à blé en France.

La construction des greniers à blé n'est pas une chose indifférente, puisque c'est d'elle que dépend en partie la conservation de cette précieuse céréale.

Malgré l'usage adopté par les négocians en blé du midi de la France, on ne doit jamais les placer dans des magasins au rez-de-chaussée, mais bien dans de vastes salles bien aérées, et au second ou troisième étage. Les murs de ces greniers doivent être très-épais, et, autant que possible, construits en pierres de taille. On doit faire attention surtout de ne pas les revêtir avec des qualités de plâtre qui attirent l'humidité de l'air, s'exfolient et se détachent bientôt en laissant à leur place une mousse blanche très-abondante, que j'ai reconnue être du nitrate de chaux. Ces murs, pour être à l'abri de l'humidité, doivent être revêtus intérieurement avec un ciment fait avec deux parties de bon mortier, deux de briques bien cuites en poudre, et une de marbre blanc pulvérisé. Si la qualité du plâtre est bonne, une fois que la couche qu'on y a passée est sèche, on pourra y appliquer l'enduit hydrofuge de MM. Darcet et Thénard, dont les propriétés sont telles, que les plâtres qui en sont enduits résistent à l'action réunie de la pluie et de l'intempérie de la saison hivernale.

Les greniers à blé doivent être très-vastes et soigneusement carrelés avec des briques vernissées, s'il est possible, sinon avec de bonnes briques bien cuites et épaisses. Dans les pays où le bois n'est pas cher, on fera bien de les parqueter. On ménagera à chaque plancher deux ou trois ouvertures, d'environ six pouces de circonférence, pour faire passer le blé d'un étage à l'autre, soit pour le ventiler, soit pour le sortir du grenier. M. de Pertuis dit que le meilleur plancher est celui qui porte le nom de *parquet à la capucine*, et sans entrevous, parce qu'il ne permet pas aux souris de se nicher dessous. Ces greniers doivent avoir plusieurs grandes fenêtres carrées, principalement à l'exposition du nord, afin d'y faire circuler un air froid et sec ; mais, afin que cette circulation puisse bien s'établir, il faut qu'il y en ait quelques-unes à l'exposition du midi, mais en bien plus petit nombre que celles du nord. Toutes ces fenêtres doivent être fermées par un fil d'archal, et celles qui sont situées au midi doivent avoir, à l'intérieur, des volets pour les fermer, quand ce vent souffle. Nous ajouterons à cela qu'il est très-avantageux de ne pas placer ces greniers dans des rues étroites, où l'air ne circule que difficilement, et qu'il est bien plus avantageux de les mettre dans un sol découvert et sec, et loin de toute rivière ou marais.

La ville de Paris, dit M. Delacroix (1), si riche en tous genres d'établissemeus, n'a aucun grenier de conservation ; car l'on ne peut appeler de ce nom les greniers dits d'abondance, situés à l'Arsenal, conçus par Napoléon, à l'instar de ceux de Lyon. « Il semble qu'en créant ces greniers, ajoute-t-il, l'on ait eu plus pour objet de faire une démonstration pour tranquilliser et satisfaire l'imagination inquiète du peuple, que de créer un établissement d'une utilité réelle ; car c'est une belle conception d'architecte que ces greniers, et ce n'en est pas une d'économie. » N'en déplaise à M. Delacroix, il nous permettra de n'être pas, sur ce point, de son avis. Cette conception de Napoléon n'a jamais eu pour but de tranquilliser l'imagination inquiète du peuple, mais bien d'assurer la subsistance de la ville de Paris ; et si ces greniers qui, malgré plus de sept millions qu'ils ont coûté, laissent encore quelque chose à désirer, il n'en est pas moins vrai que les économistes les regardent comme un beau monument d'utilité publique.

---

(1) *Nouveau Mode de conservation des grains.*

M. Delacroix dit, plus bas, que ces greniers ne peuvent servir qu'à loger les grains et les farines destinés au courant de la consommation, comme le cautionnement en nature des boulangers de Paris, qui est une bien modique réserve. Suivant lui, si l'on y formait un approvisionnement de cent mille hectolitres de blé, qu'ils pourraient contenir, en étendant le blé à trois pieds d'épaisseur sur le plancher, il est probable qu'avant la troisième année le blé serait couvert de vers, de charançons et autres insectes.

Personne n'est plus que moi porté à applaudir aux découvertes et aux innovations utiles, mais je crois que c'est un très-mauvais moyen, pour les faire réussir, que de chercher à jeter de la défaveur sur les autres méthodes suivies, surtout quand elles ont reçu la sanction de l'expérience et du temps. M. Delacroix propose des greniers clos, qui diffèrent très-peu des silos, comme nous le démontrerons; et, comme la plupart des inventeurs, il caresse son travail comme une mère son dernier enfant. C'est ce qui a fait dire au célèbre Lavoisier : « On se passionne aisément pour le sujet dont on s'occupe, et le dernier travail auquel on se livre est communément l'objet chéri : c'est un faible dont il est difficile, et dont il serait peut-être dangereux de se défendre (1). » En effet, quoi qu'en dise M. Delacroix, ces greniers, tels qu'ils sont construits, sont susceptibles de conserver long-temps le blé qu'on y aura déposé dans un état de siccité et de maturité parfaite, et dont on prendra les soins nécessaires, beaucoup plus long-temps que dans les greniers ordinaires. Mais comme l'autorité veille constamment à l'approvisionnement de Paris, ces greniers, qui pourraient servir à la conservation des grains et des farines, ne sont, à proprement parler, qu'un entrepôt annuel.

Outre cela, Paris a à ses portes d'autres greniers de conservation et de réserve, tels que ceux de Corbeil, Coulommiers, Saint-Denis, Pontoise, Chartres, etc.

Conservation des blés dans les greniers.

Lorsque la situation des chambres à blé, dit M. de Per

---

(1) Lavoisier, *Opuscules physiques et chimiques.*

tuis (1), permet d'établir des ventilateurs dans leurs planchers, et qu'elles ont plusieurs étages, il faut avoir l'intention
d'y alterner la position des trappes, afin d'en aérer complètement toutes les parties. Ces conseils sont très-salutaires, et
méritent d'être suivis. Supposons maintenant que le blé
qu'on veut conserver soit bien sec, sa conservation sera plus
certaine en l'enfermant dans des sacs en toile ficelés. Ce blé
sera ainsi à l'abri du charançon, de l'alucine, des rats, et
de tout ce qui peut contribuer à l'altérer. Quand les planchers
ne sont pas parquetés, ces sacs doivent être placés sur des
planches, et leurs rangées doivent, autant que possible, être
isolées. Ce moyen de conservation est très-bon; mais il a
l'inconvénient d'occuper beaucoup d'espace, et d'être plus
coûteux que celui par couches, à cause de l'achat des toiles.
Si le blé n'est pas bien sec, ce moyen est très-défectueux,
en ce que, n'ayant pas le contact de l'air, il s'échauffe plus
vite dans les sacs.

Presque tous les agronomes, et généralement tous les négocians en blé, mettent les grains en tas dans leurs magasins.
M. de Pertuis conseille de ne les entasser que sur un tiers de
mètre d'épaisseur pendant les six mois qui suivent leur battage, et de les porter ensuite à deux tiers de mètre, si le
plancher est assez fort pour en supporter le poids. Cette
méthode est excellente pour les blés du nord de la France;
mais elle est inutile pour ceux du midi, où on les entasse de
suite après la récolte, jusqu'à deux ou trois mètres d'épaisseur, dans des magasins au rez-de-chaussée, sans pour cela
qu'ils s'altèrent plus vite que ceux du nord. Cependant, pour
plus de sûreté, nous conseillerons de les mettre, pendant les
deux ou trois premiers mois, dans des greniers bien secs, et
en couches d'un mètre d'épaisseur. Cette méthode ne sera
probablement pas adoptée par MM. les négocians, à cause
de la perte que cette dessication du blé pourrait leur causer;
dans l'intérêt de la science, nous n'avons cependant pu nous
dispenser de la conseiller.

Dès que les blés ont été récoltés, et bien criblés et vannés,
on doit les placer dans les greniers, et les étendre par couches
d'environ un demi-mètre, en ayant soin de tenir ouvertes les

_____

(1) *Nouveau Cours complet d'Agriculture théorique et
pratique.*

fenêtres exposées au nord, tant que le temps est sec, et de les fermer par les temps humides ou pluvieux. Ces blés doi-être fréquemment remués avec la pelle, et changés même de place, afin de les mettre beaucoup plus en contact avec l'air sec, et d'en opérer une plus prompte dessiccation. Si l'on s'aperçoit que, malgré ces soins, le blé commence à s'é-chauffer, il faut le faire couler, par les trappes, dans l'étage au-dessous, s'il y en a entre le grenier où il est déposé, et le rez-de-chaussée, et l'y tenir en couches d'un quart de mètre, si l'on a assez d'espace; on doit alors le remuer souvent, le ventiler et même le cribler. Pour terminer cet article par de nouveaux documens, nous allons y ajouter la description des greniers de Londres, que M. le docteur Merret a donnée dans les *Transactions philosophiques*.

Greniers de Londres.

Les douze corporations de Londres, quelques autres com-pagnies, et divers particuliers, ont leurs greniers dans le local nommé Bridge-House, à Southwark, où se trouve un juge-de-paix, un économe et deux maîtres. Ces greniers sont bâtis sur deux côtés d'une place oblongue. L'un des deux est situé nord et sud, et a près de trois cents pieds de longueur. Ses fenêtres, qui sont garnies de treillis, regardent le nord-est. L'autre côté peut avoir environ cent cinquante pieds de long. Les fenêtres de celui-ci font face au nord, et les côtés opposés n'ont point d'ouverture. Toutes les fenêtres ont en-viron trois pieds de haut; elles sont sans volets, et toutes sur a même ligne, à très-peu de distance l'une de l'autre; il n'y que l'espace nécessaire pour clouer les treillis.

Chaque grenier a trois ou quatre étages. Le rez-de-chaus-ée, ou étage inférieur, qui est à douze pieds de terre, ne ert que de magasin, etc. Si ce premier étage était porté sur de forts piliers, armés de piquans de fer, pour empêcher les animaux voraces d'y monter, il serait plus propre au dessé-chement du blé, comme plus exposé à l'action du vent.

Dans quelques endroits, on met dans tout l'intérieur des reniers, jusqu'à deux ou trois pieds de hauteur, des réseaux e fil d'archal à mailles si étroites, que ni les rats ni les souris e peuvent passer à travers. D'autres mettent de tous les côtés es planches debout, sur lesquelles on en fixe d'autres, soit

6*

parallèles à l'horizon, soit formant un angle aigu avec les premières, dans le même objet d'écarter ces animaux; car, indépendamment du grain qu'ils dévorent, leurs excrémens et leur urine, en humectant le froment ou le seigle, les disposent à se corrompre et à donner naissance aux charançons.

Les principales circonstances qu'on observe en bâtissant ces greniers, sont de leur donner une grande solidité, et de les exposer aux vents qui dessèchent le plus.

La manière de gouverner les blés dans le Kent, consiste d'abord à en séparer la poussière et les autres saletés. A cet effet, lorsqu'il est battu, on le jette avec la pelle, d'un côté à l'autre, et le plus long-temps que dure cette opération est le meilleur. Par ce moyen, toutes les saletés restent entre les deux tas de blé, et l'on crible ce qui tombe au milieu pour en séparer le bon grain qui peut s'y trouver mêlé.

On porte ensuite le blé dans les greniers, où on l'étend sur environ un demi-pied d'épaisseur; on le retourne deux fois par semaine et on le crible une fois dans le même espace de temps. Au bout de deux mois, on l'étend de l'épaisseur d'un pied, on le tourne une ou deux fois par semaine, et on le crible à proportion plus ou moins souvent, suivant l'humidité ou la sécheresse de la saison. Au bout de cinq ou six mois, on le met en couches de deux pieds; on le tourne une fois tous les quinze jours, et on le crible une fois dans le mois, suivant la nécessité. Après une année révolue, on donne à la couche de blé deux pieds et demi ou trois pieds d'épaisseur; on le tourne une fois en trois semaines ou un mois, et on le crible dans des espaces de temps proportionnés.

Lorsqu'il est resté deux ans au plus, on le tourne une fois en deux mois, et on le crible une fois en trois ou quatre mois, et ainsi de suite, suivant le brillant, la dureté et la sécheresse du grain. Plus on raccourcit les intervalles entre ces opérations, mieux le grain s'en trouve. On laisse un espace vide d'environ trois pieds de tous les côtés de la chambre, et un autre de six pieds dans le milieu sur toute sa longueur, afin d'avoir de la place pour retourner le blé aussi souvent qu'il est besoin.

Dans le Kent, on fait deux trous carrés aux deux extrémités du plancher, et un trou rond dans le milieu. On jette le blé, par ces ouvertures, des pièces supérieures dans celles de dessous, afin de le mieux aérer et sécher.

Les cribles ont deux cloisons, pour séparer la poussière du blé. Elle tombe dans un sac : lorsqu'il est suffisamment rempli, on la rejette, et le bon blé reste derrière.

On a gardé du blé dans les greniers de Londres pendant trente-deux ans. Plus il est vieux, plus il donne de farine, à proportion de sa quantité, et plus le pain qu'on en fait est blanc et délicat. Le grain n'a perdu en effet que son humidité superflue.

Le docteur Peel a assuré, dans une assemblée de la Société royale, qu'on garde le blé à Zurich pendant quatre-te ans.

es voyageurs et les commerçans observateurs rapportent e les greniers à Dantzick ont communément sept, et quelques-uns neuf étages d'élévation. A chaque étage est adapté un entonnoir, par lequel on fait couler le blé de l'un à l'autre, ce qui épargne la peine de le descendre. Ces greniers sont entièrement entourés d'eau, de manière que les vaisseaux ont la commodité de s'en approcher, au point d'en recevoir immédiatement leurs chargemens de blé. On ne laisse point bâtir de maisons à côté, afin de prévenir tout danger d'incendie.

Des matamores ou silos (1).

Sur les côtes méridionales de l'Afrique, en Espagne, en Italie, en Sicile, l'on s'est attaché à construire des greniers souterrains, pour y déposer les blés surabondans, tant pour les soustraire aux irruptions des ennemis que pour les entretenir dans un état de conservation pendant plusieurs siècles. De nombreuses expériences et plusieurs découvertes de magasins de blé, dont l'existence avait plus d'un siècle, attestent la supériorité des matamores ou silos sur les greniers avec le contact de l'air. Cette supériorité, et les avantages qui en sont la suite, sont dus, 1.º à la privation d'air; 2.º à

---

(1) Ce mot de *matamore* provient de l'espagnol *matamoros* et *mazmoras*, qui étaient des souterrains où les Espagnols enfermaient les esclaves africains ou les maures. Ces souterrains ont également servi, chez ce peuple, à cacher les productions de la terre, lorsque, chassé de la Castille et des royaumes de Cordoue, Grenade, Valence, etc., il se réfugia dans les Asturies.

une température constante d'environ 10 degrés; 3.o à l'impossibilité qu'il y a que les insectes puissent y pénétrer; 4.o enfin à ce qu'ils sont à l'abri de l'humidité.

D'après tout ce que nous avons dit, il est évident qu'une des conditions essentielles pour établir avantageusement un silo, c'est le choix d'un terrain sec, et peu propre à livrer passage aux eaux souterraines ou pluviales. Les sols argileux méritent donc la préférence; ceux qui sont éminemment formés par des pierres calcaires ou quartzeuses doivent être rejetés, parce qu'ils livrent trop facilement passage aux eaux. Ces silos doivent, autant que possible, être situés sur des sols élevés, où les pluies ne font que passer sans y stagner ou y être absorbées comme dans les plaines. Une supériorité bien réelle à leur donner, c'est lorsqu'il est possible de les creuser dans le rocher même. Le blé qu'on y dépose n'a alors aucun risque à courir. Nous en avons vu de semblables en Espagne; et tout près de Narbonne, à l'île de Sainte-Lucie, appartenante à M. Delmas, l'on en trouve dans lesquels le propriétaire fait cuver le vin.

La forme et la grandeur des matamores est variable; leur capacité doit être en raison directe des quantités de blé qu'on veut y renfermer; quant à la forme, elle doit être telle que l'ouverture doit présenter le moins possible d'accès à l'air. C'est sur ce principe qu'on leur donne la forme d'une poire ou d'une bouteille.

On fait des silos en se bornant à creuser des fosses souterraines, sans les revêtir en pierres, ou bien en les en revêtant. Cette dernière manière l'emporte de beaucoup sur la première, tant à cause de la solidité et de la durée de ces réservoirs, que parce que, donnant bien moins de passage à l'humidité, la conservation du blé en est bien plus assurée : nous ne craignons pas de dire que ce dernier moyen doit donner constamment des résultats heureux, à moins que le sol et le climat pluvieux ne soient pas propices à ces constructions.

En Moscovie, ces matamores sont des espèces de puits profonds, larges dans leur fond, en forme de pain de sucre. On enduit les parois avec du plâtre, et l'on en bouche très-exactement l'ouverture avec des pierres de taille. Si le grain n'est pas bien sec, ils le chauffent dans les granges au moyen de grands fourneaux.

Dans la Hongrie, on pratique aussi des silos dans un sol formé par une couche d'argile très-dure et d'une profondeur inconnue. Voici le mode de construction indiqué par M. Bosc.

Hors des villages, dit-il, communément à une portée de fusil et dans un endroit élevé, chaque laboureur creuse un trou de quinze à vingt pieds de profondeur sur trois pieds d'ouverture et huit à dix pieds de largeur à son fond. Au moment d'y entrer le grain, on jette dans ce trou de la paille à laquelle on met le feu. Cette opération, répétée pendant trois jours, sèche et durcit les parois. Lorsque ces parois sont refroidies, on étend au fond du trou une épaisse couche de paille, et à mesure qu'on le remplit de blé on place également de la paille sur son pourtour. Ce blé est bien nettoyé et bien sec. L'ouverture est comblée par deux pieds d'épaisseur de paille, et recouverte 1.º d'une vieille roue de charrue; 2.º d'une claie; 3.º de deux à trois pieds de terre argileuse.

Cette méthode me paraît excellente à suivre. Nous ajouterons qu'il serait encore mieux de faire une espèce de mortier avec du sable, un peu de chaux et l'argile grasse, d'en bien revêtir les parois de ces souterrains, et d'y brûler ensuite, non de la paille, mais les élagures des bois, des joncs et autres végétaux impropres au chauffage domestique ou à l'agriculture; par ce moyen les parois auraient acquis une dureté qui les rendrait imperméables à l'humidité.

Nous avons dit que les blés destinés à être renfermés dans ces greniers souterrains devaient être cueillis en parfaite maturité et très-secs; nous devons ajouter maintenant qu'on doit les boucher soigneusement pour éviter le contact de l'air et l'infiltration des pluies. On a proposé plusieurs moyens pour cela. Les uns se contentent de mouiller la surface du grain avec l'eau; ce grain germe, les racines se feutrent pour ainsi dire, et le tout forme en se desséchant une croûte protectrice. Nous sommes loin d'adopter une pareille méthode, attendu que l'introduction de l'humidité ne peut qu'être très-préjudiciable au grain. D'autres couvrent l'ouverture du silo d'une couche de deux pouces d'épaisseur de chaux en poudre fine ou de plâtre qu'ils mouillent à la surface, afin de former une croûte solide. Cette méthode nous paraît préférable; nous croyons cependant bien plus avantageux de placer un pied de paille dans l'ouverture du silo, de la recouvrir d'une bonne maçonnerie et de placer au-dessus une couche d'un à deux pieds d'épaisseur de bonne argile bien compacte, qui dépasse de quelques pieds la circonférence du silo, et la recouvrir ensuite de terre. Pour le mettre encore mieux à l'abri des eaux pluviales, il serait mieux de le couvrir d'une bonne toiture.

Les blés qui ont resté long-temps conservés dans ces souterrains ont acquis une odeur particulière qu'on nomme de *renfermé*, et qu'ils perdent en grande partie par leur exposition à l'air, et surtout en les lavant avant de les convertir en farine.

Le midi de la France nous paraît bien plus propre à l'établissement des matamores ou silos que le nord. Il est des contrées, telles que le Roussillon et l'arrondissement de Narbonne, où quelquefois il ne tombe pas une goutte d'eau pendant six mois, un an, et même davantage ; ajoutez à cela que la température du climat sèche très-vite et si complètement les blés, que lorsqu'ils sont parvenus à leur point de maturité, un retard d'un à deux jours fait tomber le grain hors de l'épi. Ces contrées seraient donc d'autant plus propres à y établir des magasins souterrains d'abondance, qu'elles produisent beaucoup de blé et en belle qualité, et qu'elles réunissent tous les avantages désirés pour l'établissement des silos. On ne doit pas craindre d'échouer dans de telles entreprises, quand on a vu celle de l'honorable M. Ternaux réussir dans le nord de la France, et dans une contrée humide et pluvieuse, à Saint-Ouen, près de Paris. Ces silos sont revêtus à l'intérieur de beaucoup de paille ; les expériences qu'il soumettait annuellement à l'examen des savans, démontrent sa persévérance dans tout ce qui peut être à son pays, et son goût éclairé pour la propagation et les progrès de l'industrie française dont il était un des plus dignes soutiens.

M. le comte Chabrol de Volvic, alors préfet de la Seine, plein de sollicitude pour tout ce qui se rattache au bonheur et à la conservation de ses administrés, a cherché à assurer la subsistance de la capitale. En conséquence, il a fait construire, sous la direction de M. le comte de Lasteyrie, plusieurs silos aux abattoirs du Roule, à l'Arsenal et à l'hôpital Saint-Louis. Les uns ont été revêtus de pierres de taille, couvertes d'un enduit résineux et bitumineux ; les autres en planches et les autres en paille. Suivant M. Delacroix, on n'aurait obtenu par ces expériences aucune conservation assez satisfaisante pour que ce mode soit adopté en France. Nous ferons connaître notre opinion à ce sujet.

M. Delacroix a fait construire aussi des silos qu'il a fait creuser dans ses souterrains d'Ivry. Ils sont d'une rare perfection, puisqu'ils sont creusés dans le roc, et revêtus, dans l'intérieur, d'une couche de ciment siliceux imperméable à l'humidité. Je puis dire, ajoute-t-il, que j'ai obtenu, par le moyen de ces silos, des conservations supérieures à toutes celles qu'on a obtenues par ce genre de greniers ; et cependant, continue-t-il, elles m'ont convaincu que jamais, dans nos climats, on ne pourra faire usage des silos avec pleine sécurité pour la conservation. Les raisons qu'il donne à l'appui de son opinion ne nous paraissent nullement convaincantes, et nous ne craignons point d'avancer que ses silos d'Ivry sont susceptibles de conserver le blé à l'abri de toute altération des siècles entiers, si ce blé y a été renfermé dans un état de maturité et de siccité convenables. M. Delacroix regarde comme causes d'insuccès l'eau contenue dans le blé, qui s'élève de 7 à 10 pour 100, et l'humidité du climat. Ainsi, dit-il, les silos dont on peut faire usage avec sécurité pour la bonne conservation en Italie, en Espagne, en Sicile (il eût pu ajouter l'extrême midi de la France), où les grains ne contiennent que 8 pour 100 d'eau, où le sol est beaucoup moins humide qu'en France, ne peuvent être admis dans nos climats. Nous ne partageons point cette opinion dans tous ses points ; nous pensons, au contraire, que des silos à revêtement en pierre, ou si l'on veut, les blés déposés dans des citernes souterraines bien solidement construites et à l'abri de l'humidité, doivent se conserver très-bien, tant en France que dans tout autre climat. Dans le sein de la terre la température est constante dans tous les climats ; les expériences qui naguère ont été tentées en divers lieux, et notamment dans les puits artésiens, démontrent cette vérité, et de plus que cette température augmente d'environ 1 degré par chaque vingt-trois mètres de profondeur. Il est encore un autre genre de réservoir auquel on a donné le nom de *greniers clos*. Nous allons les faire connaître.

Des greniers clos.

M. Delacroix (1) donne le nom de *greniers clos* à toute

(1) Voyez son ouvrage précité.

espèce de récipient à clôture hermétique destiné à la conservation des grains, qui aurait été placé au-dessus du sol, et qui n'y serait point inhérent, même le grenier qui serait placé de cette manière dans un lieu pratiqué sous terre. Quoi qu'en dise l'auteur, ce dernier moyen rentre dans la classe des matamores ou silos. Les anciens avaient tenté de conserver les grains dans des urnes, des vases, des jarres bien clos. Ils en avaient obtenu d'heureux effets. Déjà MM. Duhamel et de Châteauvieux en avaient construit en bois en forme de caisse de dix pieds de côté sur huit de hauteur. Ils étaient dans un lieu sec, et au rez-de-chaussée. Mais ces savans, ainsi que M. Parmentier, se sont accordés à dire qu'on ne pouvait pas conserver les blés dans de pareils greniers, s'ils n'étaient étuvés à une température de 90 degrés de Réaumur. Cette assertion nous paraît hasardée, et cette méthode vicieuse, en ce que, à ce degré de température, qui est bien supérieur à celui de l'eau bouillante, le blé ne peut manquer d'éprouver quelque altération. J'ajoute à cela que M. Delacroix assure, d'après ses propres expériences, qu'il suffit que le grain ait été récolté en maturité, qu'il ait été pelleté et ressuyé pendant quelques mois dans un grenier bien sec, ou seulement exposé dans l'été au soleil pendant quelques jours.

Un homme qui a puissamment contribué à illustrer le nom français, tant par sa valeur que par ses talens administratifs, feu M. le comte Dejean, ministre directeur de la guerre (1), conçut, pendant son ministère, l'heureuse idée de construire des greniers clos métalliques. En conséquence, il établit dans le bâtiment de la manutention des vivres de la guerre, rue du Cherche-Midi, de ces greniers formés par des feuilles de plomb laminé ployées en cylindre et bien soudées ensemble; ces greniers, ainsi clos, après avoir été remplis de blé, furent placés aux étages supérieurs, au rez-de-chaussée et à la cave. Les résultats obtenus furent plus satisfaisans que

(1) Les talens et la valeur semblent héréditaires dans cette noble famille: l'on sait que M. le lieutenant-général comte Dejean, pair de France, est l'un de nos plus célèbres entomologistes. Ce dernier m'a assuré que du blé attaqué du charançon, non-seulement s'y était conservé, mais que le charançon même y était mort.

ceux qui furent le résultat des silos creusés dans la terre. (1).
Nous ne pensons point qu'on ait le moindre danger à courir
des effets du plomb, parce qu'à l'état métallique il n'est point
vénéneux, et qu'il ne peut s'oxider sans le contact de l'air ou
de l'oxigène. Les objections qu'on pourrait faire sur ce point à
la méthode de M. le comte Dejean sont sans fondement. En
admettant même qu'il y eût un peu d'oxide de plomb formé,
le lavage du blé suffirait pour l'enlever. Pour plus de sécurité,
on pourrait revêtir ces greniers à l'intérieur d'une feuille de
papier imperméable, et bien collé contre le plomb. On pourrait également construire de ces greniers avec le zinc de la
même manière que ci-dessus. L'administration de la réserve
a adopté, d'après une nouvelle expérience qui a été tentée
l'année dernière, le grenier clos en plomb de M. le comte
Dejean, qu'il a établi dans le nouveau bâtiment de la direction, quai de l'Hôpital. Nous allons maintenant faire connaître les greniers clos proposés par M. Delacroix. Pour rendre
plus fidèlement ses opinions, nous allons le laisser parler.

« On obtient, dit-il, des greniers imperméables à l'humidité et à l'air extérieur, en construisant ces greniers avec des
matériaux tels, en les faisant clore hermétiquement, et en les
exposant à l'air libre. On obtient la température donnée en
les plaçant dans une serre souterraine, où existent des courans d'air combinés. On construit ces greniers en forme de
caisse quadrilatère; ils pourront être également sous forme
cylindrique. La pierre exposée à l'air libre dans une serre
souterraine, creusée dans un sol sain, prend 6 pour 100 d'eau,
si c'est une pierre calcaire dure du banc dit de roche; elle en
prend 8, si elle est tendre et poreuse. Au bout d'un mois,
d'un an, de dix ans, chacune de ces pierres n'a pas pris une
plus grande proportion d'eau. Cependant, si l'on mettait le
grain ou la farine dans le grenier en contact immédiat avec
cette pierre, l'un et l'autre se gâteraient. Il importe donc
d'interposer entre la pierre et le grain ou la farine un corps
qui contienne moins d'eau; les carreaux émaillés, cuits à une
haute température, remplissent parfaitement cette condition.
On adapte donc ces carreaux dans tout le pourtour intérieur
du grenier avec une légère couche de ciment qui, empêchant

_____

(1) Voyez la Notice publiée en 1814 par M. Saint-Phar-
Bontemps.

la transsudation de la pierre, garantit le carreau, par suite, le grenier de l'humidité. Je me suis bien trouvé, ajoute-t-il, de revêtir l'intérieur du grenier d'une chemise de papier gommé avec de la fécule de pomme de terre. Cette *gomme* est, par sa nature, un corps incorruptible, homogène avec le grain et la farine, et il en est par cela même principe conservateur (1). C'est un moyen dont les Américains se servent pour leurs expéditions de farines *outre mer*. Jusqu'ici, ils nous ont fait un secret de ce procédé de gommer l'intérieur de leurs tonneaux.

» On établit une petite porte sur la partie supérieure du genier, par où l'on introduit le grain ou la farine, et l'on en pratique une autre à la base pour les en sortir (2). On place le grenier sur des dés en pierre dans la terre souterraine, à trois pieds au-dessus du sol, de manière que l'air circule librement en dessous, et que l'humidité du sol puisse être chassée par le courant d'air, et ne puisse pénétrer dans le grenier. Enfin l'on construit le grenier de la grandeur que comporte la localité souterraine. Dans celui que je possède à Ivry, je pourrais construire, dit-il, chaque grenier d'une dimension assez grande pour contenir mille setiers de blé, et je pourrais en établir un assez grand nombre pour y conserver une grande partie de l'approvisionnement de Paris.

» Lorsque le grenier est vide, l'humidité s'y introduit avec l'air; on la fait disparaître en le chauffant au moyen du charbon ou du bois. »

Observations sur les greniers clos proposés par M. Delacroix.

Les greniers clos de M. Delacroix sont de véritables silos ou matamores, qui sont détachés du sol et des parois de la

---

(1) La fécule de pomme de terre n'est point une gomme, mais bien un principe immédiat végétal, de même nature que l'amidon du blé; M. Delacroix se trompe également en la considérant comme incorruptible, et par cela même conservatrice du blé. Cette fécule, comme tout autre amidon, ne joue d'autre rôle en cette occasion que de servir de colle et de vernis au papier.

(2) Nous serions d'avis que ces portes fussent pratiquées en coulisse.

terre. Ce mode de conservation offre-t-il des avantages réels sur l'autre? c'est ce que nous allons examiner. Nous dirons d'abord qu'il est des pierres, telles que les siliceuses compactes, qui ne prennent pas 2 pour 100 d'eau, et que les pierres calcaires très-compactes et bleuâtres en prennent tout au plus 4. Il est donc facile de faire un bon choix en choisissant des pierres très-dures et très-pesantes. M. Delacroix avance qu'entre les vides qui se trouvent entre les murs de ses greniers et les parois circulaires du sol, *existent des courans d'air combinés*; d'après les lois de la physique, il est impossible que des courans d'air puissent s'établir dans des souterrains qui n'offrent d'autre issue que l'ouverture d'introduction; ces courans, même, y fussent-ils possibles, ils ne pourraient nullement influer sur la conservation du grain. Quant à la chaleur souterraine, nous avons déjà dit qu'elle était constante dans l'intérieur de la terre et d'une manière uniforme, soit que l'air y pénètre ou non, comme l'ont démontré les expériences faites dans les puits artésiens. Nous regardons, en conséquence, les greniers de M. Delacroix, comme différant très-peu des matamores ou silos revêtus en pierre.

Au reste, l'on peut consulter avec fruit le *Traité de la conservation des Grains* de Duhamel, celui sur la Disette et la surabondance en France, par M. Laboulinière; les Recherches de M. de Châteauvieux, de Genève; la Notice précitée de M. Saint-Phar-Bontemps; les Résultats des expériences de M. le baron Ternaux; l'ouvrage de M. Parmentier; le nouveau Mode de conservation des Grains, par M. Delacroix, etc. Nous terminerons cet article par cette proposition de ce dernier. La ville de Paris alloue aux conservateurs de sa réserve, qui est de deux cent cinquante mille quintaux métriques, 1 fr. 80 cent. par quintal de blé par an, quand elle fournit le grenier, pour loger le grain, et 2 francs quand elle ne le fournit pas. Elle supporte, en outre, les frais d'administration de la réserve qui, d'après M. Laboulinière, reviennent, par an, à la ville de Paris, à 8 fr. par quintal métrique, sans compter l'intérêt des constructions des greniers. Hé bien, dit M. Delacroix, je pourrais, dans ma localité à Ivry, où j'ai la pierre à ma disposition, établir, pour une somme de 4,000 francs, un grenier clos, doublé en carreaux émaillés, garni de ses portes et ferrures, enfin parfaitement conditionné, contenant mille quintaux métriques de blé. Or, au taux de 8 francs qu'il en coûte à la ville de Paris, par quintal métrique, indépendamment du loyer des greniers, je rentrerais dans la mise de fonds, faite pour la construction du grenier, dès la première année; et, au taux de 2 fr. par quintal, que la ville de Paris alloue à ses conservateurs quand ils fournissent le grenier, j'y rentrerais dans deux ans.

Ces réflexions de M. Delacroix nous paraissent dignes de fixer l'attention de M. le préfet de la Seine, près duquel tout ce qui porte l'empreinte de l'utilité est accueilli avec autant de bienveillance que d'empressement.

Cet article était à l'impression, lorsque le prospectus suivant nous est parvenu. Nous regrettons de ne point connaître la forme de l'appareil, dit aérifère.

Appareils aérifères, propres à conserver le blé pendant de longues années sans exiger aucune manutention.

Les moyens employés jusqu'à présent pour conserver le blé dans les magasins du gouvernement et dans les greniers des particuliers, n'atteignent leur but principal, celui de donner de l'air au grain, qu'à force de manœuvres et avec grands frais de criblage et de pelletage.

Les nouveaux appareils, dits aérifères, sont disposés de manière à entourer d'air, sur toutes leurs faces, le grain qu'ils contiendront, lequel, au moyen de cet air continu, se conservera, sans aucune manœuvre, pendant plusieurs années (1).

Ces appareils pourraient aussi être appelés antisilos, puisqu'ils ne conservent le grain qu'en l'entourant continuellement d'air, tandis que les citernes ou silos (qui ne sont que des étouffoirs) ne conservent le grain qu'en le privant d'air.

Les silos qui ne peuvent être établis que dans des terrains secs, élevés, et à l'abri de toute infiltration aqueuse, ne sont

(1) On n'a pas jugé nécessaire de pousser au-delà de sept ans l'expérience qui a été faite avec des appareils provisoires; l'on a eu grandement tort, car nous n'hésitons point à dire que cette conservation eût pu dépasser ce temps. Au reste, nous ne balançons point à accorder la préférence aux silos et greniers clos de M. Delacroix.

pas toujours exempts d'humidité et du ravage des mulots ;
aussi les antagonistes de ces citernes prétendent-ils,

1.º Que le blé qui en sort se moud difficilement ;

2.º Que le blutage est impuissant pour détacher du son
toute la farine qui y a été fixée par l'humidité ;

3.º Que le pain fabriqué avec cette farine conserve un
goût et une odeur d'humidité désagréables pour la consommation.

Les appareils aérifères ont l'avantage de conserver le blé
pendant de longues années, sans frais de manutention, et de
le préserver de l'atteinte des souris et des oiseaux, ainsi que
de l'ordure des chats.

La construction de ces appareils lui donne une durée indéterminée.

Introduction des appareils dans les magasins actuellement existans.

Les appareils *aérifères* peuvent être appliqués dans toute
espèce de magasins, greniers et bâtimens, même dans ceux
dont les murailles et les planchers sont d'une légère et peu
solide construction.

Mais il n'en sera établi dans les magasins infectés de charançons, qu'après l'entière extirpation de cet insecte.

Plus les étages des magasins seront élevés, plus ils contiendront de blé. Les magasins de douze pieds de haut, par
exemple, contiendront plus de blé qu'une couche de la surface de dix-huit pouces, hauteur ordinaire (et même trop
épaisse dans les chaleurs), de la couche des grains des magasins du gouvernement.

Au moyen des appareils aérifères, les nouveaux magasins
qu'on voudra construire coûteront moitié moins que les anciens, parce que les murailles en seront moins épaisses, et
parce que les planchers n'auront besoin que de solives ordinaires au lieu de poutres.

Qualités essentielles du blé.

Le froment à conserver pendant plusieurs années devra
être de la dernière récolte, bien mûr, sec, mais frais, pesant,
compacte, et d'un jaune brillant et clair. Il faudra qu'il ait

été passé au ventilateur, et sur un crible incliné, dont les fils ou mailles soient espacés d'au moins trois quarts de ligne.

Enfin, le blé devra être net et sans mélange de grains étrangers; tel enfin que celui dont nous avons parlé à l'article spécialement consacré au choix du blé de semence.

Cubage et contenance en hectolitres d'un magasin de seize pieds carrés sur douze de hauteur avec le mode actuel.

En laissant au pourtour du magasin un espace de deux pieds, il ne reste plus que douze pieds carrés de base à la couche du blé, laquelle ayant dix-huit pouces d'épaisseur, cuberait deux cent seize pieds, si la dite couche était encaissée. Mais comme elle ne l'est pas, et comme elle ne peut l'être, parce que le défaut d'air au pourtour augmenterait la fermentation, il se forme naturellement des talus, qui laissent un vide de trente-six pieds cubes ou de 1/6, ce qui réduit le grain de la couche à cent quatre-vingts pieds cubes, ou à soixante-un hectolitres 686/1000, à raison de vingt-neuf pieds ou 18/100 pour mille litres.

Avec les nouveaux appareils.

Chacun des appareils *aérifères* cubant soixante-douze pieds, les six qui peuvent être établis dans le même espace de seize pieds carrés, pourvu que l'étage ait douze pieds de hauteur, contiendraient quatre cent trente-deux pieds cubes de blé ou cent quarante-huit hectolitres 0,4 litres, à raison de vingt-quatre hectolitres soixante-sept litres par appareil; ce qui ferait en plus deux cent cinquante-deux pieds ou quatre-vingt-six hectolitres 384/1000; c'est-à-dire que, par le fait, le nouveau mode agrandirait des 7/12 les locaux existans, sans y faire aucune addition de construction autre que le posage des appareils.

Frais de conservation d'après le mode actuel.

Les frais de criblage et de pelletage, non compris le dépérissement des ustensiles, varient de quarante à soixante centimes par an, pour chaque hectolitre de blé, selon les administrations et les localités.

Le ministre de la guerre, qui conserve l'approvisionnement de réserve le plus considérable du royaume, ayant des agens salariés pour le service courant des vivres, qui est, ainsi que la réserve, réuni dans les mêmes mains, ne leur alloue d'autres frais de conservation que leurs *déboursés*, fixés, taux moyen, au minimum de quarante centimes par hectolitre de blé manœuvré pendant un an.

Quoique ces déboursés soient très-inférieurs aux frais de conservation des autres administrations, cependant on les prendra pour base du calcul ci-après :

Frais de conservation de cent quarante-huit hectolitres 4/10 à quarante centimes................. 80,2160

D'après les nouveaux appareils, ils ne donneront lieu à aucuns frais de conservation, mais la confection et le posage des dits appareils, et la cession pendant quinze ans du brevet d'invention, devant coûter trente-cinq francs vingt-cinq centimes par hectolitre de blé, soit quatre cent quatre-vingt-un francs treize centimes pour les dits cent quarante-huit hectolitres 0,4 litres, l'acheteur des appareils, au lieu de frais importans de conservation, ne supportera annuellement que l'intérêt à cinq pour cent de la dite somme de quatre cent quatre-vingt-un francs treize centimes, montant à.......................... 24,0868

Partant les nouveaux appareils procureront une économie annuelle de trente-cinq francs quinze centimes et demi (des 2/5), et ils dispenseront de faire de nouvelles constructions, puisqu'ils augmenteront, par le fait, celles existantes dans la proportion de 7/12.............. 35 $\frac{1595}{10,000}$

ANALYSE DU BLÉ OU FROMENT.

Une des connaissances les plus propres à contribuer au perfectionnement de la boulangerie, est sans contredit la connaissance des meilleures qualités de blés, tirée de leur analyse chimique. Aucun des ouvrages écrits sur cet art important, n'en a fait encore mention. Nous allons suppléer à ce silence, en faisant connaître les beaux travaux de MM. Vauquelin et Henri sur les blés de France et d'Odessa. Il serait à désirer qu'on entreprît une semblable analyse des blés des diverses localités de la France, et qu'on y joignît celle du seigle, de l'orge et de l'avoine. Nous nous proposons d'entreprendre cet utile travail. En attendant, nous allons faire connaître textuellement les belles analyses de M. Vauquelin, pour mieux dire, reproduire ici son Mémoire.

Le procédé mis en usage par ce célèbre chimiste a été le même pour tous les échantillons.

1.º Il a pris des quantités égales de chacun d'eux ; il les a tamisées à plusieurs reprises, de manière à pouvoir estimer la quantité de son et de farine pure qu'elles fourniraient.

2.º Il a déterminé la quantité d'humidité qu'elles contenaient en les desséchant pendant deux heures à une douce température.

3.º Le gluten a été recueilli avec tous les soins possibles ; chaque quantité de gluten fourni a été pesée humide, et ensuite parfaitement desséchée.

4.º Les eaux de lavage n'ont été décantées qu'après un repos de quelques heures, de manière à laisser précipiter tout l'amidon tenu en suspension. Chaque quantité d'amidon a été bien desséchée, pulvérisée et pesée.

5.º Pour obtenir séparément chacune des matières dissoutes dans les eaux de lavage, on commençait à les évaporer en extrait solide ; cet extrait, repris par l'alcool, fournissait toute la matière gommo-glutineuse enlevée par l'eau à chaque farine : la liqueur alcoolique qui contenait la matière sucrée, était évaporée en extrait sec et pesée.

En suivant constamment ce procédé pour chacun des échantillons des farines soumises à l'analyse, on est parvenu aux résultats suivans, qui sont tous la moyenne de deux, et même souvent de trois opérations.

Farine brute de froment.

Humidité 10,000
Gluten.................................. 10,960
Amidon................................. 71,490
Matière sucrée......................... 4,720
Matière gommo-glutineuse............... 3,320
———————
100,490

Farine de méteil.

Humidité............................... 6,000
Gluten................................. 9,800
Amidon................................. 75,800
Matière sucrée......................... 4,900
Son resté sur le tamis................. 1,900
Matière gommo-glutineuse............... 3,300
———————
100,000

Farine pure de blé dur d'Odessa.

Humidité............................... 12,000
Gluten................................. 14,880
Amidon................................. 56,800
Matière sucrée......................... 8,480
Matière gommo-glutineuse............... 4,000
Son resté après le lavage.............. 2,800
———————
98,730

Farine brute de blé tendre d'Odessa.

Humidité............................... 10,000
Gluten................................. 12,000
Amidon................................. 69,000
Matière sucrée......................... 7,860
Matière gommo-glutineuse............... 3,880
Son resté après le lavage.............. 1,900
———————
98,420

Farine brute de blé tendre d'Odessa, deuxième qualité.

Humidité..................................	8,000
Gluten....................................	12,100
Amidon...................................	70,840
Matière sucrée............................	4,900
Matière gommo-glutineuse.............	4,600
Son resté après le lavage...............	»
	100,440

Farine de service, dite seconde.

Humidité..................................	12,000
Gluten....................................	7,500
Amidon...................................	72,000
Matière sucrée............................	8,420
Matière gommo-glutineuse..............	5,800
Son resté après le lavage...............	»
	100,020

Farine des boulangers de Paris.

Humidité..................................	10,000
Gluten....................................	10,200
Amidon...................................	72,800
Matière sucrée............................	4,200
Matière gommo-glutineuse.............	2,800
	100,000

Farine des hospices, deuxième qualité.

Humidité..................................	8,000
Gluten....................................	10,500
Amidon...................................	71,200
Matière sucrée............................	4,800
Matière gommo-glutineuse.............	5,000
	97,900

Farine des hospices, troisième qualité.

Humidité....................................	12,000
Gluten.....................................	0,020
Amidon.....................................	87,780
Matière sucrée.............................	4,800
Matière gommo-glutineuse..................	4,600
Son resté après le lavage..................	2,000
	100,200

Telles sont les proportions de chacune des matières qui composent ces farines, trouvées par l'analyse par M. Vauquelin; ce chimiste a cru devoir, pour faciliter leur comparaison, former pour chacune d'elles un tableau particulier, où l'on pourra voir en quelle quantité chacun de ces principes entre dans les farines; en commençant par celui des quantités d'eau qu'elles absorbent, pour former une pâte d'égale consistance; c'est à cette fin qu'il a dressé les tableaux suivans :

Quantités moyennes de l'eau qu'absorbent les farines, pour former une pâte d'égale consistance sur cinquante parties.

Farine brute de froment.........................	28,17
Farine de méteil................................	27,80
Farine de blé dur d'Odessa......................	28,00
Farine de blé tendre d'Odessa...................	27,40
Farine de blé tendre d'Odessa, 2.e qualité.......	18,70
Farine de service, dite seconde.................	18,60
Farine des boulangers de Paris..................	20,30
Farine des hospices, 2.e qualité.................	18,00
Farine des hospices, 3.e qualité.................	18,00

Il y a une grande différence dans les quantités d'eau absorbées par les diverses espèces de farines; mais on n'en peut rien conclure sur les proportions de gluten contenu dans les farines, tant qu'on n'aura pas un moyen exact pour mesurer la consistance des pâtes; ainsi la farine du blé dur d'Odessa, qui contient plus de gluten que les autres, aurait dû absorber beaucoup plus d'eau pour former une pâte d'une consistance égale à celle des autres farines, et c'est ce qui n'est pas arrivé.

Quantités d'eau contenues dans les farines.

Les farines, comme on l'a pu voir à leur article respectif, contiennent diverses quantités d'eau qu'elles ont puisées dans l'atmosphère, depuis leur mouture.

Le *minimum* de ces quantités est de six pour cent, et le *maximum* douze. Il est vraisemblable que cette propriété hygrométrique des farines est, pour la plus grande partie, due au gluten, et qu'elle doit croître comme la proportion de ce dernier : aussi voyons-nous que la farine du blé dur d'Odessa est une de celles qui en contiennent le plus ; mais nous ne pouvons tirer aucune conclusion positive de ces expériences sur la faculté hygrométrique des farines dont il s'agit, par la raison que nous ignorons l'époque où elles ont été moulues, et l'état des lieux où on les a conservées.

Mais ce que nous savons fort bien, c'est que de la farine desséchée, exposée dans un lieu humide, ne tarde pas à s'échauffer, à se pelotonner, à se gâter : si on la pèse alors, on trouvera qu'elle a augmenté de douze à quinze pour cent, et souvent plus ; c'est ce que les meuniers n'ignorent pas non plus. Jamais l'amidon le plus sec ne présente ces phéno-mènes ; cependant il attire aussi l'humidité de l'air, mais comme le ferait du sable très-divisé, par la seule force de la capillarité.

MM. Payen et Persoz se sont aussi occupés à constater la quantité d'eau que contiennent les farines, et au lieu de 6 pour 100 pour le *minimum* et de 12 pour le *maximum*, ils ont trouvé le *maximum* de celle de gruau à 16 pour 100 pouvant même s'élever jusqu'à 20 pour 100. Nous allons offrir le résultat de leur travail.

Proportion d'eau que recèlent les fécules et les farines commerciales.

MM. Payen et Persoz, par suite d'une série d'expérience, disent avoir constaté :

1.º Que la fécule de pomme de terre plongée dans l'eau pendant 72 heures, puis fortement égouttée contient sur 100 parties 48,5 d'eau et 51,5 de fécule sèche ;

2.º Qu'immergée, puis égouttée aussitôt dans des circonstances rendues autant que possible égales, elle renferme pour 100 parties, 46 d'eau et 84 de matière sèche ;

3.º Que cette fécule humide, telle qu'on la vend sous le nom de *fécule verte*, étendue à l'air pendant quelques heures, ne contient plus que 38,5 d'eau et 61,5 de matière sèche ;

4.º Que 100 parties de fécule pulvérulente, telle que le commerce la présente sous la dénomination de *fécule sèche*, contiennent 19 d'eau et 81 de substance sèche, dans les circonstances atmosphériques actuelles ;

5.º Que la fécule exposée à l'air saturé d'eau renferme jusqu'à 23 centièmes de ce liquide ;

6.º Que la belle farine de gruau, telle aussi qu'on la vend aujourd'hui, contient, sur 100 parties, 16 d'eau et 84 de substance sèche ;

7.º Que cette même farine, exposée à l'air saturé d'humidité à la température de 10 degrés, contient jusqu'à 20 centièmes d'eau ;

8.º Qu'aucune des substances N.os 4, 5, 6 et 7 ci-dessus, ne donne de tache d'humidité sur un papier à filtre.

Dans les saisons de l'année où l'air est plus sec, toutes ces proportions d'eau doivent varier spontanément, pendant les chaleurs ; elles sont en outre réduites, et plus encore, à dessein, chez les manufacturiers et les négocians qui doivent éviter, à l'aide d'une dessiccation plus avancée, l'inconvénient d'éprouver une grande dépréciation par suite des altérations que l'humidité occasionne alors.

Les causes des changemens dans les proportions de matière sèche contenue, sous des poids égaux, suffisent à l'explication de la plupart des anomalies observées.

Ainsi, par exemple, une farine qui rendrait 130 pour 100 de pain, et ne contiendrait que 8 pour 100 d'eau, ne produirait plus que 127, 80 de pain, si la proportion d'eau hygrométrique s'élevait à 19 parties sur 100.

On peut encore conclure des données précédentes que les prix des farines, ainsi que des fécules, devrait en toutes saisons, et sauf leurs qualités spéciales, être basés sur la quantité réelle de substance utile contenue ; qu'enfin, il serait facile d'obtenir très-approximativement ce taux d'évaluation en exposant pendant deux ou trois heures ces produits étendus en couches minces à l'air libre échauffé de 80 à 100 degrés.

8

Quantités moyennes d'amidon sec contenues dans les farines.

Farine brute de froment...................................... 0,7149
Farine de méteil.. 0,7880
Farine de blé dur d'Odessa................................... 0,8680
Farine de blé tendre d'Odessa............................... 0,6400
Farine de blé tendre d'Odessa, 2.e qualité................. 0,7842
Farine de service, dite seconde............................. 0,7200
Farine des boulangers de Paris.............................. 0,7280
Farine des hospices, 2.e qualité............................ 0,7120
Farine des hospices, 3.e qualité........................... 0,6778

L'on voit par ce tableau que le maximum de l'amidon dans les neuf espèces de farines examinées est de 78/100 ; et que le minimum est seulement de 86/100 ; que c'est précisément le blé dur d'Odessa, celui qui donne le plus de gluten , qui contient le moins d'amidon.

Quantités moyennes de gluten contenues dans les farines,
sur cent parties.

	humide.	sec.
Farine brute de froment...................	20,00	11,00
Farine de méteil.........................	28,60	9,80
Farine de blé dur d'Odessa..............	55,11	14,88
Farine de blé tendre d'Odessa..........	50,20	12,06
Farine de blé tendre d'Odessa, 2.e qualité...	54,00	12,10
Farine de service, dite seconde..........	18,00	7,50
Farine des boulangers de Paris..........	26,40	10,20
Farine des hospices, 2.e qualité..........	28,50	10,50
Farine des hospices, 3.e qualité..........	21,10	9,02

Il y a, comme on voit, une grande variété entre les quantités de gluten des farines des blés d'Odessa et celles des blés de notre pays, différence qui va presque à un tiers en sus; l'on voit également que, sous le même rapport, les farines des blés durs et tendres d'Odessa présentent une différence remarquable, puisque les quantités sont entre elles comme 14,88 à 12.... Cependant ces dernières sont encore plus riches en gluten que les farines de notre pays.

La manière de comparer les gluten à l'état de siccité, adoptée ici, nous a paru plus rigoureuse, parce qu'on n'est jamais sûr, par l'autre moyen, que la quantité d'eau retenue par le gluten soit la même.

L'on remarquera, sans doute, que le gluten frais contient, à l'état de combinaison, environ les 2/3 de son poids d'humidité, puisqu'il se réduit, par une dessiccation complète, à peu près au 1/3 de son poids, et, à cet égard, il n'y a pas une grande différence entre les gluten provenant des diverses farines; ainsi l'on peut dire que sur les quarante-cinq à cinquante parties d'eau qu'un quintal de farine absorbe, près de la moitié est prise par le gluten, et le reste ne sert qu'à mouiller les surfaces de l'amidon, comme elle mouillerait la surface du sable, s'il était aussi divisé que l'amidon.

On sera sans doute étonné que la farine du blé dur d'Odessa, qui contient près d'un tiers de gluten de plus que les autres farines, n'absorbe cependant pas beaucoup plus d'eau que les autres : cela m'a moi-même surpris, dans la persuation où j'étais que plus les farines contiennent de gluten, et plus elle absorbent d'eau, pour former des pâtes d'égale consistance.

Craignant de m'être trompé dans une première opération, je les ai recommencées avec soin, et j'ai obtenu à peu près le même résultat. En examinant avec attention la farine d'Odessa, j'ai cru trouver l'explication de cette singulière anomalie dans l'état de l'amidon de cette farine : cet amidon n'est point en poudre impalpable et moelleuse comme dans les farines ordinaires; au contraire, il est en petits grains durs et demi-transparens, comme des fragmens de gomme; d'où il suit qu'il faut moins d'eau pour le mouiller que s'il était plus divisé.

Dans les qualités de gluten exprimées dans ce tableau, n'est pas comprise celle qu'on a précipitée par l'alcool des eaux de lavage concentrées en forme sirupeuse; c'est cette matière ainsi dissoute dans l'eau que M. Henri a prise pour de la gomme.

Cette prétendue gomme, qui a une couleur brune, brûle avec les phénomènes qui sont communs aux matières animales et végétales; elle donne à la distillation d'abord un produit acide; mais bientôt il est accompagné de cabonate d'ammoniaque; traitée par l'acide nitrique, elle fournit de l'acide oxalique et une matière jaune amère, mais point d'acide mucique; ce n'est donc pas une vraie gomme; on obtient, à la vérité, une poudre blanche qui a l'apparence de l'acide mucique, mais qui n'est véritablement que de l'oxalate de chaux très-pur.

Si l'on fait brûler cette matière, elle répand une odeur analogue à celle du pain; mais un peu plus animale. Elle laisse un charbon qui contient une grande quantité de phosphate de chaux; voici comment je m'en suis assuré : après avoir incinéré le charbon dont je viens de parler, j'ai dissous le résidu dans l'acide nitrique, ce qui s'est opéré complètement sans effervescence : j'ai précipité l'acide phosphorique par l'acétate de plomb, en ayant soin d'ajouter peu à peu au mélange de l'ammoniaque jusqu'à ce que l'excès d'acide fût saturé; le précipité lavé et séché s'est fondu facilement au chalumeau en une perle transparente qui a cristallisé sous forme de polyèdre, en se figeant; ainsi la manière dont cette substance s'est fondue, la lueur phosphorique qu'elle a répandue pendant la fusion, et la couleur de perle qu'elle a présentée par le refroidissement, sont autant de caractères qui appartiennent au phosphate de plomb : quant à la chaux, je l'ai retrouvée dans la liqueur après que l'excès de plomb en fut précipité par l'acide sulfurique, au moyen de l'oxalate d'ammoniaque

Je me suis demandé comment une aussi grande quantité de phosphate de chaux a pu se dissoudre dans l'eau de lavage de la farine, et y rester ainsi dissoute, alors même que ces eaux furent réduites sous un très-petit volume. J'ai cru en avoir trouvé la cause dans un acide dont l'alcool s'empare quand on précipite la prétendue gomme. Nous reviendrons plus bas sur cet acide.

Il est étonnant que M. Henri n'ait point aperçu le phosphate de chaux dans les farines qu'il a analysées, et que même il dise qu'elles ne lui ont offert aucun indice de chaux; si notre confrère avait pensé à étendre d'eau l'acide hydrochlorique dont il s'est servi pour traiter le charbon de la farine, ou si, seulement, il avait saturé l'excès de cet acide, l'oxalate d'ammoniaque n'aurait pas manqué de lui indiquer la chaux.

Pour en revenir à la matière gommeuse, elle est soluble dans l'eau; mais la solution n'est point limpide; elle reste toujours un peu acide, malgré les lavages multipliés à l'alcool.

Sans assurer que cette substance soit du gluten dont les propriétés auraient été changées par quelque combinaison ou décomposition, je puis assurer que ce n'est pas de la gomme ordinaire; si l'on fait attention que le gluten se dissout dans les acides, que le lavage des farines est toujours acide, et que j'y ai trouvé, ainsi que je le prouverai tout à l'heure, une quantité notable d'acide phosphorique, qui comme on le sait, est celui qui dissout le mieux le gluten, l'on pourra croire que c'est en effet cet acide qui a opéré la solution de la matière glutineuse dans l'eau.

Au surplus, l'expérience dont s'appuie M. Henri pour prouver que cette substance est une gomme, n'est pas caractéristique de ce corps, puisque le gluten dissout dans l'eau précipite également la potasse silicée.

Quant à la matière qui se coagule pendant l'évaporation du lavage de la farine, et que M. Henri a prise pour de l'albumine, ce n'est bien certainement que du gluten. Pour s'en assurer, il suffit de délayer cette substance dans une petite quantité d'eau, et de l'abandonner à la fermentation : l'on verra que le premier produit de sa décomposition sera acide, tandis que le produit de la décomposition de l'albumine est constamment alcalin dès le commencement.

Après avoir séparé au moyen de l'alcool la substance dont nous venons de parler, des lavages de la farine évaporée en consistance sirupeuse, l'on trouve que l'alcool a dissout une matière colorante brune, une substance sucrée et un acide; l'ensemble de ces matières attire promptement l'humidité de l'air, et a une odeur de pain. Si l'on dissout dans l'eau cette réunion de corps, et qu'on ajoute du sous-acétate de plomb, il s'y forme un précipité brun, qui, chauffé au chalumeau, quand il est sec, donne un globule métallique sur lequel on voit un autre globule vitreux qui cristallise en se figeant, et qui présente tous les traits du phosphate de plomb.

Cette expérience prouve qu'une partie au moins de l'acidité du lavage des farines est due à la présence de l'acide phosphorique, et que c'est celui qui tenait en dissolution le phosphate de chaux, ainsi qu'une partie du gluten. La portion de plomb qui se réduit ici a été précipitée à l'état d'oxide par le principe colorant; je pense qu'il y a aussi un acide végétal.

Quand la matière sucrée a été dissoute dans l'alcool, et par conséquent dépouillée de gluten, elle ne fermente plus. Sa dissolution dans l'eau, abandonnée à elle-même, se couvre de moisissure, et devient acide. Cette matière sucrée, brûlée dans un creuset de platine, laisse une cendre qui ne contient

8*

dans l'eau froide, et un peu soluble à chaud, légèrement acide sous la dent, et se décomposant par la chaleur comme la substance végétale. Cette poudre calcinée a laissé un petit résidu insoluble dans les acides ; c'était sans doute de la silice.

L'acide nitrique, provenant du traitement de la matière gommeuse, précipitait en bleu par le prussiate de potasse ; il contenait aussi un peu de chaux.

Il faut observer cependant que le fer pouvait provenir de l'armature des meules, et qu'il n'est pas exactement prouvé qu'il soit fourni par le blé.

8.° Pour déterminer quels sont les sels contenus dans ces farines, nous avons pris cent parties de chacune, et nous les avons calcinées légèrement dans un creuset de platine.

Le résidu charbonneux pulvérisé et traité par l'eau bouillante, filtré et évaporé à siccité, a donné, pour chaque farine, environ 0,18 de matière saline, et une petite quantité de silice. Voici ce que les réactifs ont démontré.

RÉACTIFS.	BLÉ FRANÇAIS.	BLÉ D'ODESSA.
Nitrate d'argent...	Précipité blanc, presque tout soluble dans l'acide nitrique...	Précipité blanc, soluble dans l'acide nitrique.
Nitrate de baryte.	Précipité blanc, insoluble......	Précipité blanc, insoluble.
Ammoniaque	Léger louche	Précipité blanc léger.
Acides..........	Aucune effervescence.........	Rien.
Oxalate d'ammoniaque........	Précipité blanc...	Précipité peu sensible.
Carbonate saturé..	Précipité blanc...	Rien.
Papier bleu......	Rougi..........	Rougi.
Muriate de platine.	Rien	Rien.
Prussiate de potasse.........	Rien	Rien.

CARACTÈRES.	FARINE DE BLÉ D'ODESSA.	FARINE DE BLÉ FRANÇAIS.
Couleur.	Cette farine est d'un blanc jaunâtre; examinée à la loupe, elle présente beaucoup de points jaunâtres.	Cette farine est d'un blanc assez bea la loupe, elle offre moins de points jau
Saveur.	N'est sensiblement amère que lorsqu'elle a été long-temps mâchée.	Elle est sans saveur sensible, ou d cette saveur est douce.
Pâte.	Elle est rude au toucher, et conserve assez bien, mais moins long-temps, l'impression qu'on veut lui donner. Cent grammes de cette farine ont exigé 60 grammes d'eau pour former une pâte d'une consistance convenable. Cette pâte est jaunâtre, d'un aspect pâle, assez élastique, tenace; sa saveur est amère, et développe un goût de farine un peu ancienne et comme altérée.	Elle est moins rude au toucher, et c plus long-temps l'impression qu'on lui Cent grammes absorbent 45 gramm pour la mettre en pâte d'une consista venable, et cette pâte est grisâtre, et assez tenace. La saveur en est douc laisse pas d'arrière-goût désagréable.
Eau de lavage. Amidon.	L'eau de lavage contenant la fécule était d'une amertume très-sensible. Filtrée, elle a donné un dépôt blanc, rude au toucher, qui, lavé et séché, pesait 66 grammes; c'était de l'amidon; cet amidon était d'un blanc légèrement grisâtre, assez rude au toucher, et croquant un peu sous la dent.	L'eau de lavage filtrée a laissé sur le grammes d'amidon plus blanc que cel du N.º 1, plus friable et moins rude cher. L'eau filtrée n'avait pas une sav sensible, et aussi fade.
Gluten.	Lavée par un très-petit filet d'eau, jusqu'à ce que l'eau fût limpide, cette pâte a donné 35 grammes, 5 de gluten, qui, séché à l'étuve, pesait, après son entière dessiccation, 12 grammes. Le gluten frais était grisâtre, très-élastique, tenace et sans saveur; enfin d'une bonne nature.	Le gluten obtenu par un lavage con grisâtre, bien élastique, d'une bonne Il s'est conservé dans l'eau sans s'altér plus long-temps que celui du blé Frais, il pesait 24,5 grammes; et des chaleur de l'étuve, comme le précé poids n'était plus que de 8 grammes.
Albumine. Matière sucrée. Matière gommeuse.	L'eau du lavage, évaporée à siccité, a laissé concréter l'albumine, et le résidu était visqueux, brunâtre, d'une saveur d'abord sucrée, puis amère; l'alcool, à 38 degrés, en a séparé la matière sucrée, qui était peu abondante et mêlée de matière légèrement amère, extractive et colorante. Le reste, non attaqué par l'alcool, a été traité par l'eau filtrée, et évaporé à siccité. La matière obtenue était visqueuse, et précipitait par la potasse silicée, indiquant la gomme. Cette matière gommeuse était colorée en brun jaunâtre, plus abondante que dans les N.os 2 et 3, et avait peu d'amertume. Traitée ainsi à chaud par de l'acide nitrique faible, il s'est formé dans la liqueur une poudre blanche qui avait les caractères de l'acide mucique. L'acide nitrique, après le traitement de la matière gommeuse, était très-coloré en jaune; il précipitait en bleu verdâtre par le prussiate de potasse, et contenait à peine de la chaux.	Cette eau, par l'évaporation, a la créter l'albumine en quantité à peu à celle du N.º 1. Le résidu de cette tion, n'indiquant plus par l'iode la pr l'amidon, était d'un jaune un peu br saveur assez sucrée. L'alcool, à 38 de séparé plus de matière sucrée que dan 1 et 2, et plus colorée. L'eau froide le résidu en a dissous de la matière (reconnue par la potasse silicée), et grande abondance que dans le N.º 1. tière gommeuse était colorée légèr jaune. Traitée par l'acide nitrique ét matière s'est transformée en une po che, reconnue être de l'acide muciq nitrique qui surnageait était un peu jaune; il contenait du fer indiqué p siate de potasse, et un peu de chaux late d'ammoniaque.

… de deux sortes de farines, l'une de blé d'Odessa, l'autre de blé français.

xaminée à la
unâtres.

e a été long-

assez bien,
'on veut lui

60 grammes
nce conve-
t pâle, assez
t développe
e altérée.

d'une amer-
é un dépôt
é, pesait 66
n était d'un
toucher, et

squ'à ce que
ammes, 5 de
son entière
is était gri-
; enfin d'une

laissé con-
queux, bru-
amère; l'al-
sucrée, qui
légèrement
non attaqué
et évaporé
se, et pré-
la gomme.
un jaunâtre,
et avait peu
l'acide ni-
une poudre
e mucique.
la matière
récipitait en
et contenait

FARINE DE BLÉ FRANÇAIS.

Cette farine est d'un blanc assez beau; vue à la loupe, elle offre moins de points jaunâtres.

Elle est sans saveur sensible, ou du moins cette saveur est douce.
Elle est moins rude au toucher, et conserve plus long-temps l'impression qu'on lui donne.

Cent grammes absorbent 45 grammes d'eau pour la mettre en pâte d'une consistance convenable, et cette pâte est grisâtre, élastique et assez tenace. La saveur en est douce, et ne laisse pas d'arrière-goût désagréable.

L'eau de lavage filtrée a laissé sur le filtre 70 grammes d'amidon plus blanc que celui obtenu du N.o 1, plus friable et moins rude au toucher. L'eau filtrée n'avait pas une saveur très-sensible, et aussi fade.

Le gluten obtenu par un lavage continu était grisâtre, bien élastique, d'une bonne tenacité. Il s'est conservé dans l'eau sans s'altérer un peu plus long-temps que celui du blé d'Odessa. Frais, il pesait 24,5 grammes; et desséché à la chaleur de l'étuve, comme le précédent, son poids n'était plus que de 8 grammes.
Cette eau, par l'évaporation, a laissé concréter l'albumine en quantité à peu près égale à celle du N.o 1. Le résidu de cette évaporation, n'indiquant plus par l'iode la présence de l'amidon, était d'un jaune un peu brun, d'une saveur assez sucrée. L'alcool, à 38 degrés, en a séparé plus de matière sucrée que dans les N.os 1 et 2, et plus colorée. L'eau froide versée sur le résidu en a dissous de la matière gommeuse (reconnue par la potasse silicée), et en moins grande abondance que dans le N.o 1. Cette matière gommeuse était colorée légèrement en jaune. Traitée par l'acide nitrique étendu, cette matière s'est transformée en une poudre blanche, reconnue être de l'acide mucique; l'acide nitrique qui surnageait était un peu coloré en jaune; il contenait du fer indiqué par le prussiate de potasse, et un peu de chaux par l'oxalate d'ammoniaque.

FARINE DE BLÉ, 1.re QUALITÉ, dite GRUAU. *

Cette farine est d'un beau blanc éclatant, et ne présente pas dans son intérieur de points jaunâtres.
Sa saveur est douce et presque nulle.

Elle conserve très-bien l'impression qu'on lui donne, est douce et comme onctueuse au toucher.
Cent grammes de cette farine ont exigé 40 grammes environ d'eau pour former une pâte d'une consistance semblable à celle des N.os 1 et 2. Cette pâte était ferme, élastique, d'une bonne tenacité. La saveur en était franche, agréable et douce.
L'eau du lavage filtrée a fourni 75 grammes d'amidon; séché et bien lavé, cet amidon était un peu plus blanc que celui du N.o 2, plus doux au toucher et plus friable. Quant à l'eau obtenue par la filtration, sa saveur était douceâtre et peu prononcée.
Le gluten, lavé comme les précédens, a fourni 24,5 de gluten frais, qui, après avoir été bien lavé, était d'une très-grande élasticité, très-tenace, et peut-être supérieur à celui des autres farines N.os 1 et 2. Sec, il pesait, comme le N.o 2, 8 grammes.

Cette eau, évaporée aussi à siccité, à la chaleur du bain-marie, a fourni un peu plus d'albumine concrétée que les N.os 1 et 2. Le résidu était peu abondant, mais coloré, et n'a fourni à l'alcool, à 38 degrés, que peu de matière sucrée; par l'eau, il a donné aussi un peu de substance gommeuse, reconnue par la potasse silicée; au reste, les matières sucrées et gommeuses que nous avons obtenues étaient en quantités moindres que dans les N.os 1 et 2. L'iode n'a pas indiqué la présence de la fécule amylacée dans le résidu de l'évaporation totale du lavage, car il ne s'y est pas formé de précipité bleu.

* Cette dernière n'a été examinée que pour terme de comparaison.

s, etc., page 93.

CARACTÈRES.	...ratif de deu... ...ssa.	... U. *
Couleur.	Cire ; examinée ., et loupvints jaunâtres. .ints	
Saveur.	Nsqu'elle a été-lo temp	
	Enserve assez biu'on maion qu'on veut e au dom	
Pâte.	Ct exigé 60 gram. 40 d'eacousistance con...pâte nabli aspect pâle , a...os 1 ... ...une	

9.° Enfin, le charbon traité à chaud par l'acide hydrochlorique, a été lavé; l'eau du lavage précipitait en bleu par le prussiate de potasse, n'indiquait pas de chaux, mais contenait un peu de soufre, provenant, sans contredit, d'un peu de sulfate décomposé par le charbon.

Nous avons également examiné le pain confectionné avec ces deux espèces de farines, dans la boulangerie générale des hôpitaux.

Le pain de blé d'Odessa avait une amertume sensible, que l'on ne trouvait pas dans celui du blé français; mais il se conservait plus long-temps frais.

Outre le blé français, nous avons examiné la farine dite de gruau, avec laquelle on prépare le pain parfaitement blanc. Comme cette farine ne présente rien de particulier, nous nous sommes contentés de l'indiquer sur les tableaux suivans, qui ont été dressés pour le conseil-général des hôpitaux de Paris. (Voyez le tableau ci-joint.)

Depuis long-temps M. Julia de Fontenelle s'occupe d'une monographie des céréales de la France et des pays étrangers, ainsi que de leur analyse. En attendant que ce travail soit terminé, nous allons joindre ici les analyses faites; elles ne pourront qu'ajouter un nouvel intérêt à cette troisième édition.

ANALYSE *des blés principaux des départemens des Pyrénées-Orientales, de l'Aude, de la Haute-Garonne, de l'Hérault et des principales contrées de la France et de l'étranger.*

La plupart de ces blés ont été recueillis par nous sur les lieux mêmes, et nous devons une partie de ceux qui proviennent de l'étranger, à M. Despine, jeune médecin, auquel son père, négociant à Marseille, les a adressés, tels qu'ils se trouvent dans le commerce.

BLÉS DU DÉPARTEMENT DES PYRÉNÉES ORIENTALES connus dans le commerce sous le nom de blés du Roussillon.

Blé fort ou dur.

Amidon	64,000
Gluten	14,800
Matière sucrée	8,080
Matière gommo-glutineuse	4,300
Son	2,280
Humidité	6,900
	100,000

Tuzelle rouge.

Amidon...............................	65,460
Gluten...............................	12,725
Matière sucrée........................	8,000
Matière gommo-glutineuse...........	4,210
Son.................................	2,100
Humidité.............................	7,505
	————
	100,000

Tuzelle blanche.

Amidon...............................	66,000
Gluten...............................	12,340
Matière sucrée........................	8,000
Matière gommo glutineuse...........	4,010
Son.................................	2,100
Humidité.............................	7,550
	————
	100,000

BLÉS DU DÉPARTEMENT DE L'AUDE.

Blés dits de Narbonne. — Blé fort de Narbonne.

Amidon...............................	64,150
Gluten...............................	14,450
Matière sucrée........................	8,040
Matière gommo-glutineuse...........	4,250
Son.................................	2,200
Humidité.............................	6,910
	————
	100,000

Tuzelle rouge de Narbonne et de Coursan, Lesignan et Mirepeysset, lieux de production de son arrondissement.
(Terme moyen de ces analyses.)

Amidon...............................	66,600
Gluten...............................	12,350
Matière sucrée........................	0,850
Manière gommo-glutineuse...........	5,800
Son.................................	2,050
Humidité.............................	8,350
	————
	100,000

Tuzelle blanche d'Azille et d'Olonzac, arrondissement de Narbonne.

(Terme moyen de ces analyses.)

Amidon...................... 67,240
Gluten...................... 12,130
Matière sucrée.............. 6,870
Matière gommo-glutineuse.... 3,300
Son......................... 2,100
Humidité.................... 8,300
                           ─────────
                           100,000

Blé ordinaire de Narbonne et de Sijan, Lesignan, Coursan, Azille, Mirepeysset, Cuxac et Tourouzelle, villages de son arrondissement.

(Terme moyen de ces analyses.)

Amidon...................... 68,000
Gluten...................... 12,025
Matière sucrée.............. 6,340
Matière gommo-glutineuse.... 3,135
Son......................... 2,020
Humidité.................... 8,480
                           ─────────
                           100,000

Blé à épis violet de Narbonne.

Amidon...................... 67,500
Gluten...................... 12,300
Matière sucrée.............. 5,800
Matière gommo-glutineuse.... 3,750
Son......................... 2,250
Humidité.................... 8,400
                           ─────────
                           100,000

Blé de Carcassonne, de Conillac, Capendu et Lagrasse,
arrondissement de cette ville.

(Terme moyen de ces analyses.)

Amidon.................................... 68,400
Gluten.................................... 11,780
Matière sucrée............................ 6,280
Matière gommo-glutineuse.................. 3,100
Son....................................... 2,000
Humidité.................................. 8,800
                                         ———————
                                         100,000

Blé du Razès.

(Même arrondissement.)

Amidon.................................... 65,690
Gluten.................................... 12,850
Matière sucrée............................ 7,690
Matière gommo-glutineuse.................. 3,880
Son....................................... 7,930
Humidité.................................. 7,930
                                         ———————
                                         100,000

Blé fort de Carcassonne.

Amidon.................................... 65,000
Gluten.................................... 14,000
Matière sucrée............................ 7,830
Matière gommo-glutineuse.................. 4,080
Son....................................... 2,200
Humidité.................................. 6,920
                                         ———————
                                         100,000

Blé de Limoux.

Amidon.................................... 68,800
Gluten.................................... 11,080
Matière sucrée............................ 6,280
Matière gommo-glutineuse.................. 3,090
Son....................................... 2,000
Humidité.................................. 8,810
                                         ———————
                                         100,000

Blé de Castelnaudary fin.

Amidon	68,750
Gluten.........................	11,450
Matière sucrée..................	6,150
Matière gommo-glutineuse..........	3,080
Son............................	2,080
Humidité......................	8,550
	100,000

BLÉS DU DÉPARTEMENT DE LA HAUTE-GARONNE.

Mitadens de Toulouse.

Amidon........................	70,500
Gluten.........................	9,150
Matière sucrée..................	4,800
Matière gommo-glutineuse..........	2,910
Son............................	2,330
Humidité......................	10,310
	100,000

Tremaisons de Toulouse.

Amidon........................	70,050
Gluten.........................	9,480
Matière sucrée..................	5,060
Matière gommo-glutineuse..........	3,040
Son............................	2,250
Humidité......................	10,150
	100,000

Tremaisons fins de Toulouse.

Amidon........................	69,560
Gluten.........................	10,140
Matière sucrée..................	5,080
Matière gommo-glutineuse..........	3,080
Son............................	2,150
Humidité......................	10,020
	100,000

BLÉS DU DÉPARTEMENT DE L'HÉRAULT.
Blé de Capestang, rouge 1.re qualité.

Amidon	67,800
Gluten	11,880
Matière sucrée	6,880
Matière gommo-glutineuse	3,680
Son	2,180
Humidité	8,600
	100,000

Blé de Béziers, rouge 1.re qualtié.

Amidon	67,350
Gluten	11,680
Matière sucrée	6,840
Matière gommo-glutineuse	3,660
Son	2,400
Humidité	8,700
	100,000

BLÉ DE PEZENAS MONTAGNAC ET MEZE.
(Terme moyen de ces analyses.)
Blé dit tuzelle rouge.

Amidon	67,180
Gluten	11,900
Matière sucrée	6,880
Matière gommo-glutineuse	3,680
Son	2,200
Humidité	8,480
	100,000

Tuzelle blanche de idem.

Amidon	68,100
Gluten	11,800
Matière sucrée	6,800
Matière gommo-glutineuse	3,880
Son	2,800
Humidité	8,180
	100,000

Blé de Lunel.

Amidon..........................	69,080
Gluten...........................	11,250
Matière sucrée....................	6,350
Matière gommo-glutineuse..........	3,140
Son.............................	2,210
Humidité.........................	8,000
	100,000

Siasse d'Arles.

Amidon..........................	69,810
Gluten...........................	9,140
Matière sucrée....................	8,000
Matière gommo-glutineuse..........	3,400
Son.............................	3,050
Humidité.........................	9,600
	100,000

Blé de Bourgogne fin.

Amidon..........................	70,100
Gluten...........................	8,950
Matière sucrée....................	8,400
Matière gommo-glutineuse..........	3,150
Son.............................	2,150
Humidité.........................	10,250
	100,000

Bourgogne ordinaire.

Amidon..........................	70,080
Gluten...........................	8,660
Matière sucrée....................	8,350
Matière gommo-glutineuse..........	3,100
Son.............................	2,150
Humidité (1)....................	10,660
	100,000

(1) Les blés de Bourgogne que j'ai analysés m'ont été envoyés de Marseille ; il en est de même de ceux de Toulouse ; l'on sait que le transport s'en fait dans des bateaux, le plus souvent découverts ; c'est à cela que j'attribue la plus grande quantité d'eau qu'ils contiennent.

Blé de Basse-Bretagne.

Amidon..............................	70,400
Gluten..............................	9,090
Matière sucrée......................	8,010
Matière gommo-glutineuse...........	3,560
Son................................	2,940
Humidité...........................	9,200
	100,000

Marane rouge.

Amidon..............................	68,900
Gluten..............................	10,800
Matière sucrée......................	8,400
Matière gommo-glutineuse...........	5,800
Son................................	2,900
Humidité...........................	8,800
	100,000

Marane Blanc.

Amidon..............................	70,000
Gluten..............................	10,800
Matière sucrée......................	8,000
Matière gommo-glutineuse...........	5,400
Son................................	2,800
Humidité...........................	8,300
	100,000

Blé de Brissac.

Amidon..............................	69,300
Gluten..............................	10,390
Matière sucrée......................	4,000
Matière gommo-glutineuse...........	5,610
Son................................	2,000
Humidité...........................	8,000
	100,000

Blé dit Bas-de-Loire.

Amidon................................	68,150
Gluten................................	11,150
Matière sucrée........................	5,500
Matière gommo-glutineuse..........	3,800
Son.................................	2,750
Humidité............................	8,650
	100,000

Blé rouge de Normandie.

Amidon................................	69,500
Gluten................................	10,450
Matière sucrée........................	5,800
Matière gommo-glutineuse..........	3,700
Son.................................	2,550
Humidité............................	8,000
	100,000

Blé blanc de Normandie.

Amidon................................	70,000
Gluten................................	10,000
Matière sucrée........................	5,850
Matière gommo-glutineuse..........	3,650
Son.................................	2,350
Humidité............................	8,150
	100,000

Blé de la Sologne.

Amidon................................	71,000
Gluten................................	9,100
Matière sucrée........................	5,250
Matière gommo-glutineuse..........	3,100
....	2,500
....	9,050
	100,000

9*

BLÉS DURS ÉTRANGERS.

Blé dur de Maroc.

Amidon	62,300
Gluten	16,250
Matière sucrée	6,080
Matière gommo-glutineuse	6,010
Son	4,040
Humidité	6,380
	100,000

Blé dur de Salonique.

Amidon	65,400
Gluten	16,180
Matière sucrée	6,090
Matière gommo-glutineuse	5,000
Son	5,000
Humidité	6,660
	100,000

Blé dur de Sicile.

Amidon	65,000
Gluten	16,350
Matière sucrée	6,080
Matière gommo-glutineuse	5,100
Son	2,900
Humidité	6,600
	100,000

Blé dur dit de Tangaroff.

Amidon	65,800
Gluten	16,200
Matière sucrée	6,100
Matière gommo-glutineuse	4,700
Son	5,000
Humidité	6,500
	100,000

Blé dur de Barcelonne (1).

Amidon...........................	63,000
Gluten...........................	14,600
Matière sucrée...................	8,000
Matière gommo-glutineuse.........	4,400
Son..............................	2,300
Humidité.........................	8,800
	100,000

BLÉS TENDRES ÉTRANGERS.

Richelle de Naples.

Amidon...........................	65,360
Gluten...........................	13,030
Matière sucrée...................	7,420
Matière gommo-glutineuse.........	4,300
Son..............................	2,440
Humidité.........................	7,360
	100,000

Blé tendre de Sicile.

Amidon...........................	65,000
Gluten...........................	14,100
Matière sucrée...................	7,300
Matière gommo-glutineuse.........	4,370
Son..............................	2,130
Humidité.........................	7,100
	100,000

Blé tendre de Barcelonne.

Amidon...........................	66,200
Gluten...........................	14,010
Matière sucrée...................	7,240
Matière gommo-glutineuse.........	4,400
Son..............................	2,250
Humidité.........................	6,000
	100,000

(1) Ce blé a été porté par nous en France ; il diffère très-peu de celui du Roussillon.

Blé de Courlande.

Amidon..................................	69,300
Gluten................................	8,600
Matière sucrée......................	6,260
Matière gommo-glutineuse..........	3,850
Son...................................	3,300
Humidité.............................	8,990
	100,000

Blé de Mecklenbourg.

Amidon..................................	69,600
Gluten................................	8,850
Matière sucrée......................	5,450
Matière gommo-glutineuse..........	3,500
Son...................................	3,600
Humidité.............................	9,000
	100,000

Blé d'Odessa, tendre.

Amidon..................................	66,150
Gluten................................	12,300
Matière sucrée......................	6,300
Matière gommo-glutineuse..........	4,100
Son...................................	3,000
Humidité.............................	8,150
	100,000

Ces analyses ne sauraient être d'une précision mathématique, attendu qu'elles varient constamment suivant que le blé a été coupé dans un état de maturité plus ou moins avancée, suivant que sa dessication a été plus ou moins bien faite, suivant qu'il a été conservé dans un local sec ou humide; suivant qu'il a été récolté dans un terrain plus ou moins fertile, suivant que la saison a été plus ou moins pluvieuse, etc.

Ainsi les blés coupés avant leur parfaite maturité, contiennent moins d'amidon, de gluten et de matière glutineuse, et beaucoup plus de matière sucrée et d'eau de végétation. Les blés enfermés dans les lieux humides ou dans un état de sécheresse insuffisant, contiennent beaucoup plus d'eau ; (1) ceux qui ont été récoltés dans un terrain gras ou fertile sont mieux nourris et plus riches en amidon et en gluten, surtout si la saison a été pluvieuse ; ceux au contraire qui sont récoltés dans les terrains arides ou secs sont très-mal nourris et très-chargés de son ; (2) une partie de ces grains paraissent même avortés. L'exposition et le climat influent même sur la conversion plus ou moins grande de sa matière sucrée en amidon et en gluten ; enfin les proportions de ces deux principes varient suivant les espèces ou variétés des blés et suivant leur mélange.

Ainsi nous ne considérons ces analyses que comme des données utiles qui ont besoin d'être répétées plusieurs fois pour être réputées rigoureuses.

Analyse *du blé coupé avant sa parfaite maturité.*

Plusieurs agronomes ont conseillé de couper le blé avant sa parfaite maturité, afin d'obtenir ainsi plus de produit, parce que lorsque le blé est bien mur, pendant et après qu'on le coupe, il se sépare beaucoup de grains des épis et que plusieurs épis même se détachent de la paille. D'ailleurs ce blé étant plus enflé que le blé mur, à cause de la plus grande quantité d'eau de végétation qu'il contient, il est évident que, sous ces points de vue, cette méthode offre un avantage. Mais voici le revers de la médaille. Le blé coupé non mur, est d'une couleur terne et bien moins luisant que l'autre ; en se desséchant il se vide à la surface ; mis en tas il s'échauffe assez promptement et est facilement attaqué par le charançon ; aussi dit-on communément qu'il n'est *pas de garde.* Sa farine contient moins d'amidon et de gluten et plus de matière sucrée de son et d'humidité que le même blé récolté dans un état de maturité ; elle absorbe aussi moins d'eau et donne moins de pain; aussi les boulangers et les agronomes rejettent-ils ces blés tant pour la panification que pour les semailles. A l'appui de ce que nous venons d'exposer, nous allons présenter l'analyse comparative du même blé coupé avant et pendant sa maturité.

(1) Il en est de même de ceux qui ont été transportés dans des bateaux.

(2) La farine qui provient de ces blés est grisâtre et le pain en est de qualité inférieure.

ANALYSE COMPARATIVE *du même blé de Narbonne coupé, l'un à l'état de maturité parfaite, et l'autre 18 jours avant cette maturité.*

	Blé mûr.		Blé avant sa maturité.
Amidon......................	68,060	—	61,380
Gluten.......................	12,018	—	6,440
Matière sucrée..............	6,328	—	10,940
Matière gommo-glutineuse.....	3,138	—	1,880
Son..........................	2,020	—	8,080
Humidité.....................	8,448	—	14,400
	100,000	—	100,000

Diverses autres analyses nous ont convaincu que plus le blé est éloigné de son point de maturité plus il contient de matière sucrée et moins il est renfermé d'amidon et de gluten, car c'est la matière sucrée qui, par l'acte de la végétation, se convertit en ces deux principes immédiats végétaux. Cette opinion, fruit de nos recherches réitérées, vient d'être confirmée par M. le professeur Lavini dans un travail spécial qu'il a publié, sur le gluten et la substance amylacée, dans le tome 37 des mémoires de l'académie royale des sciences de Turin, dont nous allons consigner ici les résultats :

1.º Les matériaux les plus abondans dans la farine du blé non parvenu à l'état de maturité, c'est l'amidon, mais dans des proportions inférieures à celles de la farine du blé mûr, qui en contient 78 pour 100 et l'autre 60 ;

2.º Qu'une des principales substances contenues dans cette dernière est, après l'amidon, une matière extractive muqueuse qui fait environ un quart de son poids ;

3.º Que le gluten, dans la farine de blé mûr, y existe dans les proportions de 28 pour 100 et dans l'autre pour 8 ;

4.º Que l'albumine ne varie pas beaucoup dans les deux farines ;

8.º Que dans la farine du blé non-mûr existe une résine verte qui fait environ 1/20 de son poids, laquelle, par la maturité, se convertit probablement, avec une partie de la substance extracto-gommeuse, en gluten.;

6.° Enfin, que les farines des blés, quelque soit le degré de maturité du grain, contiennent également des oxides de cuivre, de fer et de manganèse.

M. Lavini ne dit point sur quelle espèce de blé il a opéré, ni de quelle contrée il provenait. Cela eût été utile de connaître, car il indique les portions d'amidon à 78 pour 100 et celle du gluten à 28 proportions si fortes, surtout cette dernière que ni M. Vauquelin, ni M. Henri, ni moi n'en avons pas trouvé d'exemple semblable. Si nous récapitulons les produits qu'il a obtenus dans le blé mûr, nous trouvons :

	Blé mûr.	Blé non-mûr.
Amidon....................	78	60
Gluten....................	28	8
Matière extractive muqueuse. (1)	00	28
Résine verte.................	00	8
	100	

Cela fait 128 parties au lieu de 100, sans compter encore le son, l'humidité, etc. Il faut nécessairement qu'il y ait erreur dans ces calculs. Malgré cela le fait que j'ai déjà annoncé ne s'en trouve pas moins confirmé par M. Lavini, c'est que, par la maturité, la matière sucrée, qui paraît être sa matière extractive muqueuse, se convertit en gluten et en amidon. M. Lavini a opéré sur la farine des blés non mûrs coupés environ 28 jours avant que les épis eussent acquis cette couleur blonde, indice de leur maturité et sur de la farine du même blé mûr récolté dans le même champ. Il résulterait de on analyse précitée que dans l'espace de 28 jours, au plus, ui ont précédé la maturité parfaite du grain, il s'est formé 20 our 100 de gluten et 18 d'amidon aux dépens de la matière ucrée et de la résine verte.

Résumé de ces analyses.

Il résulte de nos recherches et de nos analyses qui, nous le épétons, ne doivent être considérées que comme approxiatives :

(1) M. Lavini n'en indique pas la quantité.

1.º Que les blés durs sont les plus riches en gluten (1) et les moins chargés d'humidité et que, à poids égal, leur farine absorbe beaucoup plus d'eau, est plus tenace et donne plus de pain que celle des blés tendres. Si ces expériences ne s'accordent point avec celle de M. Vauquelin, cela tient à ce que cet honorable chimiste a opéré sur de la farine de blé d'Odessa, si mal moulue qu'au lieu d'être moelleuse comme les autres farines, elle offrait des petits points durs et transparens *comme des fragmens de gomme*, peu propres à l'absorption de l'eau, ce qui n'a pas lieu quand la farine a été bien préparée.

2.º Que les blés des pays chauds sont plus riches en gluten et en matière gommo-glutineuse que ceux des pays froids, et qu'ils absorbent beaucoup plus d'eau.

3.º Que les proportions d'amidon dans les blés décroissent suivant que celles du gluten augmentent.

4.º Que les blés les plus pesants sont, en général, les plus riches en gluten et les plus propres à la panification.

5.º Que la bonne panification est en raison directe de la quantité de gluten contenu dans les farines. En effet nous avons examiné plusieurs échantillons de *pain dit de fécule*, et nous y avons constamment reconnu des points brillants qui ne sont autre chose que de la fécule non altérée et interposée dans ses cellules. Aussi, ce pain est, comme nous l'avons déjà fait observer, compacte, pesant et indigeste. Dans les excrémens de ceux qui en font usage on peut y constater la présence de l'amidon, au moyen de l'iode.

6.º Que les blés coupés avant leur parfaite maturité contiennent beaucoup d'humidité, s'échauffent facilement, ne tardent pas à être attaqués par le charançon et sont peu propres aux semences. Ces blés contenant plus de son et de matière sucrée, ainsi que d'environ moitié moins de gluten que ceux qui sont coupés à leur état de maturité parfaite, les blés mûrs, d'ailleurs plus riches aussi en amidon, donnent un pain plus abondant et mieux levé.

7.º Que les blés bien nourris sont supérieurs aux blés maigres pour la panification et donnent beaucoup moins de son;

8.º Que les blés qui ont été mouillés, conservés dans des

---

(1) Après les blés durs viennent les blés rouges, ensuite les blancs et puis les jaunâtres.

lieux humides, donnent un pain moins levé qui a quelquefois une saveur particulière due à un commencement d'altération du gluten. La couleur de ces blés devient terne, et, quand ils ont été séchés, leur surface reste ridée.

9.° Que pour la panification de la fécule ou de la pomme de terre on doit donner la préférence aux farines très-riches en gluten, comme celles des blés durs;

10.° Enfin que pour les approvisionnemens des places fortes, de villes, des vaisseaux, des hôpitaux et hospices, etc., on doit choisir les blés les plus secs, les plus pesans, les mieux nourris, les rouges, ceux qui ont été coupés en parfaite maturité et provenant des pays chauds, dans des terroirs peu humides, en un mot ceux qui sont les plus riches en gluten.

DU SEIGLE.

Grec, *olyra*; latin, *secale*; allemand, *roken* ou *korn*; anglais, *rye*; espagnol, *centeno blonquo*; italien, *segale*; français, *seigle*, et *blé* dans certaines localités où l'on ne sème que du seigle; en patois languedocien, *sial*, etc., *secale cereale*, Linné, *triandrie digynie*, famille des graminées. Cet auteur en a décrit quatre espèces: les *secale cereale*, *villosum*, *orientale* et *creticum*. Ce n'est que la première qui est cultivée en France; on trouve plus rarement la seconde dans le Dauphiné et le Languedoc.

Les uns croient que le seigle est originaire de la Sibérie; mais le plus grand nombre s'accorde à dire qu'il est sorti de l'île de Crête; il y a tout lieu de croire, dit M. Tessier, qu'il est venu, avec les autres céréales, du plateau de la haute Asie. Avant Pline, le seigle semblait presque dédaigné. C'est ce naturaliste qui paraît l'avoir préconisé le premier. Les agronomes et les négocians en blé divisent le seigle en,

1.° *Seigle de mars*, dit également de *printemps*, *marsais*, *tremois*, *petit seigle*. Le grain en est pesant et très-farineux, mais l'épi est moins fourni.

2.° *Seigle de la Saint-Jean*, dit également *d'hiver et du nord*. Le grain est plus petit, mais il fournit des épis plus longs et plus chargés de grains. On le sème à la Saint-Jean.

M. Tessier fait, à ce sujet, une remarque très-judicieuse, c'est qu'il s'est convaincu, par l'expérience, que le seigle de mars semé plusieurs années de suite en automne, revient à la

grosseur du commun. Il est à remarquer, ajoute-t-il, que le seigle de mars, semé en automne, produit beaucoup dès la première année, tandis que le seigle d'hiver, semé en mars, ne
donne un produit ordinaire qu'après un certain nombre d'années, comme si cette sorte de graine s'accoutumait plus aisément à une végétation lente qu'à une rapide.

Dans une grande partie du midi de la France, l'on ne sème
que le seigle d'hiver, surtout dans le département de l'Aude ;
mais au lieu de le semer à la Saint-Jean, on ne le sème que
vers la fin d'août, en même temps que le blé. Ce seigle est en
épi au mois de mars, à moins que l'année ne soit très-mauvaise ; de là vient cet adage, si connu des paysans méridionaux :

> *Bal pla paoue la marsado*
> *Sé daïsso pas la sial espidago.*

ce qui signifie : Le mois de mars est bien mauvais, s'il ne laisse
pas le seigle en épi.

Dans certains pays impropres à la culture du blé, mais bien
à celle du seigle, cette dernière céréale porte les noms de

1.º Gros blé, ou blé d'hiver, pour le seigle de la St-Jean ;

2.º Petit blé, ou blé de printemps, pour le seigle de mars.

Tous les agronomes distingués ont reconnu que le seigle
d'hiver est à celui de mars ce qu'est le blé ou froment d'hiver
à celui de mars. Ceux d'hiver ne diffèrent en effet que par la
grosseur et le poids de leur grain.

Depuis peu, l'on a porté dans le midi de la France une
nouvelle espèce de seigle, dit de Silésie. Le grain en est
beaucoup plus gros, et surtout très-long. Cette espèce se sème
au mois de septembre ; elle est beaucoup plus productive que
celle de France.

Le seigle est, après le froment, la plus importante des céréales ; dans certains pays même, sa culture l'emporte sur
celle du froment, comme nous le dirons plus bas. En effet,
il est démontré que tous les terrains, pourvu qu'ils ne soient
pas aquatiques, conviennent à la végétation du seigle ; mais
comme il est plus avantageux de cultiver le blé, on destine
les meilleurs à cette dernière céréale : de sorte que les sols
qui ne produisaient que de mauvaises récoltes de froment sont
susceptibles de donner de belles récoltes de seigle. Ajoutons
à cela que la température de certaines localités, même dans
le même arrondissement, est telle que les blés ne sauraient
s'y reproduire, tandis que le seigle n'exige pas un degré de

chaleur aussi élevé que celui pour le blé, pour germer, croître et parvenir à son entière maturité. Cela est si vrai, que, dans les départemens de l'Aude, de l'Hérault, et des Pyrénées-Orientales, nous avons vu, sur les montagnes, des terres riches en humus végétal, et impropres cependant à la culture du blé. Lors des grands froids, la terre de la surface est parfois soulevée de manière à mettre presqu'à nu les racines du seigle. Ainsi les terrains maigres, sablonneux ou crayeux, même les argileux, terrains qui sont secs par leur nature, conviennent également à la culture du seigle, tant parce que cette céréale consomme bien moins d'humus végétal que le blé, que parce qu'elle résiste mieux à l'intempérie des saisons, végète très-vite et mûrit avant que les sécheresses aient lieu. Cette propriété du seigle de consommer moins de sucs nutritifs que le froment est si bien reconnue, que lorsque les terrains propres au blé sont épuisés par sa culture, on les laisse reposer en y semant du seigle.

Nous avons déjà dit que la végétation du seigle était plus prompte que celle du blé : aussi, soit qu'on le sème avant, comme c'est l'usage, ou en même temps que le froment, on le récolte avant ce dernier, parce qu'il parvient plus vite à maturité. Quand le seigle a acquis quelques pouces de hauteur, sa feuille est pointue et la tige rougeâtre ; au printemps sa végétation est très-rapide ; ses feuilles sont nombreuses, mais moins longues et moins larges que celles de froment ; sa hauteur va jusqu'au-delà de six pieds dans un bon sol. Au mois de mars et d'avril on le fauche pour le donner en fourrage aux animaux ; on l'enfouit aussi dans le sol comme engrais : cette pratique était connue des anciens, comme les écrits de Pline l'attestent.

Le seigle est plus long et moins gros que le blé ; sa couleur est d'un gris terne et quelquefois tirant sur le jaunâtre ; il contient beaucoup d'humidité et se détache moins facilement de la base que le blé, aussi est-on obligé de le bien faire sécher avant que de l'enfermer dans les greniers, et de l'y tenir en couches minces, sinon il s'échauffe et le charançon ne tarde pas à l'attaquer.

De même que la plupart des autres céréales, le seigle est exposé à la rouille, mais moins fréquemment ; il paraît démontré que la carie ne l'attaque point ; il n'en est pas de même du charbon : cette maladie ne se manifeste pas dans les épis, mais dans l'intérieur de la tige.

Comme le froment, le seigle est attaqué par l'alucite et le charançon ; plusieurs insectes se nourrissent aussi aux dépens du seigle sur pied ; cependant la *phalène du seigle*, qui vit dans le chaume de cette céréale, et qu'on trouve rarement dans le midi de l'Europe, est le seul insecte dont on ait principalement à redouter les ravages. Outre cela, le seigle a une maladie qui lui est propre, et qu'on nomme *ergot* : nous la ferons connaître bientôt.

Ainsi que le froment, le seigle doit être cueilli dans un état de maturité complète et être bien desséché et conservé dans des greniers bien secs et à l'abri des vents du midi. Les soins à prendre, tant pour sa conservation dans les greniers ou silos, que pour le préserver du charbon, des alucites et des charançons, sont les mêmes que pour le blé.

De l'ergot.

C'est ainsi qu'on nomme l'altération suivante qu'éprouvent les grains de seigle dans quelques localités. Les grains de *seigle ergotés* ont ordinairement de cinq à six fois la longueur, et de deux à trois fois la grosseur des grains sains ; quelques grains sont cependant et plus longs et plus gros, et d'autres plus minces et plus courts ; ils ont une forme arquée ; leur couleur est d'un gris violâtre ; ils sont cassans, et contiennent une substance d'un blanc grisâtre terne, d'odeur vireuse et d'une saveur un peu âcre.

Les épis de seigle sont plus ou moins chargés de grains ergotés ; le nombre varie d'un à vingt. En général, les grains sains en souffrent peu lorsque le nombre de grains ergotés n'est pas fort ; quand ils sont nombreux, la tige est faible et ils sont rabougris ; enfin, M. Tessier a vu des grains de seigle en partie sains et en partie ergotés.

Les causes productrices de cette maladie du seigle n'ont point encore été déterminées ; on n'a sur ce point que des hypothèses ; à l'instar de M. Bosc, nous nous bornerons donc à présenter les observations agronomiques de M. Tessier, en faisant observer auparavant qu'un grand nombre de localités sont exemptes de l'ergot du seigle, comme presque tout le midi de la France, tandis que d'autres, telles que la Sologne, en produisent beaucoup (1). D'après les observations

----

(1) C'est dans cette contrée que l'ergot paraît être le plus

recueillies par plusieurs agronomes, et notamment par M. Tessier, il résulte que,

1.º Plus le terrain est humide, plus il y a d'ergot;

2.º Plus les champs sont exposés aux courans d'air, moins ils en produisent; l'inverse a lieu pour les champs abrités;

3.º Dans les lieux en pente, la partie basse en produit plus que la haute;

4.º Dans la lisière des champs, il est plus abondant que dans le milieu;

8.º Les semis sur les défrichemens, toutes choses égales d'ailleurs, en montrent plus que ceux dans les terres cultivées;

6.º Les années pluvieuses semblent le faire naître.

L'ergot se montre après que la fécondation a eu lieu, mais on ne saurait cependant en assigner l'époque exacte. L'ergot est d'une odeur particulière; il croît d'une ligne à une ligne et demie par jour, et cette croissance, d'après M. Tessier, cesse au bout de douze jours.

Excroissance rouge des épis de seigle et de froment.

M. le baron de Kottnrtz a fait connaître, en 1828, que ces excroissances étaient dues à la piqûre des insectes et aux œufs qu'ils y déposent; les observations plus récentes de M. Lauer de Brum, ont confirmé ces résultats. Plus récemment, M. Muller, en humectant, avec de l'eau distillée, de la poussière de ces excroissances desséchées, en a vu éclore, au bout de trois heures, plusieurs individus du vibrion tritici. Bauer a constaté qu'en les inoculant aux semences ils vivent et se propagent dans le chaume pendant la croissance et la germination. (Archiv. fur. du ger. nat. tome X et ibidem).

Analyse du seigle ergoté.

MM. Model, Smiéder, Parmentier, Réad et Tessier, se sont occupés de l'analyse de l'ergot; mais, à cette époque, les progrès de la chimie n'étaient pas assez avancés pour que ces analyses puissent être regardées comme exactes et ration-

---

abondant; dans certaines années il peut être évalué au cinquième de la récolte; années communes il est d'environ un quarantième.

nelles. Nous ferons connaître celle de M. Vauquelin. D'après l'analyse des auteurs précités, l'ergot donne :

1.° Beaucoup d'huile fétide.
2.° Un charbon difficile à incinérer.
3.° De l'huile carbonique.
4.° Du gaz hydrogène carboné.
5.° Un principe colorant soluble dans les alcalis.

Seigle ergoté d'après M. Vauquelin.

1.° Matière colorante jaune rougeâtre, ayant la saveur de l'huile de poisson.
2.° Matière huileuse blanche.
3.° Une matière colorante violette, insoluble dans l'alcool.
4.° Matière animale très-putrescible.
5.° Acide libre, qui est probablement le phosphorique.
6.° De l'ammoniaque.

Propriétés médicales de l'ergot.

L'ergot communique au pain une couleur et une saveur désagréables et des propriétés délétères. Les habitans des pays où cette maladie du seigle est répandue, éprouvent une maladie grave qu'ils nomment *gangrène sèche*, laquelle est presque endémique dans la Sologne. MM. de Salerne, Réal, Schleger, Model, Tessier, etc., attribuent cette maladie au seigle ergoté ; ce dernier a fait des expériences toxicologiques très-intéressantes qui attestent ses effets délétères. On ne saurait donc prendre trop de précautions pour en bien dépouiller le seigle. Le seigle ergoté a trouvé son application en médecine comme moyen propre à hâter les accouchemens; une foule d'observations médicales dues à MM. Bordot, Chevreuil, Leveillé, Stearms, Dewees, etc., attestent cette propriété. Les uns l'administrent à la dose de 24 à 50 grains en poudre infusée dans du bouillon ou de l'eau sucrée et coulée à travers un linge fin.

M. Stearms conseille la formule suivante :

Seigle ergoté........ 30 grains.
Opium............. 1 grain.
Eau bouillante....... 8 onces.

Faites infuser et donnez chaque dix minutes une cuillerée à bouche de cette infusion.

M. Dewees prescrit la formule suivante :

Seigle ergoté............ 30 grains,

Sucre blanc en poudre..... 30 grains.

Eau de canelle édulcorée.. 1 once.

Donnez-en trois fois, de vingt en vingt minutes.

Lorsqu'on se propose d'administrer le seigle ergoté, on doit être fort circonspect sur son emploi, et dépasser rarement la dose de 30 grains. Pour plus de détails, nous renvoyons à la note publiée dans le *Journal de Chimie médicale* (tome 5), par M. Chevallier.

Moyens de préserver le seigle de l'ergot.

Des agronomes distingués ont tenté un grand nombre d'essais pour préserver le seigle de l'ergot; ils ont tous été sans succès, même tous ceux que l'on a mis en usage avec succès pour préserver le blé du charbon et de la carie; le seul moyen à prendre, c'est d'arracher soigneusement et de mettre à part les plants ergotés.

Analyse du seigle par Einhof.

Farine	65,6
Son	24,2
Humidité	10,2
	100,0

Farine.

Sucre incristallisable	5,28
Gomme	11,09
Amidon	61,07
Fibre ligneuse	6,38
Gluten soluble dans l'alcool, peut-être glindine	9,48
Acide indéterminé et perte	6,62

DU MÉTEIL.

C'est ainsi qu'on nomme le mélange du seigle avec le blé; suivant les proportions de ce dernier, il prend les noms de *gros méteil*, *petit méteil* ou *blé ramé*. Cette pratique est très-vicieuse de semer ces deux céréales ensemble :

1.º Parce qu'elles exigent une qualité de terre et une température différentes ;

2.º Parce que le seigle parvenant plutôt au point de maturité, ou l'on est obligé de couper le blé encore vert, ou, si l'on veut attendre sa maturité, l'on doit perdre beaucoup de seigle.

Dans le midi de la France, on trouve dans le commerce du méteil ; mais il n'est pas le produit d'un mélange semé de ces deux céréales ; les négocians le font eux-mêmes en mêlant de 25 à 30 parties de blé sur 75 ou 70 de seigle. Nous devons faire observer qu'ils ont le soin de choisir, pour ce mélange, des blés de qualités inférieures et parfois même avariés.

Le méteil sert à faire un pain qui est d'autant meilleur que la quantité de blé ajoutée est plus forte.

DE L'ORGE.

En grec, *crithé*; latin, *hordeum*; arabe, *xahaër* ou *shaïr*; allemand, *gersten*; anglais, *barley*; italien, *orzo*; espagnol, *ordio*, *cebada*; français, *orge*; patois méridional, *ordi*, enfin *hordeum* de Linné ; triandrie digynie, famille des graminées.

L'orge est connue pour la nourriture de l'homme depuis l'antiquité la plus reculée ; car les anciens agronomes, Columelle, Pline, Palladius, ainsi qu'Homère, Hippocrate, etc., disent que les anciens s'en servaient comme eux, et qu'ils en connaissaient plusieurs espèces.

Voici les orges les plus cultivées :

Orge grosse, ou orge carrée (*hordeum vulgare*, Lin.). Épis d'un décimètre, disposés sur plusieurs rangs. Ses grains sont sur quatre rangs. Très-cultivée. On la sème au printemps.

Son pays natal, d'après M. Olivier, est la Perse ; ce savant dit l'y avoir trouvée à l'état sauvage. Cette espèce offre les trois variétés suivantes :

a. Orge céleste ou orge nue. La balle florale s'en détache comme celle du blé ; c'est celle qu'on vend dans les pharmacies sous le nom d'*orge mondé*.

b. Orge noirâtre. Cultivée en Allemagne, et presque inconnue en France.

c. Orge du printemps (*hordeum distichum nudum*). C'est une des meilleures espèces. Chaque épi contient de 60 à 90 grains. Le pain qu'on en fait est meilleur que celui des autres orges. On la sème au printemps.

2.º *L'orge escourgeon*. Orge d'hiver, orge de Turquie, *hordeum hexasticum* de Linné. Épis gros, courts ; semences à six rangs ; elle est très-productive, et se sème en automne.

3.º *L'orge faux riz, orge éventail*, orge riz, *faux riz de montagne*, riz d'Allemagne, *riz rustique* (*hordeum zeocriton*, LIN.). La graine ressemble au riz, résiste au froid ; elle est sur deux rangs et sans barbes. C'est la qualité la plus estimée pour être mangée en gruau et pour la préparation de la bière : on la sème en automne.

4.º *L'orge à deux rangs*, également connue sous le nom de *petite orge, bellarge, orge d'Angleterre, orge à longs épis, orge de Russie, orge d'Espagne, orge du Pérou*, et dans tout le midi de la France, *paumelle*, en patois, *paoumoulo*. On croit cette espèce originaire de la Tartarie. Ses épis n'ont point de barbes, et les semences sont disposées sur deux rangs ; sur le milieu de chaque côté se trouvent deux rangs de fleurs stériles.

Cette orge se compose des deux variétés suivantes :

A. Le *sucrion* ; elle est ainsi nommée à cause de sa saveur sucrée.

C'est celle qui est la meilleure pour faire l'orge perlé.

B. La *paumelle*. Celle-ci a une teinte plus blanchâtre que les autres orges ; le grain n'est pas aussi renflé : elle est très-estimée pour la fabrication de la bière.

M. Parmentier assure que l'espèce dont la culture offre les plus grands produits, est l'orge à deux rangs dont le grain est nu. D'après ses observations elle double la meilleure récolte de l'orge ordinaire. Cette espèce est très-cultivée dans le département de l'Aude, aux environs de Narbonne.

L'orge peut être semée dans presque toutes les terres ; mais elle donne d'abondantes récoltes dans les bons terrains. Cette céréale supporte bien les intempéries des saisons ; tous les climats semblent lui convenir ; c'est enfin, de toutes les céréales, celle dont la récolte manque moins souvent, aussi est-elle regardée comme une ressource précieuse dans tous les pays. On peut la semer au printemps ou en automne, et même vers la fin de cette saison. C'est cette faculté, bien connue des agronomes, qui les porte à semer d'orge les champs où les semences du blé ont péri par une inondation ou toute autre cause.

L'orge n'épuise pas la terre, quoique sa végétation soit très-vigoureuse. Dans le midi de la France, on ne la sème qu'en automne, et on la récolte en même temps que le seigle, ou en même temps que le blé, suivant que les semailles ont été plus ou moins retardées. Souvent on la coupe aux mois d'avril et de mai, pour la donner en fourrage vert.

Maladies qui attaquent l'orge.

Une des principales maladies qui attaquent l'orge, c'est le *charbon*. Ses ravages sont tels qu'il détruit ou infecte parfois, dans certaines contrées, plus de la moitié de la récolte. Les charançons et les alucites l'attaquent moins que le blé et le seigle; il est cependant sujet à leurs effets destructeurs.

Il est encore deux mouches qui attaquent l'orge.

La première est la *musca lineata* de Fabricius, qui vit dans la tige et occasionne la perte de l'épi.

La seconde est la *muscarita* de Linné, qui vit aux dépens des grains. Celle-ci n'existe pas en France; mais elle exerce ses ravages en Suède. On doit combattre les maladies aux-quelles l'orge est sujette par les moyens que nous avons indiqués pour le blé.

Conservation de l'orge.

L'orge est une des céréales qui contiennent le plus d'eau de végétation, et qui, en raison de l'épaisseur de son enve-loppe, la retient plus fortement. On doit donc la bien faire dessécher avant de l'enfermer, sinon elle ne tarde pas à s'é-chauffer et à être attaquée ensuite par le charançon. Le même effet a lieu si elle n'a pas été récoltée en pleine maturité. L'orge doit être conservée dans des greniers bien aérés, en couches d'un mètre, et être remuée souvent. Cette céréale est une de celles qui diminuent le plus de volume en se sé-chant et qui donne alors le plus de perte au négociant, tant sous ce rapport que sous celui du brisement de sa queue qui a lieu par le pelletage; malgré cela, si l'on veut la con-server saine, l'on doit nécessairement suivre cette marche.

Orge perlé.

Pour le faire connaître, nous ajouterons ici la note suivante de M. Dubrunfault :

On indique ici le système des appareils employés en Hollande pour cette fabrication, et on les décrit sans l'aide de figures.

Ils consistent en deux meules, dont l'une, dormante, est percée d'un trou à son milieu; l'autre est tournante et écartée de quelques lignes; ils ne portent pas de tailles. La meule tournante est enveloppée d'une archure de tôle percée en râpe, et elle fait quatre cents révolutions par minute. Le grain arrive comme dans les moulins à farine; il passe entre les meules, et il est lancé vers la périphérie, où il est ébarbé par la râpe de tôle. Les grains sont ensuite passés dans des cribles pour les calibrer après les avoir passés au tarare, qui en sépare la farine. Deux paires de meules mises en mouvement par un bon moulin à vent, font en vingt-quatre heures dix sacs d'orge ou dix quintaux usuels.

ANALYSE DE L'ORGE.

Orge non-mûre, par Einhof.

Principe amer insoluble dans l'alcool.	2,65
Sucre incristallisable.	5,55
Amidon.	14,58
Gluten.	1,77
Albumine, avec du phosphate de chaux.	0,45
Une enveloppe verte, avec de l'amidon vert et de la matière extractive	15,07
Fibre ligneuse.	0,62
Eau.	52,00
Perte.	6,34
	100,00

Orge mûre.

Farine.	70,08
Son.	18,78
Eau.	11,30
	100,00

Farine.

Sucre incristallisable.	5,21
Gomme.	4,02
Amidon.	07,18
Matière fibreuse, composée de gluten, d'amidon et	
de fibre ligneuse.	7,20
Gluten.	5,62
Albumine.	1,16
Phosphate acide de chaux avec de l'albumine. . . .	0,24
Eau.	0,37
Perte.	1,49
	100,00

Farine, d'après Proust.

Résine jaune	1
Sucre analogue au miel.	8
Gomme.	4
Gluten.	3
Amidon.	32
Hordéine.	88
	100

Farine d'orge germée, par Proust.

Résine jaune.	1
Sucre incristallisable	18
Gluten.	1
Amidon.	56
Hordéine.	12
	88

Orge torréfiée, d'après Einhof.

Elle ne contient point d'amidon, mais une substance charbonneuse, une matière animale et un peu d'acide phosphorique.

Nous allons maintenant faire connaître cette substance particulière que contient la farine d'orge.

Hordéine.

C'est à Proust qu'en en doit la découverte. On l'obtient en traitant l'amidon d'orge par l'eau bouillante ; la partie qui ne s'y dissout point est l'hordéine. Cette substance est jaune, grenue, donne de l'acide oxalique, de l'acide acétique et un peu de principe amer par l'acide nitrique.

DE L'AVOINE.

Grec, *bromos*; latin, *avena*; arabe, *cartamum* ou *churtal*; allemand, *habern*; italien, *avena*; espagnol, *avena*; anglais, *oatz*; français, *avoine*; patois languedocien, *cibado*; Linné, *avena sativa*; triandrie digynie, famille des graminées.

Cette céréale paraît originaire du Nord; l'on en compte plus de quarante espèces; voici les variétés :

1.º L'*avoine brune*; le grain en est gros; elle se rapproche beaucoup du type de l'espèce.

2.º L'*avoine noire*. Grains très-courts et renflés, barbes très-courtes : c'est la variété qui résiste le mieux à l'intempérie des saisons (Bretagne).

3.º *Avoine patate*. Grains courts et renflés : elle est très-cultivée.

4.º *Avoine blanche*. Grains longs, peu renflés; couleur feuille-morte, blanchâtre. Sa qualité est inférieure, mais en revanche elle est très-productive.

5.º *Avoine fleurie*. Elle ressemble beaucoup à l'avoine noire; son grain est couvert d'une poussière blanche.

6.º *Avoine rouge*. Grains très-pleins; couleur fauve rougeâtre (pays de Caux).

7.º *Avoine à deux barbes*. Grains petits, très-nombreux; ses fleurs sont garnies de barbes; elle croît dans les plus mauvais terrains (Clermont).

8.º *Avoine nue*. Les graines se séparent de la balle florale aussitôt qu'elles ont atteint leur point de maturité.

9.º *Avoine unilatérale* ou *de Hongrie*. Panicule très-serré; gros grain unilatéral et sans barbes.

10.º *Avoine unilatérale à deux barbes*. Cette variété ne

diffère de celle N.º 7 qu'en ce qu'elle est plus petite, que ses grains sont unilatéraux; elle est d'autant plus précieuse qu'elle croit fort bien dans les terres si peu fertiles que les autres variétés ne peuvent y réussir.

On sème les avoines, en mars et avril, dans les terres fortes et qui ont du fond, ni trop sèches ni trop humides. Elles ne viennent pas belles dans les extrêmes. Dans le Midi, on les sème en septembre, octobre et même novembre; trois variétés, ou l'avoine à deux barbes, l'avoine nue et l'avoine d'hiver, se sèment à Paris en septembre : elles sont nommées avoines d'hiver.

Si on arrache un bois, si on retourne un pré, ou si on brûle un terrain, c'est toujours de l'avoine qu'on y sème la première année.

On récolte les avoines fin d'août; on les coupe aussi en vert pour donner de suite aux bestiaux; ils mangent aussi la paille qu'on fait sécher, et dont on met la graine à part.

On sème également l'avoine avec la vesce, ou parmi les vieilles luzernes pour la donner en fourrage. Cette céréale épuise peu la terre, résiste aux frimas et craint la sécheresse; elle aime les terrains frais et non humides. Sa culture n'exige pas autant de labours que le froment; deux ou trois, quelquefois un seul, suffisent. Dans quelques localités on la sème même sur le chaume; aux environs de Paris, elle est semée sur le labour, et recouverte à la herse. Au mois de juin, cette céréale est en épis dans les environs de Paris; on coupe les avoines d'automne vers la mi-juillet, et celles qu'on sème au printemps vers le commencement de septembre.

Maladie de l'avoine.

L'avoine est très-sujette au charbon; on l'en garantit par les mêmes moyens que nous avons indiqués pour le blé. Outre cela, elle est exposée aux ravages d'une chenille nommée *pyrales*, qui vit dans l'intérieur de son chaume; c'est principalement dans la Beauce qu'elle se montre le plus souvent.

Choix et conservation de l'avoine.

L'avoine la plus estimée et la meilleure est celle dont le grain est gros, bien nourri et bien farineux. Dans le commerce, on donne la préférence à celle qui est d'un brun-noirâtre. Celle qui est blanchâtre se vend à un prix inférieur; elle est moins farineuse. MM. les négocians doivent faire attention aux fraudes suivantes, malheureusement trop souvent mises en usage par les rouliers du midi de la France.

1.º Les uns mouillent l'avoine, afin d'augmenter son volume.

2.º Les autres y mêlent des balles d'avoine et de petites pailles hachées.

L'une et l'autre tiennent les grains de l'avoine écartés, de sorte qu'il en faut moins pour remplir la mesure.

3.º Enfin, il en est qui commettent ces deux fraudes en même temps.

L'avoine qui a été coupée verte et mise ainsi en gerbes s'échauffe et prend une couleur rougeâtre; il en est de même si on l'enferme avant sa dessiccation complète, ou si elle a été mouillée. Dans ces deux cas elle s'échauffe également, et contracte une odeur de moisi; sa couleur passe au brun-rougeâtre. Elle finit enfin par se moisir et germer. On doit donc la cueillir dans son état de maturité, l'enfermer sèche dans un grenier bien sec et bien aéré, l'y placer en couches d'un mètre et la remuer de temps en temps; enfin suivre le précepte que nous avons tracé à l'article blé.

ANALYSE D'APRÈS VOGEL.

La semence.

Farine..................................	66
Son.....................................	34
	100

Farine.

Huile grasse..........................	2
Sucre et principe amer...............	8,25
Gomme...............................	2,5
Matière grisâtre albumino-glutineuse.	43
Amidon...............................	59
Perte.................................	23,95

SUCCÉDANÉES DES CÉRÉALES.

C'est sous ce nom que nous plaçons

Le maïs,	Le millet,
Le sarrazin,	L'holcus spicatus,
Le sorgho,	Le riz.

Du Millet.

Blé d'Inde, blé d'Espagne, blé de Turquie, gros millet; en patois *mil; zea maïz* de Linné ; monœcie triandrie, famille des graminées.

Les écrivains de l'antiquité, parmi lesquels nous citerons Varron, Columelle, Palladius, Théophraste, etc., n'ont pas parlé de cette précieuse plante ; il paraît qu'elle est originaire de l'Amérique équinoxiale, et qu'elle fut apportée en Europe par les Espagnols, lorsqu'ils firent la découverte du Nouveau-Monde, où elle était cultivée de temps immémorial, principalement au Mexique et au Pérou.

Le maïs est un des plus beaux présens que la nature ait faits à l'homme, aussi s'est-on empressé de le cultiver dans presque toutes les parties du monde. On en connaît plusieurs espèces et variétés. Voici celles que l'on distingue par l'époque de leur maturité.

1.º Le *maïs précoce, maïs de deux mois* ou *quarantain;* c'est celui que les Américains nomment *onona.*

2.º Le *maïs à poulet.* Il est très-commun en Amérique, et cultivé médiocrement dans quelques parties du midi de l'Europe. Il est blanc ou jaune ; plus petit ; croît dans les terres peu riches en humus végétal, et mûrit deux mois avant l'autre. En quarante jours il parcourt à Saint-Domingue toutes les phases de sa végétation ; tandis que M. Varennes de Fénille s'est convaincu que dans la Bresse, il n'est plus précoce que l'autre que de quinze jours. L'épi n'a que trois pouces de long, et n'offre que huit à dix rangées.

M. Bosc, dans son article intéressant sur le maïs (1), dit que, relativement à la couleur du grain, on reconnaît beaucoup de variétés de maïs.

---

(1) *Nouveau Cours d'Agriculture théorique et pratique.*

Le *grand maïs* ou *tardif* est le plus cultivé comme étant le plus productif; il en est de blanc, de bleuâtre, de brun-noir, de chiné, de panaché, de jaune, de noir, de roux, de marbré, de violet; mais on ne cultive en France que le jaune et le blanc. M. Bosc paraît donner la préférence à cette dernière variété. Son épi, dit-il, est plus long et plus gros ; les grains sont disposés sur huit rangées ; ils sont aussi plus larges, moins épais, d'un jaune plus pâle, mûrissent de douze à quinze jours plutôt et fournissent un tiers de farine de plus que le millet jaune; mais la farine de ce dernier est plus savoureuse.

On cultive le millet blanc de préférence à la Caroline, dans quelques parties de l'Espagne et de l'Italie. En France, dans les environs de Toulouse, dans le Roussillon, les départemens de l'Aude et de l'Hérault, on donne la préférence au jaune : on en cultive un peu de blanc.

On pourrait également classer, dit M. Bosc, les variétés des maïs d'après le nombre de rangées de grains qui existent sur leurs épis ; nous pensons que la nature du sol, sa culture, ses engrais, et la régularité ou l'irrégularité des saisons peuvent les faire varier : il est quelques localités en France où l'on trouve les deux variétés suivantes :

1.º Le *maïs de Pradic*; l'épi n'a que huit rangs de grains.
2.º Le *maïs de Gussac*; celui-ci a seize rangs.

La culture du maïs exige un climat tempéré, aussi réussit-elle mieux dans le midi qu'au centre de la France ; à son nord, il vient rarement à son point de maturité. Tous les sols conviennent à cette culture s'ils sont profonds, bien amendés et bien cultivés ; cependant, le maïs réussit mieux, et donne de bien meilleures récoltes dans les bons fonds et surtout dans les plaines fertiles, telles que celles de Toulouse, Castelnaudary, Coursan, etc. On donne deux ou trois bons labours aux terres destinées à semer le maïs. Dans ces dernières localités, lorsque les semences de blé ont péri par l'effet des inondations, et que la saison est trop avancée pour les ensemencer de nouveau, on sème ces terres en maïs dans le mois d'avril et au commencement de mai, et on récolte dans le mois de septembre. Dans certains lieux on le fait tremper dans l'eau avant de le semer, et on en jette deux ou trois grains dans des trous éloignés en tous sens les uns des autres; dans d'autres on ne le mouille pas ; il en est où on le

sème à la volée. Nous renvoyons pour sa culture à l'intéressant ouvrage de M. Parmentier. Nous nous bornerons à dire
qu'il en faut dix kilogrammes par demi-hectare. Le plant
grandi, on travaille les intervalles avec une binette pour en
détruire les herbes parasites en diviser la terre. En août, on
amoncelle de la terre autour du plant : on en fait la récolte en automne, et on étend les épis au soleil ou dans la
maison.

Les Américains en font une boisson avec laquelle ils
s'enivrent, et qui paraît salutaire. Feu M. Parmentier en
conclut que le maïs pourrait remplacer l'orge pour la préparation de la bière.

A présent, répandu sur tous les points du globe, les pau-
vres de plusieurs contrées en font une pâte nommée *polente*,
en faisant bouillir la farine dans l'eau avec un peu de sel, et
remuant continuellemet jusqu'à ce que la chaudronnée ait
acquis une bonne consistance. Ils mangent cette pâte ; nous
avons remarqué en Italie que les malheureux qui ne se nourrissent que de cette substance sont tous jaunes, faibles, ca-
cochymes, et sont atteints bientôt de la fièvre lente, ner-
veuse, produite et engendrée par cette nourriture, qui les
fait périr. Cependant, lorsqu'on prépare la polente avec du
lait ou du bouillon de viande de bœuf ou de volaille, et qu'on
n'en mange qu'en petite quantité, c'est une assez bonne
nourriture.

Dès que le maïs est en pleine maturité, on en coupe les
épis, et on les expose au soleil pour les bien faire sécher ;
puis on le clairsème dans des greniers biens secs pour en séparer ensuite le grain.

Maladies du maïs.

Le maïs est sujet à trois espèces de charbon, ou peut-être,
dit M. Bosc, de carie. Voici la manière dont s'exprime à ce
sujet ce célèbre agronome : Aux dépens des diverses parties
du maïs vivent trois sortes de champignons du genre des réticulaires de Bulliard (*uredo de Persoon*), et peut-être quatre,
car je crois qu'il est sujet à la rouille. Ces plantes parasites,
analogues au charbon du froment, sont connues, mais n'ont
pas encore été bien décrites. M. Bosc, de même que MM.
Tillet et Einhof ont observé trois sortes de charbon dans cette
graminée. Le premier attaque l'intérieur du grain et le réduit

en poussière noire ; le second s'observe dans les fleurs mâles, sa poussière est noire ; le troisième consiste en fongosités globuleuses et irrégulières, quelquefois plus grosses que le poing, qui naissent sur la tige, absorbent une grande partie des sucs nutritifs, et empêchent l'épi de paraître ou d'arriver à maturité, etc.

Le chaulage par les moyens indiqués remédierait à ces maladies.

Le maïs est également attaqué fortement par l'alucite et le charançon, surtout quand il est cueilli avant sa maturité ou renfermé humide.

Conservation du maïs.

Le maïs doit être récolté en pleine maturité, c'est-à-dire quand presque toutes ses feuilles sont sèches, que les enveloppes de l'épi sont déchirées et que le grain est dur et coloré. On doit bien sécher les épis, dès qu'on les a séparés de la tige; sinon ils se moisissent ainsi que le grain. Dès que celui-ci en est détaché, on doit le bien étendre dans des greniers biens secs, en couches d'un ou deux pouces, et le remuer souvent afin d'en opérer la dessiccation parfaite ; car si le maïs est récolté un peu vert ou qu'il ne soit pas bien sec, et qu'on l'entasse en cet état, il ne tarde pas à se moisir et à être attaqué par l'alucite et le charançon, qui y exercent les plus grands ravages. Pour la conservation dans les sacs ou dans les silos, ou lorsqu'il est attaqué par ces insectes, etc., l'on doit suivre les préceptes que nous avons tracés à l'article *grain*.

Analyse du maïs.

MM. Lespés et Mercadier, qui se sont livrés à l'analyse de de cette graine, ont trouvé que 100 parties contenaient :

1.º Humidité........................	12
2.º Matière sucrée, un peu azotée, ayant le goût du cacao.	4,50
3.º Matière mucilagineuse, se rapprochant des gommes et du sucre.........................	2,80
4.º Albumine.........................	0,50
5.º Son.............................	3,25
6.º Fécule...........................	75,35
Perte............................	2,10
	100

M. Bizio, chimiste vénitien, avait déjà publié, dans le *Giornale di fisica*, l'analyse suivante, qui diffère sous plus d'un rapport de celle-ci.

1.º Amidon.................................. 80,920
2.º Zéine (substance nouvelle)........... 5,788
3.º Principe extractif..................... 4,092
4.º Zumine............................... 0,945
5.º Gomme............................... 2,283
6.º Huile grasse.......................... 0,525
7.º Hordéine.............................. 7,710
8.º Matière sucrée........................ 0,898
9.º Sels, acide acétique et perte........... 0,074
                                          ─────────
                                          100,000

Analyse de M. Gorham.

Zéine.......................... 5
Matière extractive 0, 8
Sucre......................... 1,45
Gomme........................ 1,75
Amidon....................... 77
Albumine...................... 2,50
Fibre ligneuse............... 5
Sels et perte................. 1,50
Eau........................... 9
                            ─────────
                            100,00

De la Zéine.

La zéine est, comme nous l'avons dit, une substance nouvelle que l'on extrait de la farine du maïs par l'eau et ensuite par l'alcool ; elle est molle, tenace, élastique, jaune, insipide, insoluble dans l'eau et les huiles douces, soluble dans l'alcool, l'éther, l'huile de térébenthine, l'acide acétique. L'acide nitrique la convertit en une espèce de matière grasse, butyreuse, soluble dans l'alcool, ainsi que dans les huiles.

Cette substance a beaucoup d'analogie avec le gluten.

Du Sarrasin.

Blé noir, bucail, bouquette, froment des Sarrasins, blé carré, polygonum fagopyrum de Linn. Octandrie digynie, famille des polygonées.

La Perse est, dit-on, le pays originaire du sarrasin; il fut transporté par les Maures d'Asie en Afrique, et de cette partie du monde en Espagne, d'où cette plante s'est propagée en France, en Italie, etc. Quoique sa farine soit peu propre à la panification, cependant, c'est une excellente nourriture pour l'homme et les animaux. En France, dans un grand nombre de localités, c'est une des principales nourritures des habitans; outre cela, les bêtes à cornes, les mules, les chevaux et toutes les volailles, mangent cette graine avec avidité; aussi ne tardent-ils point à engraisser beaucoup.

Cette plante est intéressante 1.º comme céréale, et pour servir de litière; 2.º comme fourrage; 3.º comme engrais vert; 4.º comme culture améliorante, intercalaire et subsidiaire; 5.º comme pâture des abeilles.

1.º Comme plante céréale, le sarrasin demande un sol profond, sablonneux et léger, ni trop maigre ni trop engraissé, ni trop sec ni trop humide; il réussit mieux dans les terres nouvellement défrichées, médiocres et un peu sablonneuses; mais sa culture doit être soignée; elle demande au moins un triple labour. Plus on sème le sarrasin tard, plus il est productif en grain. La saison la plus favorable est depuis le commencement jusqu'au milieu de juin : il ne faut pas enterrer trop le semis. Le sarrasin est très-sensible aux vents du nord et de l'est; mais il aime un temps variable de pluie et de soleil. Il faut faire la récolte aussitôt que les premières graines sont mûres, avec précaution parce qu'elles tombent facilement. Les moutons et les bêtes à cornes aiment beaucoup la paille de sarrasin; mais comme elle sèche très-difficilement, dans une saison si avancée, il vaut mieux s'en servir pour litière. Les chevaux et les cochons aiment le sarrasin concassé; il engraisse très-bien ces derniers animaux.

2.º Comme fourrage vert, le sarrasin est très-précieux; tous les bestiaux l'aiment en vert, excepté les moutons, qui le préfèrent sec. On peut se procurer, par le sarrasin, un fourrage vert, ou précoce ou tardif, mais sa culture est alors tout-à-fait différente de la culture du sarrasin pour graines. Plus le sol est sec, plutôt on le semera, et plus la récolte du fourrage sera productive. Semé en avril, il sera bon à couper au commencement de juin, si les gelées tardives ne l'ont pas endommagé. Dans une bonne exposition, on a un fourrage encore plus précoce, en semant le sarrasin au mois de novembre ou de décembre, dans les sols très-légers surtout, où il faut conserver le plus long-temps possible l'humidité d'hiver. En semant du sarrasin tous les quinze jours, du mois de mai au mois d'août, on aura un fourrage abondant jusqu'à l'arrière-saison.

On doit cueillir le sarrasin à sa maturité et le battre de suite; car, sans cette précaution, la graine se sépare avec tant de facilité de son calice, que l'on en perdrait beaucoup; on le vanne ensuite, et on le crible comme le blé. Pour de plus grands détails, nous renvoyons au *Cours théorique et pratique d'Agriculture*.

Choix et conservation du sarrasin.

Comme toutes les fleurs du sarrasin ne paraissent pas en même temps, il en résulte que les premières graines sont mûres avant même que les dernières fleurs aient paru; ces premières graines sont donc perdues; elles tombent sur le sol; et, pour n'en pas perdre des intermédiaires, qui sont la principale récolte, l'on ne doit pas attendre la maturité des dernières : de sorte que, par un nouveau criblage, l'on doit séparer ces dernières graines, qui ne contiennent que peu de farine et sont impropres à la reproduction. Leur couleur brune est moins intense que celle des bonnes graines; celles-ci forment environ le tiers du produit; les autres servent à nourrir et engraisser les bestiaux, et principalement ceux de basse-cour, dont la graisse devient alors fine et plus délicate. Le sarrasin bien nettoyé est ensuite porté dans un grenier bien sec et aéré; on l'y dépose en couches minces, et on le remue tous les huit jours; lorsqu'il est bien sec, il peut se conserver jusqu'à trois ou quatre ans sans altération.

Sarrasin de Tartarie. (*Polygonum tartaricum*, Lin., *même famille.*)

Celui-ci diffère du précédent en ce que sa tige est plus jaune, que ses bouquets de fleurs sont plus allongés, et que ses graines sont plus petites et portent des espèces de dents sur leurs angles. Cette espèce est plus précoce et moins sensible aux froids, plus productive, s'égraine plus aisément, et sa farine est un peu plus amère. Le pain de cette espèce plus de liaison que l'autre ; il contient sans doute un peu de gluten.

Du Sorgho. (Houlque, grand millet d'Inde, millet d'Afrique, petit mil, holcus sorgho, Lin., polygamie monœcie, famille des graminées.)

Dans les pays inter-tropicaux de l'Asie, de l'Afrique et de l'Amérique, ainsi que dans quelques parties du midi de l'Europe, cette graminée est une des principales cultures. On en connaît plusieurs variétés ; voici les plus connues :

L'holcus bicolorée ou gros mil du Sénégal. Originaire de l'Inde ; son grain est très-gros et très-bon ; cette espèce est la plus productive : on la cultive avec le sorgho.

L'holcus saccharine, petit mil de Saint-Domingue. Originaire également des Indes ; ses grains sont jaunâtres ; elle exige une température plus élevée que la précédente.

L'houlque penchée. Épi recourbé et très-serré ; graines blanches qui, en France, mûrissent rarement.

La houlque sorgho, holcus sorgho, Lin. Elle est également originaire des grandes Indes. Cette espèce est le dura ou douro des Égyptiens et autres peuples africains. C'est principalement celle qu'on nomme grand millet d'Inde, millet d'Afrique, petit mil, etc. Dans le midi de la France on la cultive dans quelques localités ; dans quelques parties de l'Espagne et de l'Italie elle est aussi cultivée que le maïs. M. Bosc dit qu'un tiers du monde vit peut-être de ses graines, qu'on fait entrer dans le pain, et qu'on mange aussi comme le riz, cuites à l'eau, au lait ou au bouillon.

Petit millet à épi.

Millet des oiseaux, panis cultivé ; panicum italicum, Linn. Triandrie digynie, famille des graminées. Originaire de l'Inde ; cultivée en Italie, en Espagne, en France, etc. Les fleurs et les graines sont disposées en épis solitaires. Comme cette plante craint les froids, on ne la sème que vers le milieu du printemps. Quand on débarrasse ses graines de leur enveloppe, au moyen de deux meules, on peut les manger comme le riz ; on le fait entrer aussi dans la fabrication du pain.

Panis millet, *panicum miliaceum*, Linn. Même genre, même famille, et également originaire de l'Inde. Ses graines sont plus estimées que celles du précédent; elles ont une saveur un peu sucrée; leur forme est plus allongée; elles sont même un peu plus grosses. On cultive cette espèce dans toutes les parties méridionales et tempérées de l'Europe. Les produits qu'elle donne sont si avantageux, que M. Bosc s'est convaincu qu'aux environs de Paris les champs qui en sont semés rapportent trois ou quatre fois plus que ceux qui le sont en blé.

Ce millet peut être mangé comme le précédent : l'un et l'autre sont principalement employés en France à la nourriture des oiseaux.

DU RIZ.

Latin, *oriza*; arabe, *arz* et *arzi*; allemand, *reïss*; anglais, *rice*; italien, *riso*; espagnol, *arroz*; français, *riz*. *Orysa sativa*, Linn. Hexandrie monogynie, famille des graminées, et constituant seule un genre. Cette précieuse plante est connue dès la plus haute antiquité; elle peut être considérée comme un des plus beaux présens que la nature ait fait à l'homme; en effet, suivant M. Dutour, il nourrit environ le tiers des habitans du globe. Suivant quelques auteurs, il est originaire de la Chine; et, suivant d'autres, de l'Inde. Quoi qu'il en soit, il est très-cultivé dans ces vastes contrées; de même que dans toute l'Asie, en Afrique; dans les parties méridionales de l'Amérique, en Europe, en Espagne, en Italie et en Piémont. Tout me porte à croire que cette culture réussirait également en France, dans les plaines marécageuses de la Sologne, etc.; car, la culture du riz exige un sol très-humide ou marécageux, et une température élevée.

Le riz offre plusieurs variétés qui sont plus ou moins recherchées. Voici ce qu'en dit M. Dutour, dans son article Riz, du *Nouveau Cours d'agriculture théorique et pratique*. Le Malabar, l'île de Ceylan et celle de Java sont les lieux qui en donnent de meilleur. La presqu'île de Malaca, la Cochinchine et le royaume de Siam en produisent aussi beaucoup de bon. Ce grain tient lieu de pain à tous les Indiens, et cette nourriture est beaucoup plus saine en mer que le biscuit, et même le pain. On ne voit en effet jamais de scorbut, ou que très-rarement sur les flottes qui reviennent des Indes, et qui n'ont alors que du riz ; au lieu qu'il y en a toujours sur les vaisseaux qui y vont. Le riz des Indes est meilleur que celui d'Europe. Il y en a une espèce au Japon dont le grain est fort petit, très-blanc, et le meilleur qui existe. Les Japonais n'en laissent presque pas sortir. Les Hollandais en apportent tous les ans un peu à Batavia. En France, le riz du Piémont est assez estimé.

Nous allons donner quelques détails sur sa culture, en reproduisant ici un article intéressant de M. Dalgabio, que nous avons publié dans la *Bibliothèque physico-économique*.

Culture du riz, par M. Dalgabio.

La culture du riz, dans les pays où elle est en usage, obtient des agriculteurs une préférence marquée sur celle de toutes les autres céréales. Il n'existe aucune plante aussi productive, aucune substance plus saine, plus facile à apprêter, et qui se conserve plus long-temps sans altération que le riz ; aussi son emploi comme aliment est-il répandu parmi tous les peuples civilisés. La consommation en France de ce grain exotique est depuis long-temps d'une grande importance ; elle s'est accrue surtout depuis que l'industrie, les arts et le commerce, florissant au sein de la paix, répandent la prospérité et le bonheur dans toutes les classes de la société.

Les avantages de cette culture ont, à diverses époques, excité les agriculteurs à en faire des essais en France. A l'exemple du Piémont et de la Lombardie, on cultiva du riz en Auvergne et en Dauphiné, sous le ministère de Fleury. Nous ignorons si les succès répondirent à leur attente ; nous savons seulement que le gouvernement la proscrivit, parce qu'elle compromettait la santé et la vie des habitans d'alentour.

Avant d'aborder la question qui semble repousser à jamais la culture du riz hors du territoire français, examinons s'il n'existe pas en France des contrées malsaines où l'air est vicié par les marais, et où l'on pourrait cultiver cette plante sans augmenter le danger. La plaine du Forez, par exemple, ne saurait être plus infecte si les étangs et les marais qui la coupent étaient convertis en rizières ; il y aurait au contraire une grande amélioration, que l'on pourrait racheter en étendant cette culture sur une plus grande superficie. La plante du riz est essentiellement marécageuse ; elle est insatiable d'eau ; à cette condition près, toute espèce de terrain lui convient : dès-lors, quel avantage ne trouverait-on point dans les marais de la Bresse, de la Sologne, des environs de Narbonne, de Montpellier, etc., de pouvoir consacrer ces lieux infects à sa culture.

M. de Lasteyrie a observé que le climat de la plupart des départemens de la France était très-convenable à la culture du riz ; mais les procédés pour le cultiver doivent nécessairement varier suivant les pays. En Piémont, on le sème au mois de mars, après avoir labouré la terre comme pour le blé ; on le couvre aussitôt avec une mare d'eau de quinze à vingt centimètres de hauteur. Huit ou dix jours après, on fait écouler cette eau, pour que la chaleur puisse favoriser le germe. Après être resté à découvert pendant deux ou trois jours, on y remet de l'eau jusqu'au mois de juillet, époque ordinaire de sa moisson. Les cultivateurs de cette plante ont soin d'augmenter ou de diminuer la masse d'eau qui couvre les rizières, suivant que la température est plus ou moins élevée ; ils parviennent, par ce moyen, à maîtriser les effets nuisibles des variations de l'atmosphère.

Nous avons raisonné jusqu'à présent sur la culture du riz dans la supposition où il serait physiquement impossible d'en améliorer le système ; nous examinerons maintenant s'il peut exister des moyens pour cultiver ce végétal sans vicier l'air au point de compromettre l'existence humaine. Le riz est, comme nous l'avons déjà fait observer, une plante éminemment marécageuse. Les quatre-vingt-dix variétés reconnues par M. Anderson sont toutes insatiables d'eau ; la condition du climat étant la même, on pourra le cultiver sur tous les points du globe où il sera possible d'amener les eaux. Parmi les modes de culture usités jusqu'à ce jour, celui par arrosemens périodiques semble, à plusieurs égards, mériter la préférence. M. de Lasteyrie, qui l'a vu pratiquer en Espagne, le trouve aussi le plus convenable, sous le rapport de la salubrité publique. On inonde les rizières au coucher du soleil, et l'on a soin qu'il ne reste plus d'eau à son lever : on évite par là la corruption de l'eau. Les Chinois, pour suppléer au terrain qui leur manque, construisent, avec des bambous et des nattes, des radeaux sur lesquels ils mettent de la terre, et forment des îles flottantes, sur lesquelles ils sèment et cueillent le riz, sans autre irrigation que par les racines mêmes de cette plante. D'après cela, ne serait-il pas possible d'arroser les rizières de manière à ce que l'eau arrivât à la racine des plantes sans inonder la surface de la terre? On pourrait arriver à ce résultat en pratiquant, dans une terre qu'on voudrait établir en rizière, des canaux souterrains à des distances qui permettraient à l'eau de pénétrer la masse de terre intermédiaire. Ces canaux, faits avec de simples empierremens, de tuiles creuses renversées, de fagots même, communiqueraient à deux aqueducs principaux, l'un d'arrivée, l'autre de fuite. Ils seraient combinés de manière à ce que les eaux, venant de bas en haut, pour se mettre en équilibre, inonderaient la couche de terre végétale jusqu'à quinze ou vingt centimètres en contre-bas de sa superficie; cette dernière partie serait aussi facilement humectée par le seul effet de la capillarité. On pourrait être assuré par là d'éviter tous les effets nuisibles qu'on reproche aux rizières.

A cet article, extrait du *Bulletin industriel* de Saint-Étienne, nous allons donner le résumé d'un autre qui a paru dans le *Journal des Maires*.

Les propriétaires riverains du Pô, en Italie, savent tirer parti des terrains les plus humides, et y récoltent du blé. Ici, tout desséchement complet étant impossible, ils font servir une portion de la terre à ressuyer l'autre, et ils ne perdent pas, pour cela, la plus petite portion de terrain : 1.º Ils labourent, comme nous, en sillons, mais ils donnent à ces planches une largeur triple des nôtres, ce qui d'abord réduit au tiers le nombre des sillons de ressuiement, et par conséquent la quantité de terrain soustrait aux céréales, puisqu'on ne peut semer dans ces sillons, qui deviennent autant de réservoirs particuliers livrés à l'écoulement des eaux; 2.º ces sillons ne restent pas complétement inutiles, comme chez nous, parce qu'ils y sèment du trèfle ou de la luzerne, qui agit en absorbant, par ses racines et par ses feuilles, une partie de l'humidité superflue. Après le sciage du blé, ces plantes fourragères donnent d'ailleurs, en longs rubans de verdure, une récolte accessoire, ou tout au moins un pâturage excellent qui se renouvelle plusieurs fois pendant l'été; 3.º les fossés de ceinture, dont la pièce de terre doit être entourée, sont tout à la fois, dans nos terres basses, des repaires d'insectes, des foyers de fièvres pernicieuses, et l'objet d'un entretien dispendieux. En Piémont, après avoir creusé ces foyers à pic jusqu'à huit à neuf pieds en contre-bas du sol, au lieu de les laisser à jour, on les remplit de cailloux ou de branches d'arbre, dont les interstices servent de filtre aux eaux superficielles, et l'on répand dessus une partie de la terre provenant de la fouille. De cette manière, le champ ne présente plus qu'une masse continue et productrice sur tous les points; d'autre part, comme le bois se conserve très-long-temps dans l'eau, on est dispensé pour long-temps de tout curement.

De la culture du riz à Ceylan par les naturels.

L'usage du riz étant à peu près général en France, ses colonies le cultivant peut-être trop peu; enfin, quelques positions, dans le midi du royaume (celles où l'on cultive l'olivier, l'oranger), n'étant pas tout-à-fait impropres à la culture de cette précieuse plante, nous croyons que nos lecteurs ne trouveront pas déplacé que nous les entretenions un instant de l'agriculture spéciale du Ceylan.

Il n'est aucune partie du monde où l'agriculture soit plus honorée et plus florissante que dans l'intérieur du Ceylan; et cependant, comme tous les autres arts, elle y est d'une extrême simplicité dans ses moyens et procédés.

On observera qu'ici c'est un témoin oculaire qui va parler, le docteur Davy.

« Partout où l'abondance et la position de l'eau le permettent, la culture du riz est générale.

1.º La première opération consiste à établir dans le meilleur état possible les bords du champ à cultiver;

2.º On y introduit ensuite l'eau à la hauteur d'un ou deux pouces;

3.º On foule le sol pour l'amollir, et on le laboure, ou on l'aguérise pendant qu'il est couvert d'eau;

4.º A cette première façon en succède une seconde absolument semblable, excepté qu'on emploie quelquefois les buffles pour piétiner le terrain; mais quelque moyen que ce soit, il est réduit en boue liquide;

5.º Lorsqu'il est dans cet état, on en égalise et l'on en unit bien la surface;

6.º Après avoir fait écouler l'eau, on sème à poignées,

comme le blé, le riz, qu'on a mis à tremper auparavant, et qui doit avoir commencé à germer ;

7.º Lorsqu'il est enraciné, et sans laisser au sol le temps de sécher, on ferme les rigoles par lesquelles on a retiré l'eau, et on l'introduit une seconde fois dans le champ ;

8.º Lorsque la plante est haute de deux ou trois pouces, on la sarcle, et l'on repique des plants là où il en manque ;

9.º On entretient l'eau au même niveau jusqu'à l'époque de la prochaine maturité du riz, et alors on la fait écouler, ce qui permet à la chaleur d'agir plus vivement sur la plante, qu'on moissonne aussitôt qu'elle est mûre, et l'on en extrait immédiatement le grain par le piétinement des buffles.

Depuis le jour de la semaille jusqu'à celui de la récolte, un champ de riz est gardé à vue durant la nuit, contre les dévastations des animaux sauvages, qui en sont très-avides.

Dans les terres basses, qui n'ont d'autres eaux que celles des pluies, qu'on recueille dans des réservoirs artificiels, on ne fait qu'une récolte, et la saison des semailles est toujours la même.

Au contraire, dans les montagnes et toutes les localités qui sont abondamment entretenues d'eau de source, le cultivateur n'a aucun égard à la saison pour les semailles, et, dans les bons sols, il fait deux récoltes, quelquefois même jusqu'à trois par an ; mais ce sont des exceptions rares, le riz occupant ordinairement la terre pendant sept mois : aussi, celle qui donne une double récolte, qui vient à maturité dans quatre mois, ne produit-elle qu'un grain de qualité inférieure. »

Il est à remarquer que les montagnes sont les plus favorables à la culture du riz, et que l'écrivain que nous citons dit, en propres termes : « Il est très-heureux que les parties les » plus froides, et par conséquent les plus saines à habiter, » soient aussi les plus convenables à cette riche culture ; car, » sans cela, l'intérieur serait inculte et sans habitations. »

Or, comme dans les latitudes les plus chaudes, les montagnes jouissent d'une température souvent pareille à celle du midi de la France, ne peut-on en conclure que le riz pourrait être cultivé en grand, et avec succès, sur les bords de la Méditerranée, à plus forte raison, dans les mornes des Antilles ?

Dans les terres basses, les champs où l'on cultive le riz sont communément d'une grande étendue, très-plats, et leur aspect est uniforme dans chaque saison, puisque la végétation est à peu près partout au même point.

Il n'en est pas ainsi dans les montagnes; les champs formant une suite de terrasses étroites, et s'élevant en amphithéâtre, présentent en tous sens un aspect très-varié, le riz s'y montrant à tous les degrés de la végétation, depuis le moment où il sort de la terre jusqu'à celui où on le moissonne. Aussi le narrateur dit qu'il serait impossible de trouver des paysages plus intéressans que ceux qu'offrent quelques parties des montagnes, où les efforts et les succès les plus admirables des cultivateurs contrastent, de la manière la plus étrange, avec ceux d'une nature âpre et sauvage au dernier degré.

Il dit aussi que les Européens reculeraient devant les travaux des Singalises pour former leurs terrasses, toujours très-étroites, mais communément longues, avec des murs élevés qui conduisent les eaux quelquefois à deux milles de distance, ou les font passer d'un côté à l'autre, dans des tuyaux de bois, à travers les montagnes.

On jugera de la simplicité des moyens de culture employés par les Singalises, en voyant celle de leurs instrumens aratoires.

La charrue pour les rizières est tout ce qu'on peut imaginer de plus léger, de moins cher et de plus simple. Les naturels la nomment *naguala*, et le joug de deux buffles qui y sont attelés *viaga*.

Le laboureur tient la charrue d'une main, et de l'autre l'aiguillon ou la gaule, *haweta*.

On a récemment introduit, comme un substitut de ce grossier instrument, la charrue écossaise, à laquelle on attelle des éléphans. Elle a très-bien réussi; et les naturels, en voyant sa puissance et la grande quantité de travail qu'elle opère dans un très-court espace de temps, n'ont point été rebelles à l'utile exemple que leur ont offert les Européens; ils ont adopté avec empressement ce puissant auxiliaire de leurs travaux.

Les instrumens de bois avec lesquels ils égalisent la terre des rizières sont aussi très-simples. Ils les nomment *anadal poorooa*. Ces grossiers instrumens, sur lesquels le conducteur est assis, sont traînés par des buffles. »

(Extraits des journaux étrangers.)

Le riz est aussi très-cultivé en Égypte, dans la Caroline, etc.; il n'est point sujet aux maladies qui attaquent le blé; lorsqu'il est cueilli à son point de maturité et qu'il est bien sec, il se conserve très-long-temps. L'on assure cependant qu'en Italie, le vent nommé *sciroco*, lorsqu'il souffle trop souvent, y cause une espèce de nielle.

Il y a aussi une autre espèce de riz sec que l'on cultive dans les terres qui n'ont besoin que d'être arrosées; mais cette espèce est très-rare et presqu'inconnue en Europe. Nous renvoyons, pour plus de détails sur la préparation du riz, au mémoire précité de M. Dufour.

ANALYSE DU RIZ.

Riz de la Caroline, par M. Braconnot.

Huile rance, incolore, analogue au suif.....	0,13
Sucre incristallisable.....................	0,29
Gomme..................................	0,71
Amidon.................................	85,07
Fibre ligneuse...........................	4,80
Substance glutineuse......................	5,60
Sel et traces d'acide acétique..............	0,4
Eau....................................	5
	100,00

Riz de Piémont, par M. Braconnot.

Huile rance.............................	0,28
Sucre incristallisable.....................	0,08
Gomme.................................	0,10
Amidon.................................	85,80
Fibre ligneuse...........................	4,80
Matière glutineuse.......................	5,60
Sel à base de chaux et de potasse..........	0,40
Eau....................................	7
	100,00

Idem, *d'après Vogel.* (1)

Huile grasse.......................................	1,05
Sucre...	1,65
Gomme...	1,10
Amidon...	96
Albumine soluble..............................	0,2
	100,00

Idem ; *d'après M. Vauquelin.*

Ce riz est presqu'entièrement composé d'amidon, d'un peu de matière animale et de phosphate de chaux, sans sucre.

Depuis, MM. Darcet et Payen ont donné une nouvelle analyse des riz Lombard et de la Caroline.

Le riz Lombard est en grains moins allongés et moins transparens que celui de la Caroline.

Desséchés l'un et l'autre à 100 degrés, le riz Lombard a perdu 13,80 sur 100 et le riz Caroline 13,28.

Dans cet état de siccité, la demi-transparence pour l'un et l'autre avait disparu ; les grains étaient blancs, opaques, offrant l'apparence de la farine comprimée ; alors, imbibés d'eau froide pendant vingt-quatre heures, tous deux ont absorbé 80 p 0/0 de leur poids de ce liquide. La plupart des grains de riz Lombard, en se dilatant par cette absorption d'eau, se sont fendus. Les grains fendus, dans le riz de Caroline, étaient en petit nombre.

Les deux échantillons séchés ont été mis dans dix fois leur poids d'eau, puis chauffés au bain-marie. Bientôt le riz Lombard s'est fortement gonflé, et graduellement divisé : cet effet n'a eu lieu que plus tard pour le riz Caroline, dont la division et l'augmentation de volume sont d'ailleurs restés moindres.

Les grains des deux riz desséchés occupaient, sous même poids, des volumes légèrement différens ; celui Lombardie était plus volumineux d'environ 1/40. 8 gramm occupaient 20,5 millimètres, tandis que la même quantité premier n'occupait que 20 centimètres cubes dans les circonstances autant que possibles rendues égales.

(1) Ce riz était desséché.

Nous avons cru devoir soumettre au nouveau mode d'analyse de MM. Persoz et Payen chacun des riz, afin d'essayer de résoudre la question controversée entre les chimistes, notamment MM. Vauquelin, Braconnot et Vogel, sur la présence ou l'absence d'une matière organique azotée dans le riz.

A cet effet, 10 grammes des grains entiers de chaque échantillon ont été soumis à l'action du liquide de la germination de l'orge, plusieurs fois renouvelé et mis en excès; une température soutenue de 65 à 70 degrés a constamment favorisé cette réaction spéciale.

Le résidu insoluble, soumis à un lavage méthodique, avec mille fois environ son volume d'eau, a conservé des restes d'organisation.

Ce résidu séché formait, pour chacun des deux riz, 12 centièmes du poids total; chauffé dans un tube, il a donné de l'ammoniaque, et les autres produits des substances animales.

Traité par une solution étendue de soude caustique, il s'est en grande partie dissous, laissant insolubles des flocons qui, assemblés, lavés et desséchés, pesaient 0,028 du poids total. ceux-ci, chauffés dans un tube, donnaient encore les produits es matieres organiques azotées. Traités de nouveau par une clution de soude, ils n'ont plus laissé que des traces de fibrilles insolubles.

Il nous paraît donc évident, d'après ces premières recherhes, dont les résultats se rapprochent de ceux obtenus par I. Braconnot, que le riz contient, dans une forte proporon, une matière azotée, et qu'ainsi peut s'expliquer la qualé éminemment nutritive, depuis long-temps reconnue, de lte substance alimentaire.

(*Journal de Chimie-médicale*, tome 9, page 221.)

GRAINES LÉGUMINEUSES.

Fèves de marais (*visia faba*, de Linné).

Il y en a plusieurs variétés :
fève de marais grosse. Fruit gros; très-cultivée.
— *ronde* ou *fève de Windsor*. Fruit gros, presque rond. lte fève est la plus grosse de toutes celles connues. Elle a e sous-variété, qui est la fève picarde, laquelle est moins sse et plus plate.

Fève petite ou *fève julienne*. Très-hâtive.

— *verte*. Elle est toujours verte, même sèche ; tardive.

— *naine* ou *fève à châssis*. Ne s'élève qu'à trois décimètres ; très-productive.

— *à longues cosses*. Hâtive. Ses fruits sont longs et nombreux.

La *féverolle*, *fève de cheval*, ou *des champs*, ou *gourgane*. Celle-ci paraît être le type de l'espèce. On la sème dans les champs pour la nourriture des chevaux, des porcs, etc. Ses fruits sont plus petits et offrent des tâches noirâtres.

Les fèves cueillies dans leur maturité et bien séchées se conservent long-temps. Si on les garde non écossées, elles sont propres à la germination au bout de cinq ans ; écossées, au bout de trois ans elles y deviennent impropres.

On cultive principalement en France la grosse fève de marais et la féverolle : l'une et l'autre de ces espèces sont attaquées, en vieillissant, par un ver qui n'a point encore fixé l'attention des naturalistes, et qui attaque également les pois. Dans le midi de la France, on le nomme *gourgoul*.

Vesce commune (*vicia sativa*, Linné.)

Ce fourrage est fort recommandé par les agronomes anciens et modernes. On le sème en mars, avril et mai, après un labour, dans toutes les terres, pourvu qu'elles ne soient pas marécageuses ni trop arides. Il en faut treize décalitres par demi-hectare. On le coupe lorsqu'il est en fleur, ou on le fait pâturer : c'est, selon Olivier de Serres, une source féconde pour les pays qui manquent de prairies naturelles ; mais il faut n'en donner aux vaches, brebis, agneaux, chevaux, etc., qu'avec circonspection et retenue, s'il est mouillé, parce qu'il les météoriserait. On le coupe aussi lorsque les gousses commencent à mûrir ; il est alors plus nourrissant, et ne météorise pas, ou peu ; il est bien, soit vert ou sec, de le mêler avec d'autres fourrages. On le laisse mûrir et la graine nourrit les pigeons.

Il y a une variété plus rustique, qu'on nomme *vesce d'hiver*; on la sème en août et en septembre, seule ou avec du seigle.

Vesce blanche, lentille du Canada (*V. pisiforme*, Linné)

On cultive ce fourrage dans le département de la Meuse; on le donne en vert, et on le fait pâturer.

M. Bosc assure que sa culture est plus avantageuse que l'espèce ordinaire, parce qu'on peut la couper trois fois, et qu'elle fournit ensuite un pâturage abondant l'hiver. Elle s'accommode des terres légères; ne dure qu'une année.

Les espèces dont je vais faire le dénombrement sont toutes très-bonnes pour la nourriture des animaux; mais comme elles rampent, il faut les semer avec des plantes de la même durée, qui servent de tuteurs, comme trèfles, sainfoin, mélilot de Sibérie, etc.

Vesce bisannuelle (*V. biennis*, Linné).

M. Thouin l'a souvent recommandée comme un excellent fourrage; il la semait avec le mélilot de Sibérie.

Vesce en épi (*vicia cracca*, Linné); *V. des buissons* (*V. dumetorum*, Linné); *V. des haies* (*V. sepium*, Linné); *V. lathyroïde* (*V. lathyroïdes*, Linné).

Cette dernière espèce est très-cultivée en Pologne dans les lieux secs et sablonneux, pour la faire pâturer aux troupeaux.

On cultive principalement les deux premières espèces soit pour fourrage, soit pour récolter la graine, qui sert à la nourriture des pigeons, etc. La farine des vesces a un goût particulier qu'elle communique au pain.

Analyse par Einhof.

Substance amère, aigre...............	3,84
Gomme..............................	4,01
Amidon.............................	34,17
Fibre amylacée......................	18,80
Membranes extérieures...............	10,08
Gliadine............................	10,86
Albumine............................	0,81
Phosphate de chaux et de magnésie....	0,08
Eau................................	18,63
Perte..............................	3,46
	100,00

Fourcroy et Vauquelin y ont trouvé en outre un peu de sucre et beaucoup de tanin. Nous allons faire connaître la substance qui est propre aux fèves, etc.

De la Gliadine.

Cette substance a été découverte par Einhof dans les fèves, les pois et les lentilles. On les fait gonfler dans l'eau, on les broie ensuite dans un mortier avec ce liquide qui dépose de la fécule, et l'on sépare par le filtre la gliadine qui est suspendue dans la liqueur. Cette substance est d'un brun jaunâtre, transparente, semblable à la colle-forte, soluble dans l'alcool, et insoluble dans l'éther et dans l'eau. Voyez ma *Chimie médicale.*

Cette plante est très-cultivée en Espagne, en Italie, en Egypte, dans la Turquie d'Asie, dans le midi de la France, etc.

Pois chiches ou garvanços.

Le pois chiche est la graine d'une plante légumineuse qui paraît avoir été connue depuis fort long-temps, puisque les grecs en ont fait mention sous les noms de *erebinthos* et d' *crios* ; nos anciens auteurs l'ont désignée sous les noms d' *cicer arietinus, cicer sativum,* etc. Diadelphie décandrie, famille des légumineuses.

M. Bérard père a publié sur cette légumineuse un article spécial que nous allons faire connaître :

Il paraît certain qu'il doit exister plusieurs espèces ou variétés de cette plante, et M. Dunal, notre savant collègue, croit que son histoire est encore à faire.

Plusieurs agronomes modernes assurent que cette plante est cultivée dans quelques contrées du nord pour en obtenir un fourrage que les bestiaux, et les vaches surtout, mangent avec beaucoup d'avidité, ils ajoutent même que ce fourrage fait produire beaucoup de lait à ces dernières. Il prescrivent de semer la graine en automne pour en obtenir du fourrage au printemps suivant et de la graine en été. Dans nos contrées, on la sème en mai.

Lorsque la plante est en pleine vigueur, elle est hérissée de vésicules oblongues qui ressemblent à des poils, et qui sont remplies d'une liqueur acide qui corrode la chaussure des personnes qui traversent les champs où se trouve la plante. M. Dispan, professeur de chimie à Toulouse, examina et décrivit cette liqueur, il y a environ 33 ans et lui donna d'abord le nom d'acide cicérique, mais il fut ensuite prouvé que c'était de l'acide oxalique. Il paraît que cet acide est nécessaire à la fructification, puisque l'on a observé que les plantes foulées ne produisent rien et dépérissent. (1)

Revenons à la graine de la plante qui nous occupe: ce légume est un fort bon aliment, quoique peu goûté à Paris et dans le nord de la France; mais nos habitans des départemens méridionaux en font grand cas; il est peu de propriétaires qui n'en cultivent: on attache même des idées religieuses à en manger à l'époque de la semaine sainte. Le docteur Chrestien emploie souvent, pour combattre des maladies bilieuses, des décoctions, des purées et du café de pois chiche.

En Espagne, on fait un grand usage de ce légume, et l'on m'a assuré à Barcelonne, que le roi Charles IV en faisait servir tous les jours sur sa table. J'y en ai vu deux espèces bien distinctes, désignées sous le nom commun de *garbanzos*: l'une est exactement la même que nous cultivons, et l'autre est double en volume; celle-ci est plus estimée et principalement cultivée à Madrid ou aux environs de cette capitale.

Nos agriculteurs, sans s'arrêter aux variétés botaniques des pois chiches qu'ils cultivent, ne font qu'une seule distinction qui porte sur la qualité; de sorte que, suivant eux, il y a des pois chiches de bonne cuite et des pois chiches de mauvaise cuite. La première cuit facilement, pourvu que l'on emploie de l'eau très-pure de fontaine ou de pluie, soit pour les faire gonfler la veille, soit pour la cuisson le lendemain. Il n'en est pas de même de la seconde; les pois restent toujours durs, malgré la pureté de l'eau et l'ébullition; ce qui a donné lieu à aider la cuisson par une légère lessive de cendres, par quelques décigrammes de potasse ou de soude, et enfin par l'eau dans laquelle on a fait cuire des épinards. (2)

_____

(1) Quand la plante est foulée, les vaisseaux de la sève sont meurtris, il y a alors interruption dans la nutrition, et par conséquent dépérissement. On n'a donc pas besoin de supposer la nécessité de l'acide oxalique pour expliquer, dans ce cas, la stérilité du pois chiche.

(2) L'eau d'épinards contient, d'après M. Braconnot, de

Ces auxiliaires produisent bien quelque effet ; mais les pois restent encore fermes et ils ont pris un goût désagréable.

Le vice de mauvaise cuite est attribué par les uns, à l'espèce particulière de la plante, et par d'autres à la nature du terrain. Ces opinions ne m'ayant pas paru fondées, je résolus de faire des expériences dans le but de découvrir la cause de la mauvaise cuite. J'avais déjà observé, en parcourant les propriétés rurales de nos environs, que les agriculteurs, très-occupés à l'époque de la récolte des grains, laissent leurs pois chiches, déjà mûrs, exposés pendant trop long-temps à l'ardeur brûlante du soleil d'été, qui blanchissait toute la fane de la plante et en rendait les graines très-dures. Cette observation m'avait fait présumer que la trop longue exposition de la plante à l'ardeur du soleil pouvait bien être la cause que je cherchais à découvrir.

Pour m'en assurer je fis préparer un carré de terre, sur lequel je fis semer séparément des pois chiches de bonne cuite, et de ceux de mauvaise cuite, bien reconnus pour tels ; ils furent soignés également et toujours dans les mêmes circonstances. Lorsque la plante fut fanée et le grain bien nourri, mais l'un et l'autre conservant encore une légère verdeur, je fis arracher séparément la moitié de chaque qualité, ce qui forma deux trousseaux de plantes, l'un de bonne cuite, coté N.o 1, et l'autre de mauvaise cuite, coté N.o 2 ; ils furent déposés dans une remise à l'abri du soleil.

Les deux autres moitiés de plantes restèrent sur pied huit jours de plus et exposées à l'ardeur du soleil, elles devinrent presque blanches. On les arracha et elles furent mises séparément en deux trousseaux, celui de bonne cuite fut coté N.o 3 et celui de mauvaise cuite N.o 4. Les quatre trousseaux furent séparément dépiqués, et les pois chiches en résultant furent mis en quatre petits sacs avec les numéros respectifs.

Je procédai ensuite à la cuisson de chaque numéro, en ayant soin de faire gonfler, la veille, avec de l'eau pure tiède, et en faisant cuire le lendemain en employant pour chaque numéro la même eau, le même temps, le même degré de feu, etc. ; il en résulta que les N.os 1 et 2 furent l'un et l'autre de

l'oxalate de potasse, un peu d'oxalate de chaux et une matière extractive.

très-bonne cuite, et que les N.os 3 et 4 furent de mauvaise cuite. On répéta plusieurs fois les cuissons et les résultats furent les mêmes. On peut donc obtenir des pois chiches de très-bonne cuite en semant ceux de mauvaise cuite : il ne s'agit que d'arracher la plante avant qu'elle soit entièrement fanée. Toutes les personnes à qui j'ai conseillé cette pratique ont obtenu les mêmes résultats.

On peut conclure des faits et expériences dont je viens d'avoir l'honneur d'entretenir la société, que nos propriétaires et cultivateurs, ayant maintenant la certitude d'obtenir constamment des pois chiches de très-bonne qualité, pourront donner plus d'étendue à la culture de ce légume et y trouver un bénéfice ; la vente en sera facile lorsque l'acheteur et le consommateur n'auront pas à redouter la mauvaise cuite.

Pois cultivés (Pisum sativum de Lin. *Diadelphie décandrie, famille des légumineuses).*

L'on connaît un grand nombre de variétés de pois : nous allons les présenter d'après leur précocité :

1.º *Pois hâtifs de première saison ou de primeur.*

Pois michaux, ou *petit pois de Paris.* Très-hâtif : on le sème près les murs.
— *de Ruelle.* Sous-variété du précédent.
— *de Francfort,* ou *michaux de Hollande.* Très-hâtif et très-productif.
— *de Nanterre.* Tendre.
— *baron.* Grain petit.
— *quarantain.* Très-sucré.
— *petits pois de Blois.* Très-productif.
— *pour châssis ,* ou *à bouquet sucré.* Pour bordure.

2.º *Pois hâtifs ou de seconde saison.*

Pois michaux de Hollande ou *pois de Francfort.* Très-hâtif. On le sème à commencer du premier jour de mars. Dans le midi de la France on le sème en février. Petites rames.

Pois à la moelle. A rames ; sucré.

— *Laurent.* Sucré.

— *en éventail.* Sans parchemin.

— *vert nain.* Très-sucré.

On sème tous ces pois en pleine terre, en mars. Ils s'élèvent peu.

3.o *Pois tardifs* ou *de troisième saison.*

Pois sans pareil. Très-sucré et très-productif

— *Marly.* Grain très-gros.

— *carré blanc.* Très-sucré.

— *carré à cul noir.* Bon en vert et en purée.

— *à longue cosse.* Très-productif.

— *vert de Nogent.* Très-tendre et sucré.

— *ridé de Knigt.* Très-sucré.

— *Clamart* ou *carré fin.* Sucré, très-bon.

— *sans parchemin.* Demi-rame ; sucré.

— *corne Bélier.* Grande cosse, sans parchemin.

— *œil de perdrix.* Sans parchemin.

— *turc.* Cosse très-tendre. Très-sucré.

— *gros vert normand.* Très-bon en sec.

Tous les pois tardifs se sèment depuis mai jusqu'en juin. Après juin on peut encore semer pendant vingt jours les primeurs.

Dutour donne le procédé suivant pour avoir des pois en hiver : on les écosse encore tendres et verts ; on les jette dans l'eau bouillante, et aussitôt qu'ils ont subi un ou deux bouillons, on les retire pour les jeter dans l'eau fraîche : on décante l'eau et on les fait sécher à l'ombre, et ensuite au soleil ardent ou au four. On les conserve dans des vases.

Les pois sont cultivés de temps immémorial ; ils offrent non-seulement une nourriture très-agréable à l'homme, mais encore un excellent fourrage pour les bestiaux.

Dans tout le midi de la France, on sème principalement l'espèce qui est connue sous le nom de *pois des champs* ; les grains en sont gros, blanchâtres et très-productifs.

Au bout de deux ans les pois perdent leur vertu germinative. Ils sont ordinairement attaqués par le ver qui ronge les fèves. L'analyse des pois mûrs a donné à M. Einhof ;

Sucre incristallisable................	9,11
Gomme....................	6,37
Amidon......................	39,48
Fibre amylacée...............	21,88
Gliadine..................	14,56
Albumine soluble...............	1,72
Phosphate acide de chaux..........	0,29
Eau......................	14,06
Perte.....................	6,89
	100,00

Haricot ou *faséole* (*phaseolus vulgaris*, Lin. *Même genre et même famille*).

Il y a un grand nombre de variétés ; on en compte trois cents. Voici les plus cultivées, qu'on divise en *haricots grimpans* ou *à rames*, qui s'élèvent de six à vingt pieds, et en *haricots nains* ou *sans rames*. Ils ne s'élèvent qu'à quatre décimètres, ou douze à quinze pouces.

1.° *Haricots grimpans ; ont besoin de tuteurs.*

Haricot de Soissons. Graine plate et blanche. On le mange sec.

—*prud'homme.* Graine ronde, blanche. On le mange en vert.

— *de Prague.* Rouge, graine ronde ; très-tardif, sans parchemin. Bon en vert et sec.

— *de Prague bicolor.* Aussi sans parchemin. Bon en vert et sec.

— *Sophie.* Graine blanche ; mange tout. Bon en vert.

— *sabre.* Graine aplatie, blanche. On le mange en vert et en sec. On le confit aussi en vert.

— *riz.* Grain très-petit, blanc. Bon en vert et en sec.

— *de Lima.* Grain blanchâtre. Bon en sec.

— *d'Espagne.* Forme une espèce, qui est le *phaseolus coccineus*, Lin. La graine est violette ou blanche. Bon en sec.

2.° *Haricots nains ; n'ont pas besoin de tuteurs.*

Haricot de Soissons nain ou *gros pieds.* Bon en vert et sec.

13*

Haricot nain hâtif de Hollande. On le sème comme très-hâtif, sous châssis. Très-bon en vert. On le sème aussi en pleine terre.

— *flageolet* ou *nain hâtif de Laon.* Graine cylindrique, blanche. Bon en vert et en sec.

— *nain blanc sans parchemin.* On le mange en vert.

— *sabre nain.* Graine blanche. Très-bon en vert.

— *deux à la touffe.* Bon en vert et en sec.

— *suisse blanc, rouge et ventre de biche, gris et gris bagnolet*; sont tous bons en vert. Le ventre de biche, le rouge et le blanc sont aussi bons en sec. On les fait sécher en vert pour l'hiver, surtout le bagnolet.

— *noir* ou *nègre nain.* Très-bon en vert et très-hâtif.

— *rouge d'Orléans.* Bon en sec; gros rouge.

— *nain jaune du Canada.* Très-hâtif; sans parchemin. Très-bon en vert et en sec.

— *de la Chine.* Bon en vert et en sec.

Tous les haricots, dans tous les pays, se sèment quand les seigles sont fleuris. A Paris, aux derniers jours d'avril jusqu'en août.

On sème pour *primeurs* les variétés les plus saines, à la fin de mars, sur couches, dans des pots, et, lorsqu'il y a de bonnes feuilles et que l'air est chaud, on les place en mottes dans des plates-bandes à bon abri.

Si on veut conserver des haricots avant leur maturité en gousses, pour en jouir l'hiver, on les cueille et épluche sans les casser; on les jette dans l'eau bouillante, et on les retire lorsqu'ils sont tant soit peu cuits. On les place sur des claies étendues pour les sécher au soleil ou à la chaleur du four, à la sortie du pain. On les conserve dans des vases bien bouchés. Les haricots, en cet état, conservent presque la couleur et la saveur qu'ils ont en les cueillant.

Les haricots sont une des légumineuses dont la conservation est la plus facile et la consommation la plus forte. C'est, en un mot, un des alimens les plus précieux.

Analyse des haricots secs, par Einhof.

Matière extractive âcre et amère............	5,41
Gomme avec phosphate et hydrochlorate de potasse.	10,57
Amidon......................	35,04
Fibre amylacée................	11,07
Gliadine impure...............	20,81
Albumine....................	1,58
Membranes extérieures...........	7,05
Perte.......................	0,55

Lentilles (ervum lens, Lin. Diadelphie décandrie, famille des légumineuses).

On compte plusieurs espèces de lentilles; les principales sont: *Lentille à la reine* ou *lentille rouge* (ervum lens minor).
Cette variété de l'*ervum lens* est fort cultivée comme fourrage vert et en sec, en mars et avril, en terres sèches et sablonneuses. On la sème souvent avec de l'avoine. On cultive aussi en grand cette lentille pour sa graine, qu'on mange cuite.

Lentille d'hiver (ervum lens hyemalis).

Cette variété, plus rustique, se sème en automne, avec moitié seigle, pour donner en vert aux animaux.

Ers ervillier, Komin. (ervum ervillia, Lin.).

Cette plante, nommée encore *orobe officinale*, est annuelle et cultivée comme fourrage dans plusieurs provinces de France; mais on ne la donne pas seule aux animaux, on la mêle avec d'autres pour prairies vertes ou pâturages.

Lentille à une fleur ou lentille d'Auvergne (ervum monanthos, Lin.).

On cultive cette plante pour sa semence, que l'on mange cuite et comme fourrage : on la sème en automne, en terre sèche et sablonneuse ; on la donne en vert ou en sec.

Les lentilles se conservent assez long-temps, et germent très-promptement ; elles perdent cette faculté en vieillissant D'après l'analyse de M. Einhof, sèches elles sont composées de

Extrait doux.   3,12
Gomme.   5,09
Amidon.   32,81
Fibre amylacée , gliadine et membranes.   18,75
Gliadine   37,32
Albumine soluble.   1,15
Phosphate acide de chaux   0,87
Perte.   0,29

MM. Fourcroy et Vauquelin y ont trouvé une huile épaisse et dans l'enveloppe du tannin.

Gesse (lathyrus sativus, LIN. *Diadelphie, pécandrie, famille des légumineuses).*

On compte plusieurs variétés de gesses ; les principales sont :

1.º La *gesse cultivée, lentille d'Espagne* ou *pois carré, lathyrus sativus.* On cultive cette légumineuse , soit pour sa graine, soit en fourrage ; elle s'accomode de toutes les terres. La gesse a la forme d'un carré long ; elle est de couleur feuille-morte claire ; elle se conserve long-temps, elle est peu cultivée en France.

2.º *Gesse chiche, jarosse, gairoutre, pois breton, petite gesse, gessetre, jarat (lathyrus cicera*, LINNÉ).

Cette espèce est plus petite que la précédente et encore moins cultivée. La farine qu'elle donne est très-nutritive.

Lupin blanc (lupius albus, LIN. *Diadelphie décandrie, famille des légumineuses).*

Cette légumineuse est très-cultivée en Espagne, en Italie et dans le midi de la France ; elle croît très-bien dans les terres légères et caillouteuses ; elle donne de bons pâturages ; la farine de ses graines est recommandée comme émolliente.

Nous allons joindre ici les tableaux des récoltes en céréales et légumineuses, dans le département de la Seine, en 1821.

Par M. le comte Chabrol.

(ANNÉE 1824.)

Espèce des grains et substances farineuses.	Nombre d'hectares ensemencés.	Nombre d'hect. de semence par hectare.	Produit total de la récolte en hectol.	Nombre de fois que chaque hectare a rendu la semence.	Poids de l'hecto¹. de froment et de seigle.		OBSERVATIONS
					1re qual.	2e qual.	
Froment.	4,788	3,90	71,777, 60	3, 64	»	»	
Méteil	69	3,90	1,035, 00	»	»	»	
Seigle.	3,191	3,80	63,777, 30	3, 34	»	»	
Orge.	2,257	3,90	50,127, 97	3, 59	»	»	
Avoine.	5,117	3,80	160,264, 44	»	»	»	
Légumes secs . . .	874	3,00	16,606, 60	6, 33	»	»	
Menus grains . . .	218	2,50	3,470, 36	6, 37	»	»	
Pommes de terre.	1,666	16,00	555,191, 20	13, 32	»	»	
Sarrasin	9	2,00	90, 00	3, 00	»	»	

Tableau des récoltes en grains et substances farineuses dans les arrondissemens ruraux du département de la Seine :

par M. le comte Chabrol. (ANNÉE 1824.)

ARRONDISSEMENT DE SCEAUX.				
Espèce des grains et substances farineuses.	Nombre d'hectares ensemencés.	Nombre d'hectol. de semence par hectare.	Nombre de fois que chaque hectare a rendu la semence.	Produit total de la récolte en hectol.
Froment............	2,789	3	4	33,108, »
Méteil.............	69	3	5	1,035, »
Seigle.............	1,663	3	6	29,934, »
Orge..............	1,118	3	7	23,418, »
Avoine............	2,948	4	8	94,336, »
Légumes secs......	243	2	3	1,458, »
Menus grains.....	74	2	4	592, »
Pommes de terre..	409	18	10	73,620, »
Sarrasin..........	9	2	5	90, »
ARRONDISSEMENT DE SAINT-DENIS.				
Froment...........	2,020	3,01	8	39,666, 95
Méteil.............	»	»	»	»
Seigle.............	1,528	3,80	6	34,838, 80
Orge.............	1,142	3,00	6	26,722, 80
Avoine............	2,160	3,80	8	65,937, 60
Légumes secs.....	651	3,00	8	15,144, 00
Menus grains.....	144	2,50	8	2,880, 00
Pommes de terre..	1,257	16,00	14	281,868, 00

Nous allons ajouter à ces deux tableaux, celui qu'a publié M. le comte Chaptal, dans son ouvrage sur l'industrie française, sur les productions des céréales et légumineuses dans tous les départemens. Quoique cet état ne soit qu'approximatif, il peut cependant être consulté avec fruit.

(Voyez le tableau ci-joint.)

(APPENDICE.)

FROMENT QUI MURIT EN 70 JOURS.

Vers la fin du mois de mai, les journaux ont fait mention d'une nouvelle espèce de froment que M. Hamilton de Plymouth a reçu de M. R. Potter, agent diplomatique de la Grande-Bretagne, près du gouvernement colombien ; il a été trouvé dans le voisinage de Vittoria, province de Caracas (Amérique Méridionale). M. de Humboldt dans la relation de son voyage dans les contrées équinoxiales du Nouveau-Monde en fait mention ; il assure qu'il parvient à parfaite maturité 70 jours après avoir été semé.

M. Hamilton désirant constater cette propriété, a distribué de ce froment à plusieurs de ses amis, pour le semer dans différens comtés ; il en a adressé 125 grains au célèbre agriculteur Loudon en le priant de le semer et de lui faire connaître son opinion sur la végétation de cette céréale et sur la quantité et la qualité de son produit, M. Hamilton s'est empressé de faire connaître à la société d'agriculture de Londres qu'après avoir tenu des grains de ce froment 24 heures dans une solution oxalique, il les a semés le 20 août 1833 ; le 29 du même mois ils étaient germés et les plantes sorties de terre. Cet agriculteur ajoutait qu'il espérait que dans le courant de novembre ce froment serait arrivé à parfaite maturité.

Beaucoup d'agronomes anglais pensent que ce nouveau froment s'acclimatera en Europe, et qu'il sera possible d'en obtenir trois récoltes par an quand on aura reconnu le sol et l'exposition favorables à sa culture.

M. Loudon n'est pas du tout de cet avis ; il craint que dans les pays froids et humides de l'Europe septentrionale ce nouveau froment ne puisse parvenir à son entier développement et à sa parfaite maturité dans le peu de temps énoncé par M. Humboldt, c'est-à-dire, dans l'espace de soixante-dix jours.

Les expériences qui doivent être faites en Angleterre sur cette nouvelle céréale méritent de fixer l'attention de tous les agriculteurs.

(Repertorio di Agricoltura.)

SECONDE PARTIE.

DES FARINES
ET DE LEURS PRINCIPES CONSTITUANS.

Des moyens propres à reconnaître leur bonté et à les conserver.

On donne le nom de farine à la poudre des céréales, des légumineuses, etc., obtenue par l'écrasement entre deux meules horizontales. On fait subir ordinairement à ces semences l'opération du lavage, tant pour les débarrasser de la terre qu'elles peuvent contenir que des grains avariés ou piqués qui, étant plus légers, viennent nager sur l'eau. Dès que ces graines sont bien lavées, on les étend sur des toiles au soleil pour les sécher convenablement et les porter ensuite au moulin. On doit avoir grand soin de ne pas y porter le grain humide, parce qu'il empâte alors la meule et que la farine que l'on obtient contient alors trop d'humidité, ce qui la rend susceptible de s'échauffer. D'un autre côté, le blé ne doit pas être desséché au dernier degré, parce qu'en cet état, si la meule tourne rapidement, la farine peut être brûlée, et conserver le goût dit de brûlé. Les grains non lavés et moulus conservent un peu de terre, aussi le pain en contient plus ou moins.

Les farines des céréales diffèrent entre elles, d'après les analyses de M. Vauquelin,

1.º Par la quantité d'amidon qui est, pour

le blé..................................... de 80 à 78
Pour le seigle........................ de.... 61,07
Pour l'orge........................... 67,18
Pour l'avoine........................ 80

14

2.° Par la quantité de gluten, qui est pour

le blé.. de 18 à 35

Seigle.. 9,48

Orge.. 3,52

Avoine, matière grisâtre, albumine glutineuse
(non encore déterminé)........................

3.° Matière sucrée.

Blé.............................. de 4,20 à 7,36

Seigle... 3,28

Orge... 5,21

Avoine, environ................................. 7

4.° Humidité.

Blé.............................. de 6 à 12

Seigle........................... de 6 à 10

Orge... 9,37

Avoine.......................... de 7 à 9,80

5.° Matière gommo-glutineuse.

Blé............................. de 5,28 à 8,80

Seigle (gomme)................................. 11

Orge (gomme)................................... 4

Avoine (gomme)................................ 2, 8

L'on voit par cet exposé que la farine du blé diffère moins de celle des autres céréales par les quantités d'amidon et des matières sucrées et gommo-glutineuses que par le gluten. C'est en effet ce principe qui détermine la fermentation panaire. Après le blé, le seigle étant la céréale qui en contient le plus, c'est aussi celle dont la farine se panifie le mieux après le froment. Nous nous sommes livré à un grand nombre d'essais avec les farines de seigle, d'orge et d'avoine, bien soigneusement blutées, et nous sommes parvenu, en y ajoutant de 20 à 25 pour 100 de gluten, à obtenir de fort bonnes qualités de pain.

Les farines du maïs, du sarrasin et du riz, diffèrent de celles des céréales par la quantité d'amidon, qui va à 81 dans le maïs et de 85 à 90 dans le riz, et par l'absence du gluten. Celle du maïs contient aussi 7,710 d'une substance particulière nommée *hordéine*, que M. Proust a trouvée faire les 55 de la farine de l'orge : on y trouve encore une autre substance découverte par Bizio, qu'il a nommée *zéine*.

Les farines des légumineuses sont dépourvues de gluten et bien moins riches en amidon, puisqu'elles n'en contiennent que les proportions de 32 à 38, aussi sont-elles bien plus difficiles à se panifier que les précédentes.

Dans l'exposé de l'analyse des blés de M. Vauquelin, nous avons fait connaître les caractères principaux des farines, ainsi que leurs propriétés; nous y renvoyons nos lecteurs. Nous allons nous borner à reproduire ici le tableau des quantités moyennes d'eau qu'une même quantité donnée de chaque farine absorbe sur 80 parties, pour former une pâte d'une égale consistance,

Farine brute de froment...................... 28,17
Idem de méteil............................ 27,80
Idem de blé dur d'Odessa.................. 28,00
Idem de blé tendre d'Odessa.............. 27,40
Idem de blé tendre d'Odessa, 2.ᵉ qualité...... 18,70
Idem des boulangers de Paris.............. 20,30
Idem des hospices, 2.ᵉ qualité............. 18,00
Idem des hospices, 3.ᵉ qualité............. 18,00

L'on voit qu'il existe une grande différence dans les quantités d'eau absorbée par les diverses espèces de farine; mais l'on ne peut en rien conclure sur les proportions de gluten contenu dans les farines, tant que l'on n'aura pas un moyen exact pour mesurer la consistance exacte des pâtes. Ainsi, la farine du blé dur d'Odessa, qui contient plus de gluten que les autres, aurait dû absorber beaucoup plus d'eau; le contraire est arrivé. Au reste, plus la farine absorbe de l'eau, plus le boulanger obtient de pain; mais ce pain contient moins de substance alimentaire, parce que le surplus, obtenu dans le poids, est dû à la plus grande quantité d'eau absorbée.

Comme la conservation des farines est la même pour toutes, nous allons en faire l'application à celle du blé.

Farine de blé.

La qualité de la farine du blé diffère suivant la qualité du blé, sa bonne conservation et sa préparation. Ainsi plus le blé sera sain, gros et bien nourri, moins il donnera de son; le contraire aura lieu pour les grains mal nourris, cueillis avant leur maturité, ainsi que pour ceux qui auront été mouillés. Ces farines contiennent alors beaucoup plus de son. Nous allons maintenant exposer les propriétés physiques qui caractérisent les diverses qualités de farines blutées.

CARACTÈRES PROPRES AUX DIVERSES FARINES DE BLÉ.

Les premières qualités bien blutées sont sèches, pesantes, d'un blanc qui a une teinte paille, s'attachant aisément aux doigts et prenant une espèce de cohésion quand on les presse. Celles qui sont parfaitement blutées portent le nom *de fleur de farine*, et dans le midi de la France de *farine de minot*.

La 2.e qualité, est moins pesante et d'un blanc plut mat.

La 3.e qualité, ou *farine bise*, est d'un jaune un peu brun.

La 4.e qualité, ou *farine piquée*, est parsemée de taches grises.

La 5.e qualité se compose des farines dues à des blés altérés; leur odeur annonce leur état.

Il est aussi des farines grisâtres qu'on nomme brûlées, parce qu'elles ont été très-mal moulues. Il est aussi d'autres moyens que nous allons exposer.

Moyens d'épreuve.

1.o On met dans le creux de la main une pincée de farine, dont on unit la surface avec la lame d'un couteau; en la regardant ensuite horizontalement et au grand jour, on reconnaît si elle contient du son, ainsi que sa finesse et sa blancheur. M. Parmentier assure que plus elle est douce au toucher et plus elle s'allonge, plus l'on doit espérer d'en obtenir une bonne qualité de pain.

2.o L'on remplit le creux de la main de farine, et l'on en fait avec de l'eau une boule pas trop ferme. Si cette farine a absorbé le tiers de son poids d'eau et que la pâte obtenue, lorsqu'on la tire en divers sens, s'allonge bien sans se déchirer, et qu'exposée à l'air elle prenne du corps et s'y affermisse promptement, on peut en conclure que le blé est de bonne qualité et la farine bien préparée; le contraire a lieu si cette pâte mollit, qu'elle s'attache aux doigts en la maniant, qu'elle soit courte, ou, si l'on veut, qu'elle se déchire lorsqu'on la tire en divers sens.

3.o On mêle une livre de farine avec demi-livre d'eau froide; on la pétrit bien pour en faire une pâte ferme, sur laquelle on fait tomber ensuite un filet d'eau, en la malaxant sur un tamis jusqu'à ce que l'eau passe claire; ce qui reste est le gluten.

Si la farine, dit M. Parmentier, appartient à un blé de bonne qualité, elle fournira, par livre, de quatre à cinq onces de matière glutineuse, molle, d'un jaune clair, et sans mélange de son. Si elle provient, au contraire, d'un blé humide, ou mal moulu, ou tamisé par un bluteau trop ouvert (à mailles trop larges), elle n'en donnera que trois ou quatre onces au plus, dont la couleur sera d'un gris cendré et qui contiendra des particules de son.

Si la farine provient d'un blé gâté, elle ne contiendra que très-peu ou point de matière glutineuse, qui, alors, n'est ni aussi tenace, ni aussi élastique, attendu que les altérations qu'éprouve le grain détruisent en partie le gluten.

Cette épreuve est très-bonne pour distinguer aussi la farine du blé de celle des autres céréales qui, ainsi que nous l'avons montré par leur analyse, ne contiennent que très-peu de gluten.

Farine de blé avarié.

Une instruction ministérielle, dit le rédacteur de la *Bibliothèque physico-économique* (année 1825), annonce qu'on peut obtenir du pain de bonne qualité des farines de blés rouges et moisis, en les mélangeant avec moitié et plus de bonnes farines. Cette assertion, d'une plume inexpérimentée, est dénuée de tout fondement; malheur à qui s'y fierait! Il est de toute impossibilité de faire un pain passable avec ces farines, même en les additionnant à deux tiers de leur poids de farine choisie. La pâte préparée, avec les farines avariées a une saveur désagréable et une odeur souvent cadavéreuse; elle se délite dans le bouillon et cause de grands dérangemens dans les estomacs faibles. La santé publique exige que tout grain rongé de vétusté, moisi ou fortement piqué des insectes, soit rejeté de la consommation comme essentiellement insalubre. Nous avons été témoin, en 1802, d'une épidémie désastreuse, à Rome, causée par l'emploi de farines avariées reçues dans le port de Civita-Vecchia et mises imprudemment dans le commerce.

Les blés légèrement germés donnent un pain d'assez bonne qualité, mais qui ne vaut jamais, comme aliment, celui obtenu de la farine ordinaire. La *Bibliothèque physico-économique* (année 1817) rapporte un procédé pour l'emploi de cette farine, que nous allons faire connaître.

14*

Farine provenant du blé coupé avant sa maturité.

A l'article *Blé* nous avons fait connaître l'infériorité du blé coupé avant sa maturité tant sous le rapport de sa conservation que sous celui des semences et de la panification. Il restait à comparer par l'analyse chimique, les farines provenant du même blé recueilli avant et à son point de maturité. M. le professeur Lavini vient de publier sur ce sujet un curieux mémoire dans le tome 37 des mémoires de l'académie royale des sciences de Turin. Nous ne suivrons pas l'auteur dans le détail de ses recherches ; nous allons nous borner à en faire connaître les résultats.

1.º Les matériaux les plus abondans dans la farine du blé non parvenu à maturité c'est l'amidon, mais dans des proportions inférieures à celles de la farine mûre ; celle-ci en contient 78 pour 100 et l'autre 60 ;

2.º Qu'une des principales substances contenues dans cette dernière est, après l'amidon, une matière extractive muqueuse qui fait environ un quart de son poids ;

3.º Que le gluten est dans cette dernière dans les proportions d'environ 1/20 tandis qu'il est de près de 28 pour 100 dans la farine du blé mûr ;

4.º Que l'albumine ne varie pas beaucoup dans les deux farines ;

5.º Que dans la farine du blé non mûr existe une résine verte d'environ 1/20 du poids de la farine qui probablement, pendant la maturité, se convertit en gluten avec une partie de la substance extracto-gommeuse ;

6.º Enfin, que la farine des blés non mûrs n'est point exempte des oxides de cuivre, de fer et de manganèse puisqu'on les y trouve comme dans celle des blés mûrs. M. Lavini fit l'opération sur la farine des blés non mûrs recueillis de 20 à 28 jours avant que les épis eussent acquis cette couleur blonde qui est l'indice de leur maturité. Il recueillit alors, dans le même champ, de ce blé et le fit réduire de suite en farine ; il obtint de celle-ci :

Gluten de Beccari, composé suivant Berzelius et Einhoff,
de gluten proprement dit........................ 28
et d'albumine végétale et de substance amylacée... 78
                                                   ———
                                                   100

Il en résulterait que dans l'espace de 25 jours au plus qui ont précédé la maturité parfaite du grain il se forme la plus grande partie du gluten c'est-à-dire environ 20 pour 100.

Farine de paille de froment.

Le *Journal du Commerce* (mardi 11 mai 1830) a annoncé, et plusieurs autres journaux ont répété, qu'un meûnier des environs de Dijon, après avoir repiqué ses meules et manquant de son pour les nettoyer, a mis entre elles de la paille de froment hachée, et après quelques tours de meule elle en est sortie en farine grise qui avait quelque rapport avec la farine de froment. Des chevaux l'on mangée avec appétit; convertie en bouillie, des cochons l'on dévorée; enfin on en a fait du pain qui n'a pas été trouvé mauvais. M. le préfet du département de la Côte-d'or a fait soumettre cette farine à une analyse rigoureuse pour constater si elle est réellement nutritive pour l'homme.

D'après la *Revue Nationale* (tome 2, livre 5, pag. 180) cette découverte ne serait ni nouvelle ni due au hasard; elle serait le fruit des raisonnemens et des expériences de M. Joseph Maître, fondateur du bel établissement d'agriculture de Vilote, près Chatillon, qui, depuis long-temps, moud non-seulement de la paille de froment, mais encore du foin, de la luzerne, du trèfle et du sainfoin pour ses troupeaux, notamment pour ses brebis et ses agneaux.

(*Annales de la Société d'Horticulture*. T. 7, page 107.)

Procédé pour faire usage de la farine de blé germé ou avarié.

Dans tous les temps, principalement lorsque les substances sont hors de prix, la ménagère use de tous les moyens économiques que l'expérience a justifiés. En voici un qu'elle accueillera sans doute; son objet est de rendre la farine des blés germés ou tarés propre à être facilement employée dans la fabrication du pain. Il nous est indiqué par le respectable M. B. L., secrétaire perpétuel de la société d'agriculture du département de Loir-et-Cher. L'essai public a eu lieu à Blois, en décembre et janvier 1828 et 1829, en présence des commissaires nommés par cette société, et devant plusieurs citoyens tous intéressés à connaître et à pratiquer un procédé devenu malheureusement nécessaire aujourd'hui.

Première expérience. La farine du grain germé ou taré, rapportée du moulin, est préalablement soumise à l'opération du blutage ; avant de l'employer, on la place dans des corbeilles et on la met sécher pendant 4 à 8 heures dans un four, à un degré de chaleur du tiers de celle convenable pour la cuisson du pain. Par cette dissiccation, la farine perd nécessairement une grande partie de son poids ; mais elle retrouve les qualités que l'avarie lui avait enlevées. Sortie du four on la laisse refroidir et on la pétrit comme de coutume. Le pain obtenu est aussi bon que celui provenant des meilleures récoltes.

Deuxième expérience. Trois kilogrammes ou six livres de farine de blé germé ou avarié, ont été mis dans un plat creux de terre vernissée, et renfermés dans le four pendant cinq heures. Retirés ensuite, la surface de la farine était couverte d'une croûte légère, un peu jaune, ayant une faible consistance de cuisson. Rompue, il en sortit une vapeur considérable et fétide qui s'éleva à plus de soixante-cinq centimètres (2 pieds) de haut durant l'espace de cinq à six minutes. La farine se soulevait par petites masses. Refroidie, elle ne pesait plus qu'un kilogramme quatre-vingt-quatre grammes (3 livres trois quarts). Le lendemain matin elle fut écrasée avec les mains, le soir on l'a pétrie ; la pâte a été un peu plus longue à lever, et le pain qu'elle a donné était très-bon. Il y en avait deux kilogrammes soixante grammes ou cinq fortes livres.

CONSERVATION DES FARINES.

Les farines provenant d'un blé ou de toute autre céréale légumineuse, récoltés dans leur état de maturité et de siccité parfaite, se conservent bien mieux que celles qu'on obtient des blés verts ou humides. C'est pour cela que nous avons recommandé, lorsqu'on lave les blés pour les réduire en farine, de les bien faire sécher ensuite : sans ces précautions la farine s'échauffe et ne tarde pas à éprouver les mêmes altérations que le blé. En admettant maintenant que les farines proviennent d'un blé sain et bien préparé, on peut les conserver de six manières différentes : en *rame*, en *garenne*, *étuvées*, *en sacs empilés*, en *sacs isolés*, à *vases clos*.

Farine conservée en rame.

Ce moyen consiste à répandre la farine qui sort du moulin, sur le plancher, et à ne la bluter qu'un mois et demi après: par ce moyen la farine perd de son humidité. Nous blâmerons ce procédé, attendu que la farine reste ainsi exposée à l'action des rats, des chats, ainsi qu'à la poussière, et qu'elle peut contracter ce goût qu'on nomme *du sol.*

Farine en garenne.

Cette méthode diffère de la précédente en ce qu'on blute la farine avant de la répandre sur le plancher, et qu'on la remue plus ou moins souvent d'après la température atmosphérique. Nous regardons ce mode comme vicieux, d'après les raisons précitées. ──

Farines étuvées.

Ce procédé consiste à passer les farines à l'étuve, comme nous l'avons dit pour le blé. Mais ce moyen, outre qu'il est long et coûteux, a le grave inconvénient d'altérer la farine.

Farines en sacs empilés.

C'est ainsi qu'on les conserve dans la halle de Paris, et dans les dépôts particuliers. Cette méthode est vicieuse, attendu que les parties de ces sacs superposées les unes sur les autres, n'ayant point le contact de l'air, la farine s'échauffe à la surface et se pelotonne. Cette altération s'étend peu à peu à l'intérieur. M. Delacroix ajoute un fait bien remarquable : Dans les grandes chaleurs, dit-il, il suffit d'un orage pour que le fluide électrique les pénètre et les détériore ; c'est quelquefois l'affaire de vingt-quatre heures.

Farines en sacs isolés.

Ce moyen nous paraît préférable à tous ceux que nous venons d'exposer. On doit placer les sacs sur un sol parqueté, ou sur des planches, et les isoler les uns des autres ;

par ce moyen l'air circulant autour d'eux, la farine ne s'échauffe pas aussi aisément, et perd même une partie de son humidité. De cette manière on peut les visiter souvent, les changer de place, et les retourner, comme on dit, *cul sur gueule*. Les greniers où l'on dépose ces sacs doivent être bien secs et bien aérés. Dans le midi de la France, principalement dans les départemens de l'Aude, de l'Hérault, des Pyrénées-Orientales, etc., où chacun pétrit chez soi son pain, l'on conserve ainsi toute l'année sa provision de farine pendant un an, et même un an et demi, sans en prendre aucun soin, et, quoique cette farine ne soit blutée qu'au fur et à mesure qu'on veut la pétrir, elle ne prend nullement la couleur, l'odeur et le goût du son, comme le fait pressentir M. Parmentier. Dans les pays précités, tous ceux qui ont quelque aisance font leur provision de farine pour au moins quinze mois; ils mangent rarement de la farine nouvelle, qui, d'après leur expérience, donne moins de pain que la farine ancienne. Nous avons vu, chez quelques propriétaires, des farines aussi bien conservées, et sans aucun soin, depuis plus de deux ans. Ces farines ont une très-belle apparence, mais le pain qu'elles donnent a une saveur qu'ils nomment de *viellun*, qu'on peut traduire par le mot de vétusté.

La ville de Paris a également adopté cette méthode de conserver les farines en sacs isolés, et dans des greniers disposés de manière à ce que l'air circule tout autour. L'on conserve ainsi celles de première qualité dix-huit mois et même deux ans.

Conservation des farines dans des vases clos.

L'on peut également conserver les farines dans des vases clos comme celui qui a été proposé par M. le comte Dejean, et même dans les silos bâtis et bien confectionnés. M. Delacroix, dans son ouvrage précité, dit avoir conservé dans son grenier clos, pendant un été entier et une partie de l'hiver, de la farine faite avec du blé de Brie de 1823, récolté mouillé. La farine de cette année était regardée, dans tous les magasins de Paris, comme inconservable : elle ne s'est nullement gâtée ni altérée dans les greniers clos de M. Delacroix, n'y a également contracté aucun mauvais goût, et a donné de très-bon pain. J'ai conservé, ajoute-t-il, pendant deux ans, pour le compte de M. Hédouin, négociant à Saint-Denis, des farines en très-bon état. Il me reste de cette farine ; elle entre dans sa quatrième année de conservation ; elle est encore parfaite, et donne du pain excellent ; elle s'est même boni-liée. Elle est, en un mot, dans un état de conservation telle-ment satisfaisant, qu'elle pourrait voyager et traverser, sans se détériorer, les mers lointaines, beaucoup mieux que ne pourrait le faire de la farine nouvelle ; presque entièrement semblable au vin vieux, elle a, suivant lui, perdu ses princi-pes fermentescibles. Il serait à désirer que M. Delacroix eût étayé cette opinion de quelques preuves et expériences exac-tes. Jusqu'alors nous ne pourrons nous empêcher de ranger ces données parmi les hypothèses ; car, ainsi que le fait ob-server judicieusement Bacon, l'expérience est la démonstra-tion des démonstrations. Nous avons même à opposer à M. Delacroix les recherches de M. Parmentier. Ce savant, en parlant de la conservation des farines, dit : Dans le Nouveau-Monde nous n'avons approvisionné nos colonies qu'en fa-rines, et lorsqu'elles se sont gâtées en passant les mers, cet accident a toujours été la faute de ceux qui ont négligé de se servir de blés secs, qui ne les ont pas dépouillés, avant de les passer sur les meules, de leur humidité surabondante, qui n'ont point employé une mouture convenable, qui les ont embarquées dans un état de malpropreté, remplies d'insectes, et déjà sur la voie de la décomposition. D'après les observa-ions précitées, et celles que nous devons aux navigateurs, il a démontré que les farines bien préparées, et provenant de lés sains et secs, se conservent très-bien pendant les longs voyages nautiques.

COMMERCE ET BLUTAGE DES FARINES.

Dans tout le midi de la France, chacun conserve, sans aucun inconvénient, sa provision de farine non blutée. M. armentier faisait des vœux pour qu'on établît un commerce e farines, comme plus avantageux pour le boulanger et le onsommateur que celui du blé. Depuis une quinzaine d'an-ées les désirs de ce philanthrope ont été exaucés. En effet, on trouve maintenant dans tout le midi de la France des archands de farine où le petit peuple va s'approvisionner.

Ce genre de commerce leur offre les avantages suivans : ° c'est qu'en achetant un sac ou un demi-sac de blé, on est obligé de le porter au moulin et d'y perdre souvent une journée pour le réduire en farine ; 2.º d'y éprouver un déchet plus ou moins grand, et quelquefois même d'être volé par le meunier ; 3.º de prendre un blé de mauvaise qualité ; 4.º de connaître le poids exact de la farine achetée ; 5.º enfin, de prendre la plus petite quantité de farine que l'on désire. A côté de ces avantages, nous allons placer les inconvéniens qui sont attachés à ce genre d'approvisionnement : 1.º c'est qu'on peut vendre de la farine provenant d'un blé de mauvaise qualité ; 2.º c'est que cette farine peut être mêlée avec celle d seigle, de fèves, de vesces, etc.; 3.º comme ces marchands de farine la vendent non blutée, il est à craindre aussi qu'ils n'y mêlent du petit son. Nous avons eu occasion de nous convaincre de cette fraude dans plus d'une localité, et notamment à Narbonne. L'on sent qu'en pareille occasion une telle farine doit éprouver un grand déchet par le blutage, et ne donner que peu de pain. Une telle fraude devrait attirer l'attention de l'autorité sur le coupable. Il nous paraît qu'on remédierait à ce grave inconvénient, en ne leur permettant de vendre que de la farine blutée ; par ce moyen on courrait moins de risque d'être si grandement volé.

Il y a plusieurs établissemens dans le midi de la France où l'on trouve des *bluteries* dites *minoteries*, où l'on tire presque tout le son possible des bonnes farines. Celles-ci portent, dans le commerce, le nom de *farines de minot* ; elles sont expédiées en balles, et se conservent très-bien. Ces farines sont trop chères pour le bas peuple ; elles ont, outre cela, l'inconvénient de donner un pain qui se sèche trop rapidement ; aussi les boulangers les mêlent avec d'autres et ne les emploient que pour rendre leur pain plus blanc. On prépare beaucoup de ces farines à Toulouse, d'où elles sont expédiées ensuite à Marseille et dans tout le Midi. A Narbonne, M. Nombel a également établi une minoterie qui rivalise avec celles des bords de la Garonne. Ces farines sont très-sèches et prennent plus d'eau, pour former une pâte d'une consistance égale, que les autres. Nous ajouterons ici une remarque, c'est que nous croyons que quelque soin qu'on prenne pour le blutage des farines, il y reste toujours un peu de terre si le blé n'a pas été lavé, et même un peu de son réduit en poudre très-fine. Il y a quelques années qu'on lavait tous les blés destinés à la fabrication des farines de minot ; cette pratique est maintenant presque entièrement abandonnée : l'on se contente de choisir de bons blés, bien secs, et de les cribler soigneusement.

Description d'un bluteau à farine.

Nous allons reproduire ici la description qu'en a donnée M. R., dans le *Nouveau Cours complet théorique et pratique d'Agriculture.*

Les bluteaux sont nécessairement composés de deux pièces principales, le bluteau proprement dit, ou cylindre, et la grande caisse, ou le coffre de bluteau. (Voyez *figure* 10.) La caisse qui renferme le bluteau n'est pas représentée ici, parce qu'il est aisé de s'imaginer le cadre recouvert de planches; quelquefois même on supprime les planches et on recouvre le tout par de grosses toiles à plusieurs doubles. La caisse du bluteau à farine est un grand coffre de bois, long de sept à huit pieds, large de dix-huit ou vingt pouces, d'environ trois pieds de haut, élevé sur quatre, ou six, ou huit soutiens de bois en forme de pieds. Ces proportions doivent être plus étendues pour les bluteaux à grains.

Le cylindre A, ici représenté, est pour le grain; il est alternativement garni de feuilles de tôle percées à jour comme des râpes C C, et de fils d'archal E E E, posés parallèlement les uns aux autres.

Dans les bluteaux à farine il existe trois ou quatre divisions, suivant l'espèce de pain qu'on veut faire, et le bahut est coupé par autant de divisions faites avec des planches, qu'il y a de différentes toiles pour recouvrir le cylindre, en sorte que chaque division de planches forme une espèce de coffre séparé qui renferme une farine relative à l'étamine qui couvre le cylindre dans cette partie, ce qui donne la première, la seconde, la troisième farine, et le gruau, que quelques personnes appellent *fine fleur de farine, farine blanche, farine, et fins grains.*

Dans les ménages un peu considérables, la farine telle qu'elle vient du moulin, est transportée dans l'appartement au-dessus du bluteau : on ménage une ouverture dans le plancher; on y pratique un couloir, soit avec des planches, soit avec de la toile qui laisse tomber la farine dans la trémie B. Si le couloir est en bois, son extrémité inférieure est bombée par une ficelle ou coulisse qu'on ouvre et ferme à volonté ; elle sert à ne laisser couler à la fois que la quantité suffisante de farine qui doit entrer dans le bluteau. Si au contraire le couloir est de toile, une simple ficelle suffit pour la fermer. La trémie elle-même peut être garnie d'une tinette à la base. Lorsque la farine est versée dans la trémie, elle coule dans le cylindre, qui est un plan incliné ; alors on le fait tourner avec la manivelle F, et la pente détermine la farine à passer de l'étamine la plus fine sur l'étamine la plus grossière ; enfin le son tombe par l'ouverture D, qui quelquefois contient une cinquième casse plus grande que les autres pour le recevoir, ou bien l'on attache un sac à cette ouverture qui le reçoit.

Bluterie à farine.

Nous avons déjà dit qu'il existait sur les divers points de la France de grandes bluteries montées diversement ; pour l'intelligence des lecteurs nous allons transcrire ici un article de M. Parmentier.

C'est une partie très-intéressante de l'art du meunier, elle avait déjà fait des progrès, que le boulanger ne connaissait pas encore ; son objet est de mettre à part la farine et l'écorce, ou le son, deux substances très-distinctes dans toutes les semences céréales.

La bluterie a eu, comme tous les arts, son enfance : il y avait des hommes qui allaient de maison en maison opérer cette épuration : et ils étaient connus sous le nom de tamisiers, parce qu'alors les bluteaux dont on se servait avaient la forme de tamis.

Les paniers d'osier et de jonc ont été les premiers bluteaux connus ; mais, trop clairs, ils laissaient passer presque la totalité des grains, quoique grossièrement moulus, de manière que la farine entraînait avec elle presque la totalité du son que le grain contenait. Tel fut néanmoins pendant des siècles l'état de la mouture chez les peuples anciens ; il y en a encore qui n'ont rien imaginé de mieux.

L'augmentation du diamètre des meules, broyant les grains d'une manière moins imparfaite, il fallut tenir les bluteaux plus serrés pour obtenir une farine moins grossière, plus pure, et ne pas laisser autant de farine dans le son. Le cuir des animaux, le fil d'archal, la laine, la soie, le chanvre et le lin, furent successivement employés à en former le tissu. Aujourd'hui ils sont composés de plusieurs lits de diverses grosseurs, pour tirer à part, spécialement du froment, la farine, les gruaux blancs, les gruaux bis et les sons ; on leur a même ajouté le *sas* et le *lanturlu*, deux instrumens qui ont pour objet de séparer les rougeurs, c'est-à-dire la pellicule interne du son, confondues avec les gruaux, et qui ternissent leur blancheur.

Quelle que soit la perfection que la bluterie ait atteinte, il lui est impossible de restituer à une farine les qualités qu'un moulage défectueux lui aurait fait perdre ; mais la bluterie la mieux confectionnée et la plus écomique, sera celle qui s'exécutera en même temps que l'on moud, parce que le double transport, les déchets, les frais de main-d'œuvre, etc., entraînent toujours dans des embarras et des dépenses que le boulanger qui blute chez lui peut éviter sans aucun inconvénient.

Dans les moulins ordinaires il y a un blutoir ; mais le tournant du moulin fait toute l'opération, et ne sert qu'à séparer la farine d'avec le son. Dans les moulins économiques, au contraire, cette partie de la mouture est bien plus étendue, on y a établi des bluteaux frappans pour séparer la première farine des dodurages pour les gruaux fins, et des bluteaux particuliers pour les sons demi-gras ; les premiers ne sont qu'une espèce de sac formé avec une étamine de laine, l'orifice du côté de l'anche est mi-plat, soutenu par un palonnier attaché à ses deux bouts par deux accouplés de cuir. C'est par ce bout que le grain moulu entre dans le bluteau, en sortant de l'anche, et un mouvement convulsif que lui communiquent la batte et la baguette, secoue le bluteau d'un bout à l'autre, de manière que la farine s'échappe par les trous de l'étamine, tandis que le son gras va tomber dehors par l'ouverture du bluteau qui, en cet endroit, est rond. Le son se rend dans le dodurage, qui est un bluteau de la même forme que le premier, dont l'étamine est un peu plus grosse pour séparer le gruau fin d'avec le son, qui porte alors le nom de son demi-gras.

Mais ces bluteaux ont des inconvéniens, en ce que le moulin leur est subordonné, et qu'ils ne peuvent exploiter ce que les meules sont dans le cas de broyer : d'où il suit un engorgement qui oblige le meunier de ralentir son moulin, soit en modérant la force de l'eau, soit en lui donnant moins de grains, en sorte qu'il est prouvé par l'expérience que le moulin écrase un quart de moins. Pour éviter cet engorgement, quelques meuniers ont adopté l'usage des bluteaux plus gros, mais ils sont tombés dans un inconvénient plus considérable, celui de répandre dans le commerce des farines piquées, c'est-à-dire mêlées de son.

Un des changemens que propose M. Dransy dans le *Mémoire* qui a remporté le prix de l'Académie royale des Sciences, en 1788, relativement à la nouvelle manière de construire les moulins à farine, c'est de substituer aux bluteaux frappans des bluteaux tournans, dont la forme est octogone; ils sont formés de quatre étoffes différentes : la première est plus fine que celle employée pour les autres bluteaux, en sorte que la farine dite fleur de farine, passe sans mélange de son, et n'est jamais piquée.

Degré de finesse qui convient le mieux à la farine.

Les meuniers ne sont pas d'accord sur le degré de finesse que doit avoir la farine ; le plus grand nombre, et parmi eux il s'en trouve de très-expérimentés, s'accordent à dire que si la farine est trop fine, la pâte qu'on en fait ne fermente pas et ne lève pas aussi bien en cuisant. D'un autre côté, beaucoup de meuniers également expérimentés disent que la farine ne peut pas être assez fine, si elle n'est moulue par des meules bien ardentes et bien propres, pourvu qu'on ne les laisse pas frotter l'une contre l'autre ; quelques-uns d'entr'eux réduisent même presque tout leur grain en farine surfine; par ce moyen, ils n'en obtiennent que de deux espèces, savoir : la farine surfine et celle nommée *recoupette*, et qui n'est pas même assez bonne pour faire le pain le plus commun pour les vaisseaux.

L'auteur a fait l'expérience suivante : ayant ramassé une quantité suffisante de cette poussière de farine, qui se dépose toujours dans un moulin, il en fit faire un gros pain, dans lequel on mit la même quantité de levain que pour des pains faits avec la meilleure farine, on les fit cuire ensemble dans le même four. Le pain de poussière de farine fut aussi léger, aussi bon et même meilleur que les autres, étant plus frais et plus agréable au goût; cependant la poussière de farine avait tant de finesse qu'elle semblait huileuse au toucher. Il a conclu de là que, ce n'est pas un grand degré de ténuité donné à la farine qui détruit en elle le principe de fermentation, mais bien l'excès de chaleur produit par la trop grande pression qu'on lui fait subir pendant la fabrication. On peut réduire cette farine au plus grand degré de finesse, sans en altérer la qualité, pourvu qu'elle soit moulue avec des meules bien ardentes et très-propres, et à l'aide d'une pression modérée.

Moyens ou signes propres à reconnaître un bon moulage

L'on prend une poignée de farine entière pendant qu'elle tombe de la meule, qu'on presse légèrement entre les doigts et le pouce. Si elle paraît unie et point huileuse ou collante, et si elle ne s'attache pas trop à la main, c'est une preuve qu'elle est assez fine et que les meules sont bien repiquées. Si elle n'offre point de grumelets, cela prouve que les meules sont bien rhabillées et que les sillons n'ont pas trop d'excentricité, puisque tout a été bien également moulu. Si, au contraire, la farine est très-unie et huileuse au toucher, et qu'elle reste collée aux doigts, cela indique qu'elle est moulue trop en *atterrant*, c'est-à-dire qu'elle a été trop comprimée, ou bien que les meules sont émoussées. Mais si au toucher, elle paraît huileuse, grosse et grumeleuse, cela indique que les meules sont trop alimentées de grain, ou qu'elles ne sont pas bien rhabillées, ou que quelques-uns des sillons ont trop d'excentricité, ou trop de profondeur, peut-être même que leur arrière-bord est trop épaulé, puisqu'une des parties de blé s'est échappée sans être moulue et que l'autre est trop pressée.

Si, après avoir reçu plein la main de farine, en en tenant la paume étendue, on la ferme ensuite subitement, alors si la plus grande partie de la farine s'échappe d'entre les doigts, cela prouve qu'elle est dans un bon état, que les meules sont bien rhabillées, que le son est mince, et qu'elle se blutera facilement; car, plus il reste de farine dans la main, moins la qualité en est bonne. Si l'on met une poignée de farine dans un tamis, qu'on en sépare le son, et qu'en le maniant il paraisse doux, élastique, léger, sans être collant à l'intérieur, s'il n'y a pas de brins plus gros les uns que les autres, on en

15*

conclut que les meules sont bien rhabillées et que le moulage est bien fait (1).

Si, au contraire, le son est large, raide et blanc dans l'intérieur, on peut être certain, ou que les meules ne sont pas assez ardentes, ou qu'on leur fournit trop de grain.

Si l'on trouve quelques particules beaucoup plus grosses et plus dures que les autres, telles que des moitiés ou des quarts de grain de blé, cela indique qu'il y a des sillons qui ont ou trop d'excentricité, ou trop de profondeur ou d'escarpement au bord postérieur; ou bien que vous travaillez en fournissant moins de grain que ne le comportent la profondeur du sillon et la vitesse de la meule.

Moyen de reconnaître la farine de froment, frelatée par la fécule de pomme de terre. Par M. Morin.

M. Henry père avait déjà indiqué un moyen d'apprécier cette fraude; mais le travail de notre habile confrère ne pouvait servir qu'à déterminer la présence d'une fécule quelconque, sans en indiquer l'espèce; nous fûmes obligés de recourir à des essais nombreux pour parvenir à résoudre la question que la justice nous avait fait l'honneur de nous adresser. Quelques mois après, M. Rodriguez avait aussi publié, dans le 48.e volume des annales de chimie et de physique, une note sur le moyen de reconnaître le mélange de la farine du froment avec d'au.res farines; l'auteur de ce dernier mémoire avait employé l'analyse mécanique et l'analyse par le feu. Le premier de ces moyens, tout en étant propre à faire connaître la quantité de fécule qu'on a introduite dans la farine de froment par une moindre proportion de gluten, n'indiquait point l'espèce de fécule qui avait été employée.

Le second moyen mis en pratique par M. Rodriguez, est l'analyse par le feu, mais il n'est pas plus propre que le précédent à indiquer l'origine de la fécule. Le procédé analyti-

(1) Au lieu d'un tamis, prenez une pelle, et présentez-en le bout près de l'endroit où la farine tombe; vous recevrez ainsi du son très-peu mêlé de farine, que vous pourrez entièrement séparer en le versant, pendant quelques instans, d'une main dans l'autre, et vous essuyant les mains chaque fois qu'elles sont vides.

que de M. Rodriguez est fondé sur la propriété que posséderait la farine de froment, de donner à la distillation un liquide constamment neutre, tandis qu'il est acide si la farine renferme une fécule.

Nous avons rejeté ce moyen, qui a été loin de nous offrir les résultats qu'a obtenus ce chimiste; ainsi nous avons introduit de la farine de blé, exempte de mélange dans une cornue de verre, et nous avons chauffé de manière à rompre l'équilibre de ces élémens; au lieu d'obtenir un produit neutre comme l'avait annoncé ce chimiste, nous n'avons obtenu qu'un produit acide. Cette expérience, répétée plusieurs fois, nous a constamment donné les mêmes résultats : de la farine de froment mêlée à de la fécule de pomme de terre, nous a fourni un produit également acide.

L'analyse par le feu ne pouvait donc nous être d'aucune utilité dans le travail qui nous était demandé; de là la nécessité pour nous de recourir à d'autres moyens; en conséquence, nous mîmes à profit l'action qu'exerce l'acide sulfurique concentré sur plusieurs substances animales ou en dégageant une odeur caractéristique.

Après avoir employé l'analyse mécanique, nous avons obtenu des quantités de gluten variables, suivant la proportion de fécule qui avait été introduite dans la farine, ayant toujours eu la précaution de peser le gluten après la dessication, car nous avions remarqué qu'une quantité donnée de gluten retenait plus ou moins d'eau d'hydration, après avoir été malaxé. L'analyse mécanique ne peut alors servir à établir rigoureusement la proportion de fécule qui existe dans la farine de blé, puisque les quantités de gluten sont variables dans les farines réputées de bonne qualité, de même aussi, elle ne peut faire connaître l'espèce de fécule employée pour la sophistication.

Voici le moyen que nous avons employé pour déceler la fécule de pomme de terre dans la farine de froment.

Nous avons trituré dans un mortier de verre un gramme environ de la farine frelatée, avec quelques gouttes d'acide sulfurique pur; bientôt il s'est dégagé une odeur qui rappelle celle qu'exhale la fécule de pomme de terre placée sous l'influence de cet acide, et qu'on peut rapporter à l'odeur de la pomme de terre cuite sous la cendre. Quelles que soient les quantités de fécule dans la farine de froment, il est impossible que le nez le moins exercé ne puisse parvenir à en reconnaître la présence. Par ce moyen, j'ai reconnu la fécule de pomme de terre dans plus de dix-huit cents échantillons de farine, qui m'ont été soumis par la plus grande partie des boulangers de Rouen. On peut encore reconnaître la présence de la fécule de pomme de terre à l'aide d'une légère torréfaction de la farine frelatée. Le mélange après avoir subi cette modification, présente tout-à-fait la saveur de ce tubercule cuit sous la cendre, tandis que la farine pure, soumise à la même expérience, ne laisse dégager aucune odeur.

Les farines de riz, de maïs, de pois, de lentilles, ne donnent point d'odeur qui puisse être comparée à celle que fournit ce mélange placé sous l'influence de l'acide sulfurique.

Au mois de mars 1832, MM. Girardin, professeur de chimie, et Papillon, pharmacien à Rouen, furent désignés avec moi, pour analyser 20 sacs de farine frelatée par la fécule de pomme de terre; mes collègues sachant que j'avais été requis par l'autorité judiciaire pour semblable travail, me demandèrent communication des moyens que j'avais employés, et ils en reconnurent l'exécution facile et décisive; je ne crains pas d'avancer qu'à l'aide de ces moyens, on peut reconnaître une partie de fécule sur cent de farine de froment.

Similamètre de M. Legrip, pour reconnaître les falsifications des farines de froment.

C'est sous ce titre que l'auteur a publié la description de cet appareil dans le tome 1.er du *Journal de la Société des Sciences physiques et chimiques de France*, année 1833.

De fréquentes falsifications de la farine de froment, entr'autres celle par la fécule de pomme de terre, qu'à cause de son prix moins élevé on y introduit en plus ou moins grande quantité, ont été reconnues ou soupçonnées.

Selon plusieurs observateurs qui se sont occupés de cette fraude, on n'a pu jusqu'alors assurer que telle farine fût falsifiée par la fécule, à moins qu'elle n'en contînt 0,20 de son poids; encore n'a-t-on pu le prouver d'une manière suffisamment évidente, pour qu'un différent né d'une telle fraude ne fût toujours terminé à l'avantage du vendeur.

C'est pour y obvier que nous avons construit un instrument auquel nous avons donné le nom de *similamètre*. On pourra en s'en servant avec toute la précision qu'il réclame, reconnaître la falsification qu'aurait subie une farine pure de froment par 001 ou 002 de fécule de pomme de terre.

Description et construction de l'instrument.

Cet instrument consiste en un tube de verre long de cinq pieds et d'un diamètre de 18 à 20 millimètres; il est ouvert des deux bouts, mais disposé à recevoir par chacun d'eux un bouchon. Pour le haut, c'est un bouchon ordinaire; pour le bas, c'est également un bouchon de liége, mais percé dans sa longueur d'un large trou. Ce bouchon est enveloppé d'un linge fin faisant fonction de filtre et dont les bords sont réunis et noués en dehors.

Le tube est fixé sur une planche de trois pouces de large et d'une longueur qui lui est proportionnée. Le bas de ce tube repose dans un flacon pouvant contenir environ huit onces d'eau, et également fixé sur la planche de manière à pouvoir être enlevé au besoin et sans peine; des fils de fer ceintrés et à crochets, facilitent cette condition.

Sur la planche sont tracées trois échelles : une dont chaque degré indique l'élévation d'un gramme d'eau dans le tube; la seconde, chaque degré indique un millième de la capacité du tube. La graduation de ces deux échelles est établie entre la partie supérieure du bouchon-filtre ou d'en bas, et la partie de pure farine contenue dans un échantillon soumis à l'essai; cette échelle, que nous ne donnons à consulter que pour des farines sophistiquées seulement avec la fécule de pomme de terre, s'établit naturellement entre les degrés de la seconde échelle, indiquant 61 et 72, de la capacité du tube, comme on le va voir.

Tout, à l'exception de la troisième échelle, étant ainsi disposé, on a pris trois parties de fécule de pomme de terre (du commerce, mais belle) et quatre parties d'alcool à 33 degrés. A l'aide du mortier et du pilon, on en a formé une bouillie bien délayée, et on en a immédiatement et promptement empli le tube élevé de la planche, par l'ouverture du bas, en ne réservant que la place du bouchon (il est bon de n'avoir dans le mortier qu'une quantité de ce mélange nécessaire pour emplir le tube, et de réserver un cinquième de l'alcool pour laver le mortier afin qu'il n'en reste point de fécule); le tube plein a été bouché du bouchon-filtre, et ce bout renversé dans le vase disposé à cet effet, comme nous avons dit au bas de la planche, et retenu par les crochets, puis on l'a débouché du haut; alors l'appareil a été abandonné à lui-même, suspendu au plancher par une spirale en fil de fer, jusqu'à ce que le dépôt soit établi d'une manière fixe. Pendant ce temps, une partie de l'alcool, environ la moitié du poids employé, s'est écoulé et s'est rendu dans le flacon destiné à cette fin. C'est alors qu'un trait a été tiré pour marquer le plus grand abaissement de la fécule seule; c'est la partie la plus basse de notre échelle ou 0, farine.

Cette remarque faite sur la fécule, le tube et le vase ont été enlevés de dessus la planche pour être vidés et lavés; on est parvenu à vider facilement le tube à l'aide d'une longue verge en fil de fer, tournée d'un bout en spirale; on l'a lavé ensuite avec l'alcool reçu par le flacon, puis on a procédé à de farine pure que nous avons vu obtenir de froment de première qualité. Lorsqu'après avoir agi pour celle-ci comme pour la fécule, on a reconnu que le dépôt cessait de s'abaisser, ce qui demanda environ 22 heures, on a de nouveau tracé une ligne, mais indiquant le plus grand abaissement de la farine pure et qui est devenue le haut de notre troisième échelle ou 100, farine.

Ces deux points de l'échelle trouvés, celui du bas, comme nous l'avons dit plus haut, répond à 61 de l'échelle de capacité et celui du haut à 72 de la même échelle. Elle a été ensuite divisée en cent parties, dont la cinquantième, ou milieu de l'échelle, devait nécessairement répondre à 66 1/2 de celle de capacité, et indiquer, selon notre prévision, le plus grand abaissement d'un mélange exact, à parties égales en poids, de farine pure et de fécule de pomme de terre. C'est ce que l'expérience nous a confirmé, non-seulement pour ce point de l'échelle, mais pour tous les autres de dix en dix degrés; savoir, pour farine 90, fécule 10, farine 80, fécule 20, et ainsi des autres.

En agissant avec tout le soin et toute la précision possible, il est permis de croire, d'après ces données obtenues qu'on pourra répondre à la question de savoir combien existerait de fécule de pomme de terre dans telle ou telle farine; mais nous dirons, par exemple, que la réponse ne pourra être considérée comme vraie et pouvoir faire autorité, qu'autant que la recherche aura été faite par un observateur scrupuleux et accoutumé d'ailleurs aux plus délicates recherches.

Remarques essentielles.

Comme un tube de verre, surtout de la dimension indiquée, ne peut se trouver être de même calibre ou de même diamètre dans toute sa longueur, il faut, pour établir l'échelle centigrade dite de capacité, en établir un, comme il a été dit, indiquant chaque gramme d'eau introduit successivement dans le tube jusqu'à en être rempli. Ainsi, en supposant chaque gramme d'eau indiqué par un trait, si on en introduit dans le tube 400 grammes, ils seront représentés par 400 traits; celui du bas servira à établir 0 de l'échelle centigrade. Celui du haut répondra à 100 ou 1000, si on le divise ainsi, et il est évident que celui marquant 200 grammes d'eau indiquera 50 de capacité; mais comme le tube sera plus large du bas que du haut, on trouvera que 50 de capacité sera loin d'être à la moitié de la longueur du tube, ce qui prouve la nécessité d'y introduire l'eau gramme à gramme, pour compter sur l'exactitude de la deuxième échelle.

L'échelle de capacité est d'autant plus importante que, quelque soit d'ailleurs la dimension d'un tube, on pourra toujours, du 61 au 72 1/2 de sa capacité, établir notre 3.e échelle, vraie échelle similamètre, en tant qu'on emploiera l'alcool et la farine dans les proportions respectives qui ont été indiquées. Il sera toujours bon que chaque degré ou centième de l'échelle de capacité, soit lui-même divisé en dix petites divisions qui représentent chacune un millième.

La spirale en fil de fer, qui sert à suspendre notre instrument, n'est point sans utilité; il sert à éviter toute cause accidentelle de tassement du dépôt qui pourrait avoir lieu plus dans un temps que dans un autre, et induirait en erreur par un plus grand abaissement de la masse, effet que nous avons remarqué par le seul tremblement imprimé aux habitations par le passage sur le pavé d'une lourde voiture.

Pour avoir un échantillon fidèle, on devra se le procurer de toutes les parties de la masse soupçonnées, c'est-à-dire, comme le dessus, le fond et le milieu; on réunira et mêlera parfaitement ces divers échantillons pour n'en former qu'une masse de qualité moyenne, et c'est de cette masse qu'on prendra la quantité nécessaire pour l'essai.

Lorsqu'on se sera servi d'alcool à 33 degrés, comme nous l'avons recommandé pour établir notre instrument, on devra s'en servir à cette même densité dans toutes les recherches qu'on fera par suite avec le même instrument; on devra aussi opérer dans un lieu où la température puisse être toujours à peu près la même.

L'alcool est l'excipient qui nous a paru le plus convenable; l'éther, plus coûteux et d'ailleurs trop volatil pour ne pas incommoder très-grièvement certains opérateurs, ne nous a point produit des données aussi exactes. Les résultats obtenus avec l'eau n'ont point été plus satisfaisans.

Nous dirons, en parlant de l'eau, que, chargée de matière colorante, l'indigo par exemple, il se pourrait qu'elle pût servir à la construction d'un similamètre fondé sur le pouvoir décolorant de la farine pure, effet entièrement nul par la fé-fécule de pomme de terre, et qui se trouve modifié dans la farine; juste en raison des proportions de fécule qu'on y ajoute. La différence à cet égard est telle entre ces deux substances, qu'une eau tenant en dissolution 000,08 d'indigo, traitée par le quart de son poids de pure farine, a perdu les 00 de l'intensité de sa couleur. A une égale quantité de la même liqueur qui, traitée par la fécule, n'avait nullement été altérée, il a fallu neuf fois son volume d'eau pour être réduite au même degré de coloration de celle traitée par la farine.

Explication de la figure de similamètre. (Pl. 3, fig. 36.)

A. Le plus grand abaissement de la farine pure de froment, ou farine 100.

a. Le plus grand abaissement de la fécule de pomme de terre seule, ou farine 0.

B. Abaissement de l'alcool considéré au moment où, opérant sur de la farine pure le dépôt de celle-ci cesse de descendre davantage qu'en A.

C. Élévation de l'alcool dans le vase récipient, après être sorti du tube en traversant le bouchon-filtre.

D. Bouchon de la partie supérieure.

D'. Autre bouchon percé d'un large trou et enveloppé d'un linge fin qui le rend propre aux fonctions de filtre.

E. Tige en fil de fer servant à débourrer le tube du dépôt durci par son affaissement.

F. Spirale servant à suspendre le similamètre.

Presse à comprimer la farine dans les tonneaux, employée aux États-Unis d'Amérique.

Chaque baril doit contenir 196 livres, poids anglais, de farine. On commence par placer sur le plateau d'une balance le baril vide surmonté d'un faux baril. On fait la tare, et on charge l'autre plateau d'un poids de 196 livres. On remplit d'un poids égal de farine le baril et le faux baril que l'on place sous la presse, et sur lesquels on fait descendre un refouloir qui entre juste dans le baril; la tige de ce refouloir monte et descend entre deux galets qui lui servent de guide et porte deux bielles ou tirans fixés en un point déterminé d'une espèce de joue formant l'extrémité d'un grand levier. Cette joue tourne, par son extrémité supérieure, sur un fort boulon traversant deux supports. Quand le levier est baissé, il fait descendre le refouloir sur la farine contenue dans le baril, ce qui procure un degré de pression suffisant. Pour augmenter la puissance de ce levier, le garçon meunier fait glisser en dehors un levier mobile tenant au premier; et, appuyant de tout le poids de son corps sur ce levier, il accroche à son extrémité un poids qui le tient abaissé.

Quand la pression est achevée, on relève le levier, aidé dans ce mouvement par des cordes et un contre-poids; alors le refouloir remonte et dégage le faux baril, qui, se trouvant vide, est enlevé. On ferme alors le baril plein de farine, et on le remplace par un autre pour recommencer l'opération.

Cette presse sans vis est simple, efficace, peu dispendieuse, et peut être construite par un simple charpentier.

Principes constituans des farines qui jouent le principal rôle dans la panification.

Ces principes sont au nombre de deux : l'amidon ou fécule et le gluten. Nous allons les étudier successivement.

DE L'AMIDON OU FÉCULE.

Quoique les noms d'amidon et de fécule paraissent synonymes, cependant on donne plus particulièrement le premier à ce produit immédiat des céréales et celui de fécule à l'amidon que l'on extrait des pommes de terre, du sagou, du salep, de la racine de Bryone, etc.

L'amidon ou fécule existe dans un très-grand nombre de végétaux, surtout dans les céréales. Voici la plupart des racines et des semences d'où l'on peut l'extraire.

Racines.

Arctium lappa.	Hyosciamus niger.
Atropa belladona.	Rumex obtusifolius.
Orchis mascula.	*id.* acutus.
Imperatoria ostruthium.	*id.* aquaticus.
Polygonum bistorta.	Arum maculatum.
Colchicum autumnale.	Iris psendo-acorus.
Spirea Filipendula.	*id.* fœtidissima.
Ranunculus balbosus	Orobus tuberosus.
Scrophularia Nodosa.	Bumum bulbocartanum.
Sambucus ebulus.	(les patates.)
Sambucus Nigra.	Jamplia manihot.
Orchis morio.	(le manioc.)

Semences

L'avoine.	Le millet.
Toutes les espèces de blé.	Les pois.
L'orge.	Les fèves.
La paumelle.	La châtaigne.
Le seigle.	Le marron d'Inde.
Le maïs.	Le gland.
Le riz.	Les pommes de terre.

On trouve également l'amidon dans le lichen d'Islande, le sagou, le salep, la racine de manioc et de serpentaire de Virginie, d'aunée, de salsepareille, du *maranta indica* ou du *maranta arundinacea* (l'arrow-root), dans les choux, les artichauts, etc.; enfin l'amidon ou fécule est un des produits immédiats végétaux les plus généralement répandus dans ces êtres organiques, surtout chez ceux qui sont plus spécialement destinés à l'alimentation de l'homme et des animaux. Il est bon cependant de faire observer que toutes les fécules ne sont point simulaires; elles ont entre elles cette même différence qu'on remarque entre les diverses espèces de gommes, de sucres, d'huiles douces, etc.

Propriétés physiques et chimiques de la fécule.

La fécule ou amidon joue un si grand rôle dans la panification que nous croyons devoir entrer dans les plus grands détails sur ce principe immédiat. L'amidon provenant du froment étant censé être le plus pur, ce sera celui que nous allons décrire, en faisant observer que ses propriétés les plus caractéristiques, ou si l'on veut, celles qui distinguent ce produit de tous les autres sont communes à toutes ses variétés.

La fécule est blanche, opaque, insipide, inodore, craquant sous le doigt, d'un aspect brillant et comme cristallin, plus pesante que l'eau; son poids spécifique est de 1,83; elle est inaltérable à l'air, insoluble dans l'éther, l'alcool et l'eau froide, très-soluble dans ce liquide bouillant. Nous ferons connaître plus bas ce qui se passe dans cette action. Triturée avec la potasse ou la soude caustique, elle devient très-soluble dans l'eau froide, d'où les acides la précipitent. La fécule, convertie en bouillie ou *empois*, au moyen de l'eau bouillante, se change au bout de quelque temps en une substance sucrée qui fait la moitié de l'amidon employé. Par une légère torréfaction, l'amidon éprouve de tels changemens qu'il devient soluble dans l'eau froide et acquiert beaucoup d'analogie avec la gomme qu'il peut remplacer dans les arts; à une température plus élevée, il se décompose. Une des propriétés caractéristiques de toutes les variétés de l'amidon est de former avec l'iode des combinaisons de différentes couleurs : celle qui contient les quantités les plus minimes d'iode semblerait être blanche; les autres sont d'un violet pur, d'un beau bleu ou noir, suivant les quantités d'iode. Ces composés sont de véritables iodures d'amidon.

Suivant M. Théod. de Saussure, l'acide sulfurique peut former avec l'amidon une combinaison cristallisable (1); si l'on étend cet acide d'eau et qu'on aide son action de celle du calorique, l'on obtient une substance sucrée que Kirchoff, chimiste russe, a le premier signalée. Nous reviendrons sur cette propriété; l'acide nitrique convertit la fécule en acide acé-

_____

(1) Annales de chimie, tome 11.e

tique, malique et oxalique, mais il paraît que ce n'est qu'après l'avoir saccharifiée. L'amidon décompose quelques sels métalliques; ainsi, le sous-acétate et le sous-nitrate de plomb, qu'on fait bouillir avec une gelée claire d'amidon, y produisent un précipité qui est composé de 100 de fécule et de 38,89 de protoxide de plomb.

ANALYSE DE L'AMIDON OU FÉCULE.

1.º De l'amidon du blé.

Oxigène............	49,68	—	48,31
Carbone...........	43,55	—	45,39
Hydrogène........	6,77	—	5,90
Azote.............	0,00	—	0,40
	100,00		100,00

(G. Lussac et Thénard.)   (De Saussure.)

Proust a brûlé l'amidon dans l'oxigène; il a trouvé pour résultats que l'hydrogène et l'oxigène dans l'amidon s'y trouvent dans les proportions nécessaires à former de l'eau, il a donc obtenu :

Carbone...............	7 atômes.
Oxigène...............	6
Hydrogène............	65

M. Guerin-Vary, donne les nombres suivans :

	Poids.		Atômes.		Calculé.
Oxigène.......	50,10	—	5	—	49,97
Carbone.......	43,64	—	6	—	43,91
Hydrogène.....	6,26	—	10	—	6,12

Analyse de la fécule de pommes de terre.

Carbone...........	43,481	—	43,564
Oxigène...........	49,453	—	49,668
Hydrogène	7,066	—	6,768
	100,000		100,000

(Berzelius.)   (Collard de Martigny.)

Terme moyen de ces cinq analyses.

Oxigène..........................	49,442
Carbone..........................	43,025
Hydrogène........................	6,853

Théorie de la composition immédiate de l'amidon.

Lœwenhœck fut le premier qui annonça que l'amidon devait être considéré non comme une poudre, mais comme un amas de granules formées d'une substance particulière recouverte d'une enveloppe ou pellicule. Ces travaux étaient restés inaperçus quand M. Raspail les reprit; et, par une série d'observations nouvelles, non-seulement il confirma la découverte de Lœwenhœck, mais il fut beaucoup plus loin que lui, ainsi qu'on le verra bientôt. MM. Chevreul, de Saussure, Kirchoff, Biot, Payen, Persoz, Dubrunfault, Guerin-Vary, Couverchel, etc., se livrèrent à de nouveaux travaux et enrichirent la science d'un grand nombre de faits dont l'analyse constitue un rapport présenté à l'Académie royale des Sciences, en 1834, par M. Chevreul; mais, comme cet examen serait trop long, nous allons nous borner à présenter ici les théories de MM. Raspail, Payen et Guerin.

Théorie de M. Raspail.

Dans un premier article, M. Raspail a établi :

1.º Que l'amidon, examiné au microscope, se présente sous forme de grains arrondis, durs, transparens, composés d'un tégument qui recouvre une substance qui a de l'analogie avec la gomme ;

2.º Que la fécule est libre dans les cellules des végétaux ;

3.º Que la forme des grains est différente dans les divers végétaux ; elle est sphérique dans les céréales, irrégulière dans les orchis, et beaucoup plus grosse dans les pommes de terre que dans les autres plantes.

Dans un second travail, l'auteur a annoncé que chaque grain de fécule qui se développe dans le tissu cellulaire de certains végétaux est un organe vésiculaire dont le tégument extérieur se rompt par l'action du calorique et donne issue à la subs-

tance gommeuse qu'il contenait intérieurement. C'est-à-dire
que l'ébullition dans l'eau fait crever l'enveloppe de ces vésicules, et qu'alors ces tégumens se trouvent séparés de la
partie gommeuse, se rapprochent et, vu leur insolubilité,
donnent à la masse une apparence gélatineuse.

Telle est la théorie de la formation de la bouillie de fécule
ou *empois*. C'est ce qui arrive aussi dans la torréfaction de
l'amidon. Les cellules éclatent, et de là sa conversion en
matière gommeuse observée, pour la première fois, par
MM. Vauquelin et Bouillon Lagrange. Ce qu'il y a de bien
remarquable dans les caractères propres à cette gomme obtenue par l'ébullition de la fécule dans l'eau, c'est qu'elle est
susceptible, ainsi que les tégumens, de se colorer en bleu
par l'iode, tandis que la torréfaction lui enlève cette propriété.
M. Raspail en conclut que cette propriété colorante, qui est
propre à ces deux substances de la fécule, pourrait bien être
due à une autre substance volatile qu'il n'entendait classer
ni déterminer. M. Caventon a attaqué la théorie de M. Raspail; celui-ci l'a défendue par de nouvelles observations.
Non content de ces curieuses données, il s'est attaché à étudier et décrire les caractères physiques propres à chacune des
principales espèces de fécules; ce travail ne peut qu'être fort
utile au commerce et à la matière médicale. Nous le trans-
crirons ici tel qu'il l'a publié dans le bulletin des sciences
technologiques de M. de Ferrussac.

Théorie de M. Payen.

Ce chimiste regarde les tégumens arrondis et extensibles de
la fécule comme étant composés d'amidon doué de plus de
cohésion que les parties intérieures plus récemment formées.
L'huile essentielle et les autres corps étrangers qui adhèrent
à leur surface augmentent encore leur résistance à l'action de
divers agens et surtout de la diastase.

Dans la séance du 20 avril 1838, M. Payen a présenté à
l'académie royale des sciences un nouveau travail dont voici
les résultats :

1.º L'amidon et la fécule, dépouillés de tout corps étrangers, forment un principe immédiat organique dont les couches extérieures offrent plus de cohésion et de résistance à
divers agens que les couches intérieures, secrétées plus ré-

cemment sans doute; cette disposition est conforme aux observations de MM. Ad. Brongniart et Turpin. Ces couches enveloppantes, épaisses, tenaces, spongieuses, constituent les tégumens dilatables qui peuvent conserver ainsi des formes arrondies en changeant de dimensions.

2.º Les grains de la même fécule se rompent et se détendent successivement dans l'eau à des températures différentes, suivant les degrés de cohésion qu'ils ont graduellement acquis avec l'âge de leur formation.

3.º Sans autres agens que l'eau et la chaleur on peut obtenir de la fécule au *maximum* et au *minimum* d'empois dans le rapport de 150 à 100.

4.º L'amidon, insoluble à froid, par conséquent dépourvu du pouvoir d'endosmose, comme l'a démontré M. Dutrochet, peut cependant se gonfler au point de rompre ses couches enveloppantes, même au-dessous des températures observées jusqu'ici, lorsqu'on la met dans les circonstances où plusieurs autres substances insolubles s'hydrateraient rapidement et se dégageraient aussi.

5.º L'amidon considérablement étendu dans l'eau, de 70 à 100, refroidi et teint en bleu l'iode, peut être complètement éliminé par une simple contraction à froid, sous les mêmes formes de flocons organiques, que divers sels et acides font également apparaître.

6.º Sans avoir été préalablement bleui, l'amidon peut lui-même se contracter à froid au point d'être en grande partie précipité, en un état spongieux ou encore hydraté.

7.º Le liquide extrait de l'empois à 0,04 de fécule ne conserve pas en solution des quantités appréciables d'amidon, après que celui-ci a pu se contracter par le refroidissement et l'évaporation dans le vide.

8.º L'amidon tégumentaire, ni l'amidon soluble ne présentent pas de grandes différences; il n'y a pas entre eux isomerie, mais une identité que dissimulait l'état variable ou accidentel de cohésion entre les parties de l'amidon, son altération et les corps étrangers y adhérent.

9.º L'amidon ne préexiste pas soluble dans l'eau froide; c'est un produit plus ou moins altéré de la dissolution d'amidon.

10.º La fécule de pomme de terre soumise, pendant un quart d'heure, à 140 dans l'eau n'éprouve pas très-sensiblement cette dernière altération d'amidon.

11.º Les fécules d'amidon débarrassées des substances adhérantes à leur surface constituent l'amidon, identique dans tout les végétaux; elle ne laisse plus alors de résidu pondérable dans les dissolvans, s'hydrate et se transforme plus complètement en sucre par la diastase.

12.º L'amidon insoluble et doué d'une cohésion variable ne s'introduit directement ni indirectement dans les radicules ni dans les germules des plantes.

13.º L'amidon coloré en bleu par l'iode est très-extensible encore par la chaleur; sa contractibilité par le refroidissement est plus grande et se manifeste sous l'influence de divers agens.

14.º La propriété de la coloration bleue ne réside ni dans un corps volatil, ni dans une pellicule particulière; elle appartient complètement à l'amidon et dépend de l'action sur la lumière, d'une matière organique que celle d'agir de même sur les rayons lumineux lorsqu'elle est successivement détendue par l'eau chaude ou très-divisée par un long broyage; alors elle peut produire une couleur violette ou rougeâtre par l'iode, et ses particules tendent à les agréger de nouveau dans certaines circonstances.

M. Biot a démontré que le principe immédiat dissous par divers moyens propres à rompre la disposition organique de ses particules, possède ce pouvoir moléculaire constant qui assure son identité et qui lui a fait donner par ce savant le nom de *dextrine*, qui est synonime d'*amidon soluble* de M. Payen, d'*amidine* de M. Guérin, et de *substance gommeuse* de M. Raspail.

Théorie de M. Guerin-Vary.

Le 30 juillet 1833, ce chimiste a présenté à l'Académie royale des Sciences un nouveau travail que nous allons analyser. M. Guerin donne les noms de :

Amidine, à la partie soluble à froid de l'amidon;

Amidin tégumentaire, à la partie insoluble dans l'eau froide ou bouillante;

Amidin soluble, à la partie qui est tenue en dissolution par l'amidine, partie qui est identique avec l'amidin tégumentaire.

Composition immédiate de l'amidon.

Amidin tégumentaire...................... 2,96
Partie soluble dans l'eau................... 97,04

L'alcool bouillant enlève à l'amidon de la chlorophyle et une matière d'apparence cireuse.

Cent parties d'amidon traitées par 300 d'acide nitrique d'une densité de 1,34 à 10 ont donné 21,10 parties d'acide oxalique anhydre ou 36,81 contenant 3 atomes d'eau.

M. Robiquet, d'après un mode de préparation qui lui est propre, a obtenu une quantité de ce dernier acide qui fait plus de 80 pour 100 du poids de la fécule. Cent autres parties d'amidon traitées par 250 parties d'acide sulfurique à 66°, ont fourni 91,82 de sucre anhydre ou 118,79 de sucre hydraté; d'où il résulte qu'il ne se produit pas autant de sucre anhydre qu'on avait employé d'amidon, tandis qu'on avait dit que 100 parties de fécule donnent 110 de sucre.

L'amidon exposé pendant 14 mois dans l'eau privée d'air, n'a pas subi la moindre altération, tandis qu'avec le contact de l'air il se détériore et la liqueur devient acide.

L'eau de lavage de l'amidon évaporée soit avec le contact de l'air, soit dans le vide sec, laisse un résidu contenant de l'amidine et de l'amidin tégumentaire.

Préparation, propriétés et composition de l'amidine.

On tient en ébullition, pendant un quart-d'heure, 1 partie de fécule de pomme de terre dans 100 d'eau. On verse dans un vase à précipiter. Quand la plus grande partie des tégumens est déposée, on filtre et l'on fait évaporer la liqueur à une légère ébullition jusqu'à consistance sirupeuse. On exprime le résidu à travers une toile. Celle-ci retient l'amidin. On filtre de nouveau et l'on évapore. On répète 4 fois ce dernier traitement, après quoi l'on obtient un résidu qui se dissout complètement dans l'eau froide. Cette nouvelle solution est précipitée par l'alcool; ce précipité est mis sur un filtre, lavé par l'alcool à 86°, dissous ensuite dans le moins d'eau possible et évaporé au bain-marie. L'amidine, ainsi obtenue, est identique avec celle qu'on prépare en faisant évaporer la partie soluble de l'amidon dans le vide.

L'amidine bien desséchée est jaunâtre; à l'état d'hydrate elle est blanche; elle est inodore, insipide, transparente, en plaques minces et facile à pulvériser. M. Biot ayant examiné l'action d'une solution aqueuse d'amidine sur les rayons lumineux polarisés, a trouvé que cette substance produit vers la droite une déviation qui est sensible, la même que la *dextrine*; soumise à l'action du calorique elle se fond, se boursoufle sans se volatiliser. Quoiqu'elle soit soluble dans l'eau froide, elle se dissout cependant bien mieux dans l'eau bouillante; elle est insoluble dans l'éther et l'alcool. Les acides nitrique et hydrochlorique donnent à froid avec l'amidine, des solutions qui bleuissent fortement par l'iode; l'acide sulfurique la dissout très-bien et l'iode colore en beau bleu cette dissolution; par l'acide nitrique elle donne d'abord de l'acide oxalhydrique, puis de l'acide oxalique.

L'amidine diffère beaucoup de la dextrine de MM. Biot et Persoz qui lui assignent comme caractère chimique essentiel la propriété de fermenter lorsqu'on la met en contact avec la levure de bière, ce que ne fait pas l'amidine. L'auteur conclut de ses expériences :

1.º Que la dextrine ne doit sa propriété de fermenter qu'au sucre qu'elle contient;

2.º Que cette matière n'est pas la même lorsqu'on la prépare par les acides, la potasse ou simplement par l'eau, ce qui est contraire à ce qu'ont avancé MM. Biot et Persoz;

3.º Que la dextrine est une substance impure; il appuie cette assertion sur le témoignage même de .... et Persoz.

Composition élémentai.......

	Poids.		Ató......		Calculée.
Oxigène......	53,15	—		...	52,59
Carbone.....	39,75	—	5	...	40,19
Hydrogène...	7,10	—	11	...	7,22

Amidin tégumentaire.

Desséché à une température qui n'excède pas 100º il est inodore, insipide, un peu coloré en jaune, insoluble dans l'eau froide ou bouillante, dans l'alcool et dans l'éther, il est très-élastique; 100 parties traitées à une légère chaleur par 800 d'acide nitrique, ont donné 25,46 d'acide oxalique anhydre. Cent autres avec 250 d'acide sulfurique à 66 ont donné 89,92 de sucre anhydre ou 113,57 de sucre hydraté. La même quantité de liqueur traitée de la même manière a donné, par les proportions d'acides précitées, 24,75 d'acide oxalique anhydre et 87,88 de sucre anhydre ou 111,29 de sucre hydraté. En rapprochant les résultats il est difficile de ne pas admettre l'isomerie de l'amidin tégumentaire et du ligneux. L'amidin tégumentaire donne une belle couleur bleue aux solutions aqueuses d'acide, que MM. Payen, Persoz et Guérin attribuent à de l'amidine que retient l'amidin qui d'après cela semblerait être de ligneux unis à de l'amidine.

Composition.

	Poids.		Atômes.		Calculé.
Oxigène......	40,67	—	4	—	40,10
Carbone.....	52,74	—	7	—	53,64
Hydrogène...	6,59	—	10	—	6,26

Il n'y a donc d'autre différence avec le ligneux qu'un atôme d'hydrogène.

Amidin soluble.

Il est identique, d'après M. Guerin, avec l'amidin tégumentaire.

Maintenant nous allons faire connaître la préparation de la dextrine ou amidine impure de M. Guerin. Voici le procédé que M. Payen a publié dans le tome 9 du *Journal de Chimie Médicale*.

De la dextrine.

Pour obtenir cette matière, il faut d'abord se procurer de l'orge germée et séchée à l'air libre, ou dans une étuve à basse température, puis moulue, telle en un mot que les brasseurs l'emploient dans la fabrication bien dirigée de la bière blanche ; on peut aussi se servir d'orge fraiche, comme si elle sortait du germoir, en augmentant la dose de 48 centièmes et la broyant au pilon.

Lorsque dans la germination la plumule a, le plus régulièrement possible, atteint une longueur égale à celle du grain, 8 parties d'orge sèche suffisent pour obtenir la dextrine de 100 parties de fécule ; il en faudrait davantage si ces conditions étaient incomplètement remplies. Dans ce dernier cas même, il est rare que 10 parties ne soient pas suffisantes (1).

_____

(1) Relativement à la fabrication de la bière, il vaut mieux

On verse dans une chaudière, chauffant au bain-marie, 2,000 kilogrammes d'eau; dès que la température est portée de 25 à 30° centésimaux, on y délaie le malt d'orge et l'on continue de chauffer jusqu'à la température de 60°; on ajoute alors 500 kilo. de fécule, que l'on délaie bien, en agitant avec un rable en bois.

De légères secousses imprimées de temps à autre suffisent pour tenir en suspension de 500 à 750 kil. de fécule, dans une masse de 2,000 à 3,000 kilo. d'eau. L'opération en petit se fait très-bien dans un bain-marie d'alambic; les proportions restant les mêmes, on peut alors employer 20 kilo. d'eau, 250 à 500 grammes d'orge et 5 kilo. de fécule.

On peut obtenir des produits plus beaux en décolorant d'abord la solution d'orge germée. A cet effet, et pour dissoudre tout l'amidon, en conservant son énergie à la diastase qui s'y trouve contenue, on délaie ce malt en poudre, dans 6 à 7 fois son poids d'eau froide, on chauffe en agitant, au bain-marie, jusqu'à 68°, on maintient en cette température et celle de 75° pendant environ vingt-cinq minutes; on projette alors de bon charbon animal, 10 pour 100 du poids de l'orge, puis on filtre et on lave.

La solution filtrée et les eaux de lavage réunies, sont remises dans le bain-marie. Le liquide étant à 60° centésimaux, on ajoute la fécule et l'on achève l'opération comme il est indiqué ci-après.

Lorsque la température du mélange approche de 70°, on tâche de la maintenir à peu près constante, et de façon du moins à ne pas la laisser s'abaisser au-dessous de 68°, et à ne pas dépasser 75°. Ces conditions sont surtout très-faciles à remplir, si le bain-marie est chauffé par un tube plongeant jusqu'au fond, et y amenant de la vapeur qu'on intercepte à volonté, ou dont on modère le courant par un robinet.

Au bout de 20 à 35 minutes, le liquide, d'abord laiteux, puis un peu plus épais (1), s'est de plus en plus éclairci : de

_____

employer un excès de malt et porter la dose à 15 centièmes, afin d'être plus assuré de dégager les tégumens et de modifier toute la matière amylacée qui pourrait ultérieurement troubler cette boisson en se précipitant.

(1) Lorsque l'élévation de la température jusqu'à 68° à 75° est rapide, le mélange devient fort épais, mais s'éclaircit ensuite, quoique plus lentement.

visqueux et filant qu'il semblait, en l'examinant, s'écouler de l'agitateur élevé au-dessus de la superficie, il paraît fluide presque comme de l'eau ; on porte alors vivement la température entre 95 et 100°.

On laisse en repos, on soutire à clair, on filtre, puis on fait évaporer très-rapidement, soit à feu nu, soit, et mieux encore, à la vapeur, ou dans un bain-marie à pression, chauffant jusqu'à 110° environ sous la pression relative.

Pendant l'évaporation on enlève les écumes qui rassemblent la plupart des tégumens échappés à la première défécation.

Lorsque le rapprochement en est au point où le liquide sirupeux forme, en tombant de l'écumoire, une large nappe, on peut le verser dans des récipiens en cuivre, en fer-blanc, en bois ; il se prend en masse par le refroidissement et forme une gelée opaque qui, étendue en couches minces à l'air, dans un séchoir ou une étuve à courant, a fourni la dextrine à l'état de siccité. Dans cet état elle est facile à conserver ; on peut la réduire en farine, la faire entrer dans la composition de toutes les pâtisseries, du chocolat, du pain, des boissons pectorales, stomachiques, etc. M. Serres, membre de l'institut, l'a déjà fait employer avec un grand succès dans le service de la Pitié, contre les affections entériques ; elle ne présente pas, comme la gomme ordinaire, l'inconvénient de dégoûter les malades par une saveur fade.

La dextrine pure est blanche, solide, a une saveur légèrement sucrée, se rapproche de la gomme arabique par son extrême solubilité dans l'alcool ; mais elle en diffère d'une part en ce qu'elle ne donne point d'acide mucique, de l'autre part, en ce que sa rotation est à droite, tandis que celle de la gomme a lieu à gauche. Une de ses propriétés les plus remarquables, c'est la facilité avec laquelle elle change son état moléculaire et se convertit en sucre par le seul fait d'une légère élévation de température. Les changemens qu'elle subit sous l'influence de l'eau, méritent aussi de fixer l'attention. Après avoir séjourné dans ce liquide un temps plus ou moins long (temps qui varie d'après les circonstances non appréciées), elle cesse en partie d'y être soluble. La portion précipitée, recueillie et lavée convenablement, peut être redissoute dans l'eau chaude ; elle n'y fait pas empois, et en cela elle se rapproche de l'inuline, dont elle diffère pourtant en ce qu'elle conserve sa rotation à droite tandis que l'inuline l'a à gauche.

De la diastase.

Nous eussions dû parler de la diastase à l'article orge; mais son histoire se trouve si intimement liée à celle de la dextrine que nous avons cru ne pas devoir les séparer. La découverte de cette substance doit être attribuée à M. Dubrunfault, et l'étude de la plus grande partie de ses propriétés à M. Payen.

On extrait la diastase de l'orge germée de la manière suivante. L'on réduit en poudre une partie d'orge germée qu'on délaie dans deux parties et demie d'eau distillée. Après quelques instans de macération on filtre et l'on fait chauffer la liqueur dans un bain-marie à 65 degrés. Cette température suffit pour coaguler la matière azotée qu'on peut séparer d'ailleurs par une nouvelle filtration. Le liquide ne renferme alors que le principe actif et une quantité de sucre en rapport avec les progrès de la germination. Pour séparer ce dernier, on verse de l'alcool dans la liqueur; la diastase y étant insoluble, se dépose sous forme de flocons qu'on peut recueillir et dessécher à une chaleur douce, afin de ne point l'altérer. Pour l'obtenir plus pure encore, on peut la dissoudre dans l'eau et la précipiter de nouveau par l'alcool.

La diastase est solide, blanche, insoluble dans l'alcool, soluble dans l'eau; sa dissolution est neutre et sans saveur marquée; elle n'est point troublée par le sous-acétate de plomb; abandonnée à elle-même, elle s'altère en peu de temps et devient acide; chauffée à 68 ou 70 degrés avec de la fécule, elle possède la propriété remarquable d'en rompre instantanément les enveloppes et de mettre en liberté la dextrine, qui se dissout facilement dans l'eau, tandis que les tégumens insolubles dans ce liquide surnagent ou se précipitent, suivant la densité de la liqueur. C'est cette singulière propriété de séparation que les auteurs ont voulu rappeler, en donnant à la substance qui en jouit le nom de *Diastase*.

Le 4 mai 1838 M. Guerin-Varya lu un dernier mémoire sur l'amidon qui offre des faits très-intéressans et qui peuvent devenir un jour du plus haut intérêt pour l'art de la panification.

Ce mémoire est divisé en trois parties, dans lesquelles l'auteur examine successivement l'action de la diastase sur l'amidon de pommes de terre, à différentes températures, le sucre produit par cette action, comparativement à celui qu'on prépare avec l'acide sulfurique ; enfin la matière gommeuse qui naît également de la réaction du même agent sur l'amidon.

Action de la diastase sur l'amidon de pommes de terre à différentes températures.

Le premier point que l'auteur s'est attaché à éclaircir est celui-ci : déterminer le temps et la quantité de diastase nécessaire pour convertir un poids donné d'amidon en sucre et en matière gommeuse, à une température connues et avec une proportion d'eau également connue. Or, voici le résultat de ses expériences :

1.º A une température comprise entre 70 et 75°, 100 parties d'amidon, y compris les tégumens, mises avec 1,000 parties d'eau et un 1 gr. 7 de diastase ont donné, au bout de six heures, 17,58 parties de sucre ;

2.º Entre 60 et 68°, 100 parties d'amidon réduites à l'état d'empois, avec environ 39 fois leur poids d'eau, puis mêlées avec 6 gr. 13 parties de diastase dissoutes dans 40 parties d'eau, ont fourni, au bout d'une heure, 86,01 parties de sucre ;

3.º Un empois renfermant 100 parties d'amidon et 1303 parties d'eau, mis en contact avec 12,25 parties de diastase, dissoutes dans 367 parties d'eau froide, ayant été maintenu à 20° pendant 24 heures, a produit 77,64 parties de sucre.

« Ce résultat, dit l'auteur, me paraît d'une haute importance, parce qu'on peut éviter non-seulement l'emploi d'un combustible pour saccharifier l'amidon, mais encore une grande partie des dépenses que nécessite la distillation des liqueurs alcooliques faibles qu'on obtient par le procédé ordinaire du distillateur d'eau-de-vie de pommes de terre. On sait en effet qu'après avoir saccharifié l'amidon à une température comprise entre 60 et 68°, on est obligé d'ajouter à la liqueur sucrée son volume d'eau froide afin d'abaisser la température entre 15 et 30°, point où l'on commence la fermentation : on obtient aussi des liqueurs très-peu riches en alcool qu'on distille à grands frais. Au contraire, en se basant sur cette dernière expérience, l'eau froide que l'on ajoute à la liqueur sucrée, dans le procédé ordinaire, serait mélangée immédiatement avec l'empois fait à 20° et tournerait au produit de la saccharification. »

4.° L'expérience précédente répétée à la température de la glace fondante a donné, au bout de deux heures, 11,82 parties de sucre.

5.° A une température comprise entre — 12 et — 5°, la diastase a fluidifié l'empois, mais il n'y a pas eu la moindre production de sucre.

Le mode d'action de la diastase sur l'empois étant tout-à-fait inconnu, l'auteur a recherché si pendant cette réaction, il n'y avait pas dégagement ou absorption du gaz. Il n'en a observé aucun. Il a trouvé de plus que cette réaction est la même dans l'air que dans le vide.

Il s'est ensuite attaché à rechercher l'action de l'eau à différentes températures sur la fécule, pour la comparer à celle de la diastase dans les mêmes circonstances. Dans ce but, il a observé au microscope, conjointement avec M. Turpin, les globules d'amidon soumis à ces diverses influences. Voici ce que nous lisons à ce sujet dans son mémoire.

1.° *Amidon à l'état normal.*

Les plus petits grains sont sphériques; les plus gros sont oblongs ou le plus souvent trigones avec angles arrondis. Au centre des grains sphériques ou à l'une des extrémités des oblongs, ou sur l'un des angles des trigones, on distingue le hile ou point ombilical par lequel ce corps organisé adhérait à la paroi antérieure de la vésicule mère. Autour de ce hile sont des zones concentriques semblables à celles que présente la coupe transversale du tronc des végétaux dicotylédons. Cette globuline vésiculaire, que l'on nomme la fécule de la pomme de terre, est lisse à sa surface, transparente, incolore, ou très-légèrement nacrée. On ne voit aucune granulation intérieure; mise dans l'eau, elle ne lui cède pas la moindre trace de matière bleuissant par l'iode; elle est neutre aux réactifs colorés; ces grains s'entregreffent quelquefois par approche, deux-à-deux, trois-à-trois, les hiles étant toujours tournés vers l'extérieur;

2.° *Amidon qui a été soumis pendant une heure à l'action de l'eau à différentes températures (5 parties d'amidon sur 50 d'eau), avec 2 parties de diastase, ou sans diastase.*

a. La température étant de 50 à 53°. Les grains de fécule ont la même forme que précédemment, qu'on emploie ou non la diastase. *Sans diastase*, le liquide filtré, diaphane, évaporé presque à siccité, ne développe pas la moindre couleur avec l'iode; la levure de bière n'y produit pas à 28° la moindre bulle d'acide carbonique.

b. Température de 54 à 58° *sans diastase*, un très-petit nombre de grains vésiculaires, environ 1 sur 200, paraît avoir éclaté en partant du hile. On aperçoit de petites fentes rayonnantes, denticulées, et d'une longueur variable; la liqueur filtrée, transparente, réunie aux eaux de lavage, ayant été rapprochée par la chaleur, a donné une couleur à peine sensible avec l'iode. *Avec diastase*, résultat semblable au précédent; quelques grains offrent des déchirures à la partie opposée au hile; le liquide filtré, réuni aux eaux de lavage, a laissé dégager, avec la levure, quelques bulles qui paraissent dues à des traces de sucre.

c. Température de 59 à 60° *sans diastase*, on voit beaucoup de grains étoilés ou fendus à partir du hile, quelques-uns brisés avec éclat; la liqueur filtrée, transparente, bleuit fortement par l'iode. *Avec diastase*, même altération dans les globules; la liqueur filtrée, claire, a fermenté avec la levure.

d. Température de 60 à 61° *sans diastase*, un très-grand nombre de grains sont crevés, d'autres simplement étoilés et plus ou moins déchirés; quelques-uns sont réduits en chiffons; le liquide filtré se colore fortement avec l'iode. *Avec diastase*, même état des globules; la liqueur filtrée ne prend aucune couleur avec l'iode et fermente beaucoup plus que dans l'expérience c.

e. Température de 61 à 62° *sans diastase*, presque tous les grains sont crevés, réduits à l'état de chiffons; le liquide filtré prend une couleur d'un bleu intense avec l'iode. En observant l'amidon dans le tube où on le chauffe, on le voit gonfler peu à peu: il forme avec l'eau un empois tellement consistant, qu'il reste au fond du tube, quand on renverse celui-ci. *Avec diastase*, les grains sont presque tous crevés, mais non réduits en chiffons, comme en l'absence de la diastase; le liquide filtré ne donne aucune couleur avec l'iode, il a subi la fermentation alcoolique; lorsqu'il se gonfle comme ci-dessus, son volume diminue.

f. Température de 62 à 63°. Mêmes résultats que dans l'expérience *e*.

g. Température de 63 à 64°. *Sans diastase*, tous les grains sont réduits à des membranes tellement minces et chiffonnées, qu'on les prendrait pour des fibrilles; le liquide filtré se colore fortement en bleu par l'iode. *Avec diastase*, les grains d'amidon sont simplement rompus par une de leurs extrémités; la liqueur filtrée fermente abondamment avec levure.

h. Température de 64 à 65°. *Sans diastase*, on ne voit que des membranes transparentes d'une minceur extrême; le liquide se colore fortement par l'iode. *Avec diastase*, même état que dans l'expérience *g*.

Après l'exposé de ces expériences, M. Guérin termine ainsi la première partie de son Mémoire:

« Parmi toutes les conséquences qu'on pourrait tirer de ces faits, je ne citerai que les suivans:

» 1.° L'eau, avec le concours de la chaleur, occasionne la rupture des globules d'amidon à partir de 54°, et la diastase en excès, loin d'aider à cette rupture, préserve dans certaines circonstances ces globules d'un déchirement complet;

» 2.° La diastase n'a *aucune action sur les globules d'amidon non-crevés*; seulement elle liquéfie et saccharifie l'empois d'amidon;

» 3.° La diastase n'agit pas au travers des tégumens; elle ne les fait pas rompre par un effet d'endosmose, ainsi que le pensent MM. Dutrochet et Payen;

» 4.° Dans l'acte de germination, la diastase n'élimine pas les tégumens de la fécule, et par suite ne transforme pas la partie intérieure, regardée comme insoluble par M. Payen, en deux nouveaux principes immédiats très-solubles, qui peuvent facilement être infiltrés dans les conduits séveux, comme quelques physiologistes le croient aujourd'hui. »

Sucre préparé avec la diastase et l'amidon.

Dans son dernier mémoire sur la diastase et l'amidon, M. Payen a dit que ce sucre est incristallisable; qu'il ne se prend pas en masse comme celui que l'on prépare avec l'amidon et l'acide sulfurique; qu'il est insoluble dans l'alcool depuis 85° jusqu'à l'état anhydre, et qu'il se transforme complétement en acide carbonique et en alcool sous l'influence de la levure, de l'eau et d'une température convenable. Les expériences décrites dans cette deuxième partie du Mémoire de M. Guerin contredisent ces assertions.

M. Guerin rappelle d'abord que c'est à M. Dubrunfault que l'on doit d'avoir vu le premier ce sucre à l'état de cristaux, dans un sirop préparé avec l'orge germée et l'amidon qu'il avait abandonné à une évaporation spontanée. Mais il n'avait pas été donné de suite à cette observation, M. Guerin a fait une étude complète de ce produit. En voici les résultats :

A. *Propriétés de ce sucre.* Il est blanc, inodore, dur, croque sous la dent ; se casse facilement ; d'une saveur fraîche et peu sucrée comparativement au sucre de canne. Il cristallise en forme de choux-fleurs et en prismes à faces rhomboïdales. Sa densité, prise par rapport à l'huile d'olive et rapportée à celle de l'eau, est 1,3861, par conséquent, inférieure à celle du sucre de canne qui est 1,6068. Chauffé à 60°, il se ramollit ; à 70°, il devient pâteux ; à 90°, il est sirupeux ; tenu pendant une heure à 100°, il perd 9,80 p. 100 de son poids d'eau. Diverses expériences ont fait voir que cette température est la plus convenable pour lui enlever son eau de cristallisation sans l'altérer. Lorsqu'on le dissout dans l'alcool à 95° en ébullition, après lui avoir enlevé son eau de cristallisation par la chaleur, et qu'on abandonne la dissolution à elle-même, il se dépose, par le refroidissement, des cristaux incolores ayant la forme de choux-fleurs. Il est soluble en toute proportion dans l'eau bouillante, tandis qu'agité avec 100 parties d'eau à 23°,5, il ne s'en dissout que 63,25. L'alcool en dissout d'autant plus qu'il est plus concentré. Il est insoluble à froid dans l'huile d'olive. Il retient fortement l'alcool ; sa composition est $C_{12} H_{28} O_{14}$, c'est-à-dire, la même du sucre de raisin. Le sucre d'amidon peut donc être représenté par du sucre de canne cristallisé, plus 5 atomes d'eau. Les tentatives que l'auteur a faites pour enlever ces 5 atomes ont été infructueuses.

B. *Préparation.* On délaie 100 parties d'amidon dans 400 parties d'eau froide ; on verse le mélange dans 2,000 parties d'eau bouillante, et on agite rapidement. Il en résulte un empois peu consistant dont on abaisse la température à 65° ; on y ajoute ensuite 2 parties de diastase dissoutes dans 20 parties d'eau froide, et on remue. On maintient la température en 60 et 68° pendant 2 heures 1/2; après quoi la liqueur est évaporée à 60° le plus rapidement possible et mieux dans le vide, jusqu'à ce qu'elle marque 34° à l'aréomètre de Beaumé. Ce produit, abandonné à l'air, dans des vases peu profonds, se prend au bout de quelques jours en masse sirupeuse où l'on distingue parfois des cristaux grenus. Cette masse est traitée par l'alcool à 95 centièmes, dont on élève la température à 78°; on laisse refroidir la liqueur à l'abri du contact de l'air, et on la passe au travers d'un filtre de papier. La liqueur filtrée est distillée au bain-marie jusqu'en consistance sirupeuse. On met ce sirop dans le vide sous le récipient de la machine pneumatique où il ne tarde pas à cristalliser. Les cristaux sont comprimés entre des doubles de papier joseph, jusqu'à ce qu'ils ne cèdent plus de matière colorante. Alors on les traite de nouveau par l'alcool. Les nouveaux cristaux sont dissous dans quatre fois leur poids d'eau à 68°; on ajoute 1/10 de charbon animal purifié, et on tient la liqueur pendant une demi-heure à cette température en l'agitant continuellement. Le liquide filtré à chaud est évaporé dans le vide jusqu'à ce qu'il cristallise. Pour être certain de priver ces cristaux de l'alcool qu'ils retiennent fortement, on les dissout encore dans quatre fois leur poids d'eau à 68°; on les fait cristalliser et on répète encore une fois ce traitement.

2. Sucre préparé avec l'acide sulfurique et l'amidon.

Ce sucre a déjà été étudié par M. Th. de Saussure. Sa densité est 1,391; ses formes cristallines et sa composition sont les mêmes que pour le précédent. Tout ce qui a été dit du premier peut s'appliquer à celui-ci. Nous dirons seulement que ce sucre, auquel on n'avait pas enlevé une couleur jaunâtre, a été obtenu par M. Guerin à un état de blancheur qui égale celle du plus beau sucre de canne. Voici le procédé de purification qu'il a employé:

Après avoir préparé ce sucre par le procédé ordinaire, on comprime les cristaux encore humides entre des feuilles de papier non collé jusqu'à ce qu'elles n'enlèvent plus de matière colorante. Alors on dissout le produit dans quatre parties d'eau à 68°, on l'agite pendant 1/2 heure avec 1/10 de son poids de charbon animal purifié, et on jette le tout sur un filtre de papier. Le liquide filtré est évaporé jusqu'à siccité dans le vide. Les cristaux légèrement colorés en jaune sont de nouveau dissous et traités par le charbon animal; la dissolution est évaporée dans le vide; lorsqu'elle a acquis la consistance d'un sirop fort épais, on achève la cristallisation à l'air libre, à la température ordinaire; la compression a pour but d'enlever aux cristaux humides une substance sirupeuse qui paraît s'opposer à leur décoloration.

Matière gommeuse produite par l'action de la diastase sur l'empois d'amidon.

Propriétés. Cette matière est blanche, insipide, inodore, transparente quand elle est en plaques minces; desséchée elle est friable, sa cassure est vitreuse; elle rougit à peine le papier du tournesol faiblement coloré en bleu; l'iode ne manifeste pas la moindre couleur avec elle. Elle n'éprouve pas de ramollissement à 100°; entre 128 et 130° elle laisse dégager de l'eau, prend une teinte jaunâtre, et acquiert la saveur du pain grillé. Entre 198 et 200 elle passe au rougeâtre; à 238 elle fond, se boursoufle considérablement, prend une couleur jaune-brun, en dégageant de l'acide carbonique, de l'hydrogène carboné, de l'acide acétique, etc. Elle est inaltérable à l'air sec. Elle est insoluble dans l'alcool absolu, dans l'éther sulfurique, se dissout en petite proportion dans l'alcool à 88°, est très-soluble dans l'eau, soit à froid, soit à chaud. Elle ne fermente pas avec de la levure de bière et de l'eau. Traitée par l'acide nitrique, elle ne donne pas d'acide mucique.

La diastase, même en excès, ne saccharifie pas la matière gommeuse en dissolution dans l'eau mère du sucre d'amidon; mais lorsque cette matière est isolée elle la convertit presque complétement en sucre. Ce fait, qui a été nié par M. Payen dans son dernier mémoire sur la diastase et sur l'amidon, est constaté par l'expérience suivante :

On a dissous 5 grammes de matière gommeuse avec 0 gr. 5 de diastase dans 60 grammes d'eau à la température ordinaire, la dissolution a été tenue entre 60 et 68° pendant 5 heures, après quoi elle fut mise avec un gramme de levure; se dégagea un volume d'acide carbonique correspondant à

3 grammes 0729688 de sucre. D'après ce résultat, 100 parties de matière gommeuse fournissent 61,489 parties de sucre. En isolant ce sucre de la matière gommeuse et recommençant l'expérience, on est parvenu à convertir cette dernière presque complétement en sucre à l'exception seulement de un centième et demi.

De ce qui précède, il résulte que cette matière dite gommeuse ne peut pas être considérée comme une gomme.

Préparation. Quand, par le procédé indiqué pour préparer du sucre à l'aide de la diastase et de l'amidon, on a obtenu un résidu composé en grande partie de matière gommeuse et d'un peu de sucre, ce dernier est enlevé par de l'alcool à 05° centièmes à la température de 75°. Arrivé à ce terme, on dissout la matière dans 8 fois son poids d'eau à 75° et on y ajoute 1/20 de charbon animal purifié qu'on agite pendant une demi-heure, après quoi le tout est jeté sur un filtre de papier. Le liquide filtré doit être incolore et évaporé à siccité dans le vide.

CARACTÈRES PROPRES AUX DIVERSES FÉCULES.

1.º *Fécule de pomme de terre.*

Grains en général très-bien conservés, acquérant les plus grandes dimensions des fécules connues, ayant l'aspect de belles perles de nacre, très-irréguliers dans leurs dimensions en général, les plus gros sont gibieux, triangulaires, ovoïdes et les plus petits sphériques. Le *diamètre* des plus gros est de 1/8 de millimètre; celui des plus petits de 1/200.

2.º *Fécule d'igname.*

Même aspect que ceux de la pomme de terre. Grains presque tous oblongs, comprimés aux deux bouts et offrant, quand on approche la lentille, une tache de même forme que l'on prendrait pour un grain noir enchâssé dans un grain blanc. *Diamètre;* les plus gros de 1/17 de millimètre; les plus petits de 1/150.

3.º *Sagou.*

Fécule torréfiée en boulettes sur une platine, et versée sous cette forme dans le commerce.

Ces boulettes ne se colorent pas pas extérieurement par l'iode à cause de la torréfaction qu'elles ont subie. En les délayant dans l'eau, il est facile de s'apercevoir que tous les grains du pourtour ont éclaté, et que la couche extérieure se compose de tégumens et de gomme. Les grains intacts sont au centre des boulettes. Ces grains sont ovales, irréguliers ou ronds, cunéiformes : ils ont l'aspect nacré de grains de pomme de terre. Les plus gros de ces grains, non endommagés par la torréfaction, sont de 1/10 de millimètre ; les plus petits de 1/120.

Fécule de patate.

Grains sphériques, très-inégaux et se colorant fortement sur les bords. Les plus gros ont 1/78 de millimètre ; les plus petits 1/140.

Fécule de fèves de marais.

Grains irréguliers, lissés, ayant l'aspect de ceux de pommes de terre. Les plus gros ont 1/20 de millimètre ; les plus petits 1/130.

Fécule de tulipe.

Quelques grains endommagés ; les autres en cônes obtus, en sphères plus ou moins tronquées ; même aspect des grains de fécule de pomme de terre. Les plus gros sont de 1/20 de millimètre ; les plus petits de 1/180.

Fécule de marron d'Inde.

Les grains varient en grosseur, selon la grosseur et l'âge du marron ; ils sont très-irréguliers ; étranglés dans le milieu de leur longueur, en forme de reins, de larmes bavatiques, etc.; ils se colorent très-fortement en noir sur les bords. Les plus gros ont 1/38, et les plus petits de 1/100 de millimètre.

Fécule de châtaigne.

Ces grains ont beaucoup d'analogie, par leur aspect et leur dimension, avec les précédens, mais s'en éloignent par la forme qui imite, en général, deux ou trois formes de ceux de

la pomme de terre ; ils se colorent fortement sur les bords :
oblongs, triangulaires, arrondis, sphériques, rarement réniformes ou réniformes peu prononcés ; diamètre de 1/20 à
1/200 de millimètre.

Fécule de froment, etc.

En général, les grains sont sphériques ou oblongs ; beaucoup sont endommagés par la meule et se présentent comme
des vésicules déchirées, de 1/20 à 1/300 de millimètre ; ceux
d'orge et les autres céréales ont les mêmes caractères. Il est
bon de faire observer que, plus les graines sont petites,
moins les grains de fécule sont gros.

Fécule de maïs.

Presque tous les grains sont endommagés par la meule ; la
plupart restent agglutinés entr'eux et présentent l'aspect d'un
tissu cellulaire à petites mailles, tous plissés plus ou moins,
et plus ou moins arrondis. Si au lieu de prendre la fécule dans
la farine, on la prend dans la graine encore jaune et non desséchée, les grains sont arrondis et lisses, de 1/40 à 1/200 de
millimètre.

Dahline.

Elle a été extraite, par M. Payen, des topinambours de
France. Tous les grains froissés, parce qu'ils n'ont été obtenus qu'après l'ébullition des tubercules, arrondis, mélangés
avec beaucoup de débris des tissus cellulaires, de 1/100 à
1/180 de millimètre.

La fécule de topinambours, envoyée de la Martinique, est
en grains ronds et irréguliers, peu de grains altérés, peu d'o-
vales, aspect de la pomme de terre, de 1/25 à 1/200 de millimètre.

Fécule de tapioka.

Grains sphériques un peu irréguliers ; plusieurs annoncent
une altération ; de 1/38 à 1/130 de millimètre.

Fécule de bryone.

Grains sphériques, tous très-petits, de 1/70 à 1/300 de
millimètre.

Fécule d'orchis ou salep.

Tous les grains sphériques, de 1/200 à 1/300 de millimètre.

Falsifications de la fécule et moyens de les découvrir.

M. Payen s'est beaucoup occupé de cet intéressant objet ; nous allons faire connaître les résultats de ses recherches qu'il a publiés dans le tome 9 du Journal de Chimie médicale.

Depuis quelque temps les falsifications de la fécule se sont multipliées ; elles ont occasionné des pertes importantes à plusieurs fabricans de sirop et de sucre de fécule ; elles pourraient compromettre gravement la salubrité publique, si les fécules ainsi altérées venaient à être mélangées aux farines.

Heureusement rien n'est plus facile que de déceler ces fraudes, et il suffira sans doute d'en publier les moyens, pour engager les principaux consommateurs à vérifier fréquemment ainsi la qualité des produits qui leur sont livrés.

Nous rappellerons d'abord le procédé que nous avons précédemment indiqué : il consiste à incinérer dans une capsule en platine ou dans un creuset, chauffé au rouge, 20 grammes de fécule.

Les fécules non altérées à dessein, et le plus mal lavées laissent moins d'un décigramme, c'est-à-dire d'un demi-centième de leur poids en un résidu de sable et de cendres : les plus pures ne donnent pas un demi-millième du même résidu.

Dans cette opération, la combustion très-lente du charbon de fécule peut être activée, et rendue plus facile dans le vase en platine par l'addition d'un peu d'acide nitrique.

Un autre procédé plus général d'essai, et qui permet de mieux apprécier la nature et les proportions de la substance étrangère insoluble, lors même qu'elle serait de matière organique combustible, consiste dans la dissolution de toute la substance utile de la fécule.

Voici comment on peut opérer :

On pèse 25 grammes de malt pâle (orge germée, séchée, moulue), tel que les brasseurs l'emploient pour fabriquer la bière blanche, ou tel encore qu'on doit l'employer pour préparer la *dextrine* ; on l'épuise à l'eau tiède (de 40 à 60.o centésimaux), en l'humectant d'abord, la versant sur un léger

tampon d'étoupes placé au fond d'un entonnoir, puis en ajoutant environ, en cinq ou six fois, 200 grammes ou 2 décilitres.

Le liquide, passé sous l'entonnoir, est ensuite chauffé de
72 à 75° dans un bain-marie ; filtré alors au papier, il constitue la liqueur d'épreuve.

On replace celle-ci dans le bain-marie nettoyé; on y délaie
25 grammes de fécule, et l'on chauffe en agitant le mélange
jusqu'à 72 ou 75° ; on entretient à cette température pendant
30 ou 50 minutes, puis on recueille, et on lave à l'eau froide
ou chaude la partie insoluble sur un filtre, ou par dépôt et
décantation. On la fait dessécher sur un vase plat dans une
étuve ou sur la table d'un poêle, au même degré, ou au moins
dans les mêmes circonstances que la fécule soumise à l'essai.

Le poids de ce résidu donne très-approximativement la
proportion des corps étrangers introduits dans la fécule. Si
celle-ci eût été sans mélange, elle aurait laissé, au plus, un
demi-centième de son poids de résidu; si elle était très-pure,
elle n'aurait donné en matière non dissoute que 4 à 5 millièmes de son poids.

En examinant le résidu par différens moyens, on reconnaît en général facilement sa nature. Ainsi, parmi les échantillons que plusieurs fabricans de sirop de fécule et des brasseurs m'ont demandé d'analyser, 3 substances frauduleusement
ajoutées jusqu'ici se sont rencontrées en fortes proportions.

La *craie* ou carbonate de chaux, le *plâtre* et la sciure
d'*albâtre* gypseux ou sulfate de chaux, enfin un *argile* blanchâtre.

Voici les caractères les plus simples que décèle la nature
du résidu occasionné par chacune de ces matières mélangées,
et dont les proportions ont d'ailleurs varié entre 15 et 50
pour 100 de la fécule.

La craie, dans l'acide hydrochlorique étendu de quatre
parties d'eau, formait une très-vive effervescence, se dissolvait en grande partie, laissant un résidu argileux, en poudre
fine, qui, décanté, découvrait 1 à 2 centièmes du sable.

Les deux autres sortes de résidus ne donnaient pas avec
les acides d'effervescence sensible.

Le sulfate de chaux tenu pendant deux ou trois minutes
dans un creuset chauffé à peine au rouge-brun, un instant
refroidi, puis délayé dans l'eau en bouillie épaisse, a fait
au bout de 15 minutes une prise solide.

Chauffé dans le même creuset au rouge clair pendant une heure avec environ un quart de son volume de fécule, puis délayé dans l'eau il n'a plus fait prise ; l'addition de quelques gouttes d'aci en dégageait alors le gaz acide hydrosulfurique, qui déce t une forte odeur d'œufs pourris.

Le 3.º résidu mis n pâte, réuni en petites boules séchées, chauffé au rouge clair dans un creuset, est resté fortement aggloméré sous la même forme, en consistance d'une brique peu cuite, ne se délayant pas dans l'eau, ne donnant ni effervescence, ni odeur sensible d'hydrogène sulfuré par les acides.

Le même mode d'essai pour la diastase brute s'appliquerait sans aucun changement aux essais de l'amidon commercial.

Il pourrait servir à mettre en évidence, comme nous l'avons dit, M. Persoz et moi, les proportions de gluten, de débris ligneux, et de divers mélanges dans les farines, le son, les recoupes et même les pains cuits ; quelques autres manipulations, dans ces différens cas, seraient indispensables : elles seront aisément devinées par les chimistes exercés aux analyses organiques

Nous rappellerons, en terminant, le plus simple et le plus expéditif des moyens d'essai des fécules altérées par les mélanges en question.

Il consiste à placer sur une petite lame de verre, une très-petite pincée de la fécule sèche, en couche si mince, qu'elle ne soit pas opaque par son épaisseur, puis à placer cette lame sur la tablette éclairée par dessous d'un microscope ; enfin de regarder au point de vue. (1)

Si la fécule est exempte de mélange, elle n'offrira que des grains arrondis, diaphanes, blancs, ombrés parallèlement aux bords ; si elle contient une des trois substances que la fraude y fait entrer si fréquemment aujourd'hui, on verra distinctement, interposés entre ces grains, des corps opaques, bruns ou nuageux, anguleux, irréguliers. Dans ce dernier cas, peu importe la proportion du mélange, il faut refuser toute livraison d'un produit altéré, c'est le meilleur moyen de mettre fin à des fraudes aussi scandaleuses.

(1) On trouve chez M. Charles Chevalier, opticien au Palais-Royal, au zèle infatigable duquel la science doit de si bons instrumens, des microscopes d'un prix peu élevé, montés solidement, qui mettent à la portée de tous les commerçans ces sortes d'observations.

Du gluten.

Découvert par Beccaria. Existe dans presque toutes les céréales en diverses proportions, ainsi que dans fèves, les pois, le riz, les pommes, les coings, les châtaignes, etc. C'est à ce principe que nous devons la panification des farines, qui sont d'autant plus propres à la fabrication du pain qu'elles sont plus riches en gluten.

On le prépare en lavant la pâte de farine de blé jusqu'à ce que l'eau passe claire. L'eau lui enlève ainsi la fécule qu'elle dépose au fond du vase, et l'on obtient le gluten en une pâte ferme, grisâtre, très-élastique, n'ayant presque pas de saveur, et conservant l'odeur du sperme. En le tirant de toutes parts, il s'étend beaucoup, et ressemble à une membrane. Quand il est sec, il est brunâtre, transparent, dur, cassant, inodore, insipide et insoluble dans l'eau, l'alcool, l'éther et les huiles. Il se saponifie avec la potasse, se dissout dans les acides minéraux affaiblis, ainsi que dans l'acide acétique, d'où les alcalis le précipitent sans altération. L'acide sulfurique le dissout en le noircissant; si l'on y ajoute de l'eau, il se précipite en flocons jaunâtres. L'acide nitrique, aidé de l'action de la chaleur, le décompose et le convertit en acides acétique, malique, oxalique, et en une substance amère.

Quoiqu'il soit insoluble dans l'eau, si on le fait bouillir dans ce liquide, il perd, avec sa ténacité, sa propriété collante. S'il est humide, et qu'on le laisse exposé au contact de l'air, il s'altère, devient très-gluant, et en partie soluble dans l'alcool. Cette dissolution forme un assez bon vernis.

Composition. M. Taddey, chimiste italien, a annoncé que le gluten de froment était composé de deux substances, qu'on pouvait isoler en le pétrissant avec de l'alcool, jusqu'à ce qu'il ne devînt plus laiteux. Au bout de quelque temps, l'alcool dépose un peu de gluten, et reprend sa transparence. En l'abandonnant à l'évaporation spontanée, il dépose une substance particulière, qu'il nomme *gliadine.* La partie du gluten non attaquée par l'alcool est la zimome de M. Taddey.

Zimome, découverte par Taddey dans le gluten de froment. On l'obtient en le traitant par l'alcool, qui dissout la gliadine et s'unit à l'eau, tandis que le résidu, qui fait le tiers du gluten, est la zimome, qu'on obtient pure en la faisant bouillir dans l'alcool.

Cette substance est en petits globules ou en masse informe, d'un blanc cendré, dure, ayant peu de cohésion, plus pesante que l'eau, brûlant avec flamme, et exhalant, lorsqu'on la jette sur les charbons, une odeur analogue à celle du sabot de cheval quand on le brûle; elle est insoluble dans l'alcool, soluble dans l'acide acétique, nitrique, sulfurique et hydrochlorique; formant un savonule avec la potasse caustique, insoluble dans l'eau de chaux, et les solutions des carbonates alcalins, s'y durcissant même; devenant visqueuse lorsqu'on la lave avec de l'eau, et prenant alors une couleur brune lorsqu'on l'expose à l'air; très-putrescible, et répandant une odeur d'urine pourrie.

Substances introduites dans les farines de qualité inférieure, pour obtenir du pain plus blanc.

Nous allons consacrer un chapitre spécial à l'examen de ces fraudes, non pour les conseiller, mais pour les proscrire et pour donner les moyens propres à les reconnaître. En Angleterre, M. le docteur Markham, MM. Ed. Davy, Accum, Brande, Jeffrey, Lesley, Plaifait, Stewart, etc., se sont livrés à des recherches intéressantes sur ce sujet, que le docteur Andrew Ure a recueillies dans son *Dictionnaire*; nous allons les faire connaître littéralement.

Emploi de l'alun.

M. Accum (1) dit que la qualité inférieure de fleur de farine dont les boulangers de Londres font généralement usage pour la fabrication de leur pain rend nécessaire l'addition de l'alun, afin de lui donner le coup d'œil blanc du pain fait avec de la belle farine.

La farine des boulangers provient souvent de mauvaises espèces de froment avarié venant de l'étranger, et d'autres graines céréales mêlées avec le froment quand on le fait moudre. On porte au marché de Londres cinq qualités de fleur de farine de froment, que l'on nomme ainsi: *fine fleur, fleur seconde, fleur moyenne, fleur grossière,* et *fleur à vingt sous.* On fait aussi moudre fréquemment des fèves de marais, et des

(1) *Traité sur les Poisons culinaires.*

pois, pour en mêler la farine avec celle du blé (1). J'ai établi, d'après mon boulanger, que la plus petite quantité d'alun qu'on puisse employer pour obtenir un pain blanc, léger et poreux, est d'environ 115 grammes (environ 3 onces et demie) par sac de fleur de farine pesant 240 *pounds avoir du pois* (environ 100 kilogrammes). C'est donc un peu plus d'un gramme (environ 48 grains) par kilog. Le docteur P. Markham (2) dit que, pour la fabrication en pain d'un sac, ou cinq boisseaux de fleur de farine, l'on emploie :

Un sac de farine-fleur pesant............. 109 kilogr.
Alun, huit onces, ou...................... 240 gram.
Sel marin (chlorure de sodium) 4 livres, ou. 1814 *id.*
Levure, demi-gallon (environ 2 litres), mêlée avec environ trois gallons, ou 12 litres d'eau.

Dans le *Traité chimique sur l'art de la fabrication du pain* de M Accum, on y trouve établi comme procédé de boulangerie, celui qui suit : L'on fait dissoudre dans un sceau d'eau chaude deux kilogr. de sel marin et trente grammes d'alun, qu'on verse dans une grande cuve nommée d'*assaisonnement*. Plus loin, il ajoute : À Londres, où la bonté du pain s'estime entièrement d'après la blancheur, ceux des boulangers qui emploient une farine de qualité inférieure sont dans l'habitude d'ajouter à la pâte autant d'alun que de sel, ou bien on diminue la quantité de sel de moitié, et l'on remplace cette moitié retranchée par un poids égal d'alun qui le rend plus blanc et plus ferme.

Il paraît que MM. les boulangers de Londres ne se piquent pas beaucoup d'acheter de bonnes farines, et qu'ils trouvent plus économique de les frauder : aussi M. Accum dit qu'ils semblent avoir formé une espèce de conspiration pour fournir de mauvais pain aux citoyens. Nous pouvons donc inférer des proportions de sel et d'alun établies ci-dessus, qu'on adoptera

---

(1) Dans le midi de la France, les paysans, quand ils vont moudre un sac de blé, portent un panier de fèves qu'ils font moudre après le blé, afin, disent-ils, de bien nettoyer la meule. Cette farine de fèves donne un léger goût au pain ; et la farine de celui qui vient moudre ensuite contient un peu de cette farine de fèves qui était restée entre les meules

(2) *Considérations sur les ingrédiens employés pour frauder la fleur de farine et le pain.*

celles qu'il assigne, d'un kilog. d'alun et d'un kilogr. de sel,
pour la conversion en pain d'un sac de farine ; mais ce sac
pèse 127 kilogr., et fournit, terme moyen, quatre-vingts pains
de quatre livres ; or, d'après l'auteur, chacun de ces pains
contiendrait 12,4 gramm., ou 3 gros 7 grains et demi ; ce qui
fait 58 grains deux tiers par livre. Or, comme on mange ordinairement une livre et demie de pain par jour, il en résulte
qu'on prendrait de cette matière, journellement, un gros 11
grains deux tiers d'alun. L'on sent tous les dangers qu'une
telle fraude peut produire : il est cependant des boulangeries
en Angleterre, et notamment à Edimbourg et à Glascow, particulièrement celle de M. Harley de Willowbank, qui convertit chaque semaine 20,000 kilogr. de fleur de farine en pain,
lesquelles n'emploient pas un atôme d'alun, parce qu'elles
font usage de farine de première qualité. Ce dernier emploie
pour la panification :

Fleur de farine, un sac : Sel, environ 2 kil. 7 gr.
Il en obtient de 83 à 84 pains de 4 livres 8 onces 2 gros.
Les pains perdent environ 9 onces à leur cuisson.

Dangers de l'introduction de l'alun dans la farine et le pain.

L'introduction habituelle de l'alun dans l'estomac de
l'homme, quelque petite qu'elle soit, doit nécessairement
troubler l'exercice des fonctions de cet organe, surtout chez
les personnes d'une constitution bilieuse ou faible et consti-
pée par tempérament, et surtout chez les individus menant
une vie sédentaire. Ajoutez à cela que cette dose quoti-
dienne pouvant s'élever à un gros 12 grains par jour peut
aggraver considérablement la dyspepsie, troubler les fonctions digestives, et donner lieu à des affections calculeuses,
et même faire naître des gastrites et des gastro-entérites.
Une telle fraude devrait donc être sévèrement réprimée
par la police. En France, nous avons eu occasion de nous
convaincre de l'existence de l'alun dans le pain de quelques
boulangers ; nous l'avons signalée, dans le temps, dans le
Feuilleton littéraire et l'*Hygie française*, en indiquant les
moyens suivans pour la reconnaître.

Moyens propres à reconnaître l'existence de l'alun dans le pain.

On prend le pain soupçonné contenir de l'alun ; on l'émiette, et, pour mieux opérer et avoir une liqueur moin, trouble on le laisse sécher; on le met ensuite à infuser pendant une demi-heure dans de l'eau distillée ; on le presse ensuite légèrement entre un linge, et l'on filtre la liqueur, qu'on divise en deux parties. On y verse, dans l'une, de l'hydrochlorate de barite, jusqu'à ce qu'il ne se fasse plus de précipité blanc; l'on filtre et l'on fait sécher le précipité, qui est du sulfate de barite : d'après la composition de ce sel, et en prenant le double de son poids, l'on a celui de l'acide sulfurique, l'un des constituans de l'alun. On verse dans l'autre moitié de la liqueur une solution de potasse caustique, qui y détermine un précipité blanc, qui est l'alumine, autre constituant de l'alun. Ce précipité séché, et son poids doublé, donne, avec celui de l'acide sulfurique, celui de l'alun, non compris son eau de cristallisation.

Si le pain ne contient pas d'alun, la liqueur n'éprouve aucun changememcnt bien sensible de la part de ces deux réactifs. Par un abus plus coupable encore, les boulangers de la Belgique emploient le sulfate de cuivre ; on a pu voir dans la *Gazette des Tribunaux* leur condamnation.

Fraude par le carbonate de magnésie.

En Angleterre, les farines des blés récoltés en 1817 étaient de si mauvaise qualité, que le pain en était non-seulement de qualité très-inférieure, mais encore qu'il s'affaissait considérablement dans le four. Ces graves inconvéniens engagèrent M. Edmond Davy, professeur de chimie à l'institution de Cork, à fait une série d'expériences pour obtenir une meilleure panification par l'addition du sous-carbonate de magnésie ; il en résulta que de 20 à 40 grains de ce sel, intimement mêlés avec chaque livre de fleur de farine, et suivant sa qualité plus ou moins mauvaise, amélioraient considérablement la qualité du pain.

Voici l'expérience comparative qui eut lieu avec les farines les plus mauvaises de seconde qualité, avec et sans addition de carbonate de magnésie. On fit cinq petits pains, contenant chacun une livre de farine, cent grains de sel et une bonne cuillerée de levure :

Le premier pain ne contenait rien.

Le deuxième, deux grains de carbonate de magnésie.

Le troisième, vingt grains de carbonate de magnésie.

Le quatrième, trente grains *id.*

Le cinquième, quarante grains *id.*

Après leur cuisson, les pains furent examinés.

Le premier semblait une galette; il était mou et pâteux.

Le deuxième était amélioré.

Le troisième était supérieur, léger et poreux.

Le quatrième était encore mieux.

Le cinquième était supérieur par sa belle couleur et sa légèreté.

Cette fraude est moins dangereuse que la précédente; mais elle n'en a pas moins l'inconvénient d'introduire dans le corps un absorbant puissant qui, dans certaines circonstances, peut également troubler les fonctions digestives.

Moyens propres à reconnaître le sous-carbonate de magnésie dans le pain.

On émiette le pain, après qu'on l'a fait sécher pendant deux ou trois jours; on le fait ensuite infuser dans de l'eau distillée, acidulée par l'acide sulfurique ou hydrochlorique; on le presse ensuite légèrement dans une toile, on filtre, et l'on précipite par le sous-carbonate de potasse. Le précipité blanc obtenu et bien séché est, à peu de chose près, le sous-carbonate de magnésie additionné à la farine qui a servi à faire ce pain.

Fraude par le sous-carbonate d'ammoniaque.

En Angleterre, et peut-être même en France, quelques boulangers incorporent dans la farine de mauvaise qualité, ou *fleur-sure*, au moment de la pétrir, du sous-carbonate ammoniaque. Par la chaleur du four, ce sel est décomposé; le gaz acide carbonique, ainsi que le gaz ammoniacal, et peut-être même ceux qui proviennent de sa décomposition, dégagent en bulles, et par ce moyen, soulèvent et boursouflent beaucoup la pâte, ce qui rend alors le pain léger et poreux. Comme il est démontré que le sous-carbonate ammoniaque est volatilisé pendant la cuisson du pain, cette fraude n'offre donc aucun inconvénient.

Fraude par le plâtre, la craie, etc.

Ces fraudes sont heureusement très-rares. Les marchands de farine peuvent cependant se les permettre pour en augmenter le poids. On peut reconnaître la 1.re fraude en brûlant le pain dans un creuset, et examinant les cendres qui en proviennent. La 2.e est facile à reconnaître, en traitant les miettes de ce pain par l'eau distillée, acidulée par l'acide hydrochlorique qui dissout la chaux, l'un des constituans de la craie : on filtre la liqueur, et l'on y verse de l'oxalate d'ammoniaque, qui la rend aussitôt laiteuse, et y forme un précipité d'oxalate de chaux, dont le poids sert à déterminer celui de la craie mêlée à la farine.

Fraude par le sulfate de cuivre ou considérations chimiques sur le mode d'action du deuto-sulfate de cuivre dans la panification des farines et sur les moyens à employer pour constater la présence de ce sel dans le pain,

Par Jean Derheims, membre des sociétés de pharmacie de Paris, Rouen et de l'Allemagne septentrionale, de la société des sciences physiques et chimiques, de chimie médicale et de la société hygiénique de Paris.

La consternation dans laquelle venaient d'être plongés les habitans de plusieurs villes des départemens septentrionaux en apprenant, il y a quelques années, que l'ignorance ou plutôt la cupidité avait porté beaucoup de boulangers à introduire du *vitriol bleu* dans le pain qu'ils fabriquaient, ayant éveillé de toutes parts l'attention des autorités, je fus invité par elles à vouloir bien faire quelques expériences tendantes à découvrir la substance malfaisante dans plusieurs pains saisis par la police.

Voici le rapport que je rédigeai après plusieurs expériences et tel qu'il fut transmis au ministre de l'intérieur : (1)

Dans ce travail qui est loin sans doute d'être complet, j'ai

_____

(1) J'ai cru devoir m'abstenir cependant de transcrire quelques détails sur les dangers de l'usage du pain dans lequel on fait entrer le sulfate de cuivre.

recherché d'abord le *mode d'agir* du deuto-sulfate de cuivre dans la panification, j'ai tâché ensuite de déterminer quelle est la quantité (en *proportions décroissantes*) que les investigations chimiques permettent de découvrir de ce sel dans le pain, ou en d'autres termes, jusqu'à quel chiffre de *décroissance* on peut apprécier la présence du deuto-sulfate de cuivre dans la pâte cuite, après avoir subi la fermentation panaire.

Il est facile de reconnaître, quelque minime qu'en soit la quantité, la présence du deuto-sulfate de cuivre en solution; mais ici il ne s'agit pas d'opérer directement sur une solution saline cuivreuse; en effet, on ne sait pas encore au juste ce que devient le deuto-sulfate de cuivre dans la panification, et bien que nous nous soyons assurés qu'on retrouve encore du cuivre dans le pain, à l'état de sulfate, quand on a employé ce sel en quantité un peu notable, nous n'ignorons pas moins encore s'il subit ou non une décomposition totale quand il est employé en petite quantité.

D'après la déposition de plusieurs boulangers prévenus d'avoir employé le deuto-sulfate de cuivre, on ne fait usage de ce sel que dans le but de prolonger la durée, ou de provoquer cette sorte de gonflement intestin qu'éprouve la pâte fraîchement préparée, effet d'une véritable réaction physique, que plusieurs chimistes de nos jours qualifient encore de réaction chimique en le nommant fermentation panaire, ou, pour me servir de l'expression des boulangers eux-mêmes, ils emploient le vitriol bleu, pour faire *lever la pâte* et l'empêcher de retomber.

Certes si la pâte que fabriquent certains boulangers n'était formée que de *fécule*, *de gluten*, *de sucre-gommeux* et de ligneux, dans les proportions qui constituent le bon froment, ou ce qui revient au même si la farine employée par eux était de froment sain et pur, il est évident qu'il serait inutile d'y ajouter rien d'étranger, la réaction panaire devant dans cette circonstance s'opérer naturellement au moyen du peu de ferment qu'on y ajoute toujours. Ici il n'en est pas de même; la plupart des farines dans lesquelles on ajoute du sulfate, de l'aveu même des boulangers ne sont que des mélanges, en proportions variées, de froment, de fèves, de pois, de haricots, peut-être de fécule de pomme de terre; ce qui fait concevoir que l'agent principal de la réaction panaire, le gluten, étant dans ces mélanges très-éloigné des proportions qu'il apporte à la somme des farines pures, il faut nécessairement quelqu'autre principe pour le remplacer, ce qui établit la raison pour laquelle des boulangers indélicats et cupides emploient le deuto-sulfate de cuivre.

Le pain, dans les temps de disette, a souvent été l'objet de dangereuses falsification ; le sable, le plâtre, la craie la céruse, sont quelquefois entrés dans cet aliment de tous les jours ; mais comme l'intention des fabricans n'était là, que d'augmenter le poids du pain, ces diverses substances y étaient ajoutées en grande quantité et ne pouvaient par conséquent échapper aux investigations de la science. Le sous-carbonnate de potasse a encore été ajouté à la farine, dans le dessein de favoriser le gonflement de la pâte, l'hydrochlorate de soude y est constamment mis dans le même but. L'alun enfin y a été mélangé afin de rendre le pain plus blanc ; et à cet occasion, j'ai ouï dire quelque part, par M. Orfila : je pense, qu'un boulanger de la capitale qui employait ce sel y ajoutait une certaine quantité de jalap, pour en mitiger les propriétés astringentes.

Je reviens à mon sujet. Diverses hypothèses peuvent être hasardées pour la résolution de cette question : *Quel est le mode d'agir du deuto-sulfate de cuivre sur la pâte panaire?* L'hypothèse la plus naturelle est celle qui a pour principe la réduction du métal et le dégagement à travers la masse des fluides aériformes résultant de la décomposition de l'acide sulfurique du sulfate, toute saine qu'elle paraisse, elle n'est pas moins peu soutenable, si l'on s'en rapporte aux propriétés des sulfates de la 4.e section ; on sait en effet que l'affinité réciproque de *l'oxide base* et *de l'acide*, des sulfates de cette section ne peut-être vaincue par la chaleur.

La seconde hypothèse a pour objet la réaction du sulfate de cuivre sur les fécules. Les solutions salines poussent en effet à un degré plus ou moins élevé, de la propriété de favoriser la combinaison du gluten avec l'eau et la fécule de donner par conséquent du *liant* à la pâte et une certaine consistance. L'on conçoit alors que l'acide carbonique, produit du ferment essentiel à la réaction panaire, soulèvera d'autant plus cette pâte que celle-ci sera *liée*, sera consistante et homogène en raison des obstacles apportés à l'issue du gaz, par cette consistance, par ce *liant*.

Quoique plus rationnelle que la précédente, cette théorie n'est pas moins susceptible de controverse ; car il faut bien faire cette observation, que la combinaison du gluten et de la fécule, favorisée par les solutions salines, ne s'opère qu'après un contact longuement prolongé. Dans la circonstance actuelle, au contraire, le soulèvement de la masse a lieu comme on le verra dans l'exposé de mes expériences, immédiatement après l'addition du sulfate de cuivre dans la pâte, et c'est sans doute là le plus puissant motif de l'emploi de ce sel, le boulanger n'a presque pas à pétrir sa pâte, et s'épargne ainsi du temps, de la fatigue, en économisant qui plus est son *ferment*, ou levure, fort rare et fort chère dans certaine saison.

Mais l'explication la plus raisonnable, la plus en harmonie avec les lois chimiques, nous la tirerons d'une observation de M. Vogel de Munich ; ce chimiste, dans un mémoire qu'il a lu en 1828 à la société d'histoire naturelle de Berlin, a prouvé que les corps organiques en contact avec les sulfates décomposent constamment ces sels, c'est-à-dire dans la circonstance favorable *(corpora nont agunt nisi sint soluta)*. Déjà, comme on le sait, M. Doebreyner à l'étranger, MM. Lonchamp et Chevreuil en France, s'étaient occupés de ces objets et avaient fait des remarques essentielles sur la réaction de *certains* sulfates avec les corps organiques. Je sais bien cependant que la décomposition des sulfates dans les circonstances rapportées par ces chimistes ne s'est effectuée qu'après un contact long-temps prolongé ; mais il n'est point paradoxal non plus d'admettre en faveur de mon hypothèse, que les sulfates peuvent se décomposer avec plus de facilité quand ils sont mis en contact avec des corps organiques au moment précis où, ceux-ci se décomposant, leurs élémens ultimes se dissocient. Mon hypothèse est donc fondée là-dessus, je vais la corroborer en me servant de mes propres expériences.

J'ai fait dissoudre 1 décigramme de deuto-sulfate de cuivre dans une quantité d'eau, convenable pour former avec de la farine 800 grammes de pâte qui fût à la manière ordinaire préparée avec le ferment. Je pesai ensuite 100 autres grammes d'une pâte semblable, sans addition de deuto-sulfate. Enfin 800 grammes encore de même pâte contenant aussi un décigramme de sulfate fut pétrie avec quelques gouttes de gaz ammoniaque dissous.

Trois capsules ou moules en fer blanc, furent exactement remplis, avec ces différentes pâtes préparées avec la même farine, simultanément, dans le même lieu, par conséquent à la même influence des agens extérieurs. Ces capsules d'égale capacité contenaient donc chacune le même volume de masse ; pesées, ces masses n'offraient que de légères fractions de gramme dans leurs poids comparatifs.

L'on va voir par le tableau suivant comment ces différentes masses panaires, parfaitement azymes qu'elles étaient, se sont comportées comparativement, après avoir été placées dans un temps égal, rigoureusement chronométrique, dans les mêmes circonstances, c'est-à-dire exposées à une température de 220°, sous la même pression barométrique et la même influence hygrométrique.

1.° PATE FRANCHE de FROMENT.	2.° PATE CONTEN.t le deuto-sulfate DE CUIVRE.	3.° PATE CONTEN.t le deuto-sulfate DE CUIVRE et L'AMMONIAQUE.
1.° Au bout de 10 minutes, soulévement de la masse dont la partie supérieure est à 1/3 de ligne environ au-dessus des bords de la capsule.	1.° Après 5 minutes, soulévement, 10 minutes, la pâte saillante de plus de trois lignes au-dessus des bords de la capsule.	1.° Au bout du même temps rétraction bien marquée, 10 minutes, léger gonflement presque inappréciable.
2.° Soumise à l'action de la chaleur du four, après la cuisson, pain de bel aspect, yeux petits, mie jaunâtre, croute ferme, peu poreuse.	2.° Soumise à la même action la pâte cuite présente un pain beaucoup plus volumineux, yeux plus grands, croute ferme.	3.° Soumise à la même action, même volume et même aspect que le pain sulfaté sans ammoniaque.

L'on voit par ce qui précède que le soulèvement de la masse panaire s'est manifesté plus vivement dans la pâte sulfatée que dans celle qui ne l'était pas.

M. Vogel a établi, d'après ses recherches, que constamment les sulfates se décomposent par leur contact avec des substances organiques, que, constamment dans cette décomposition, il y a production d'acide hydro-sulfurique ; c'est donc à cet acide que nous ferons jouer le rôle principal pour expliquer notre théorie en disant que le dégagement en a lieu avant celui des fluides qui résultent de la fermentation panaire proprement dite ; en effet la masse sulfatée a acquis au bout de dix minutes un volume considérable, tandis que la masse simple n'a presque pas augmenté de volume après ce temps. Ce qui vient à l'appui encore de la décomposition du sulfate et de la production de l'hydrogène sulfuré, c'est que si l'on plonge une lame mince d'argent dans la pâte avant que celle-ci ne soit soumise à l'action de la chaleur du four, cette lame se sulfure et devient jaune, ce qui n'arrive pas dans la pâte franche.

Tout porte donc à croire en résumé que le pain dans la composition duquel on aura fait entrer quelque légère proportion que ce fut de deuto-sulfate de cuivre, doit son volume et sa porosité au dégagement de l'acide hydro-sulfurique, et par suite aux acides carbonique et acétique, produits de la fermentation panaire ainsi qu'au dégagement d'un peu d'alcool.

Si nous cherchons maintenant à nous expliquer ce que devient le deutoxide de cuivre mis à nu, nous serons conduits à admettre, en nous rendant compte des résultats de la fermentation panaire, que l'acide acétique formé se combine avec le deutoxide pour former un deuto-acétate de cuivre.

Exposons maintenant les expériences que nous avons tentées pour reconnaître la présence d'un sel de cuivre dans le pain.

Nous avons préparé un pain de 500 grammes avec 5 décigrammes de deuto-sulfate de cuivre ; ce qui fait que le sulfate est ici par rapport à la pâte dans les proportions de 6 sur 9,216. Ce pain bien cuit et desséché fut réduit en poudre et traité à chaud par l'eau distillée qui, refroidie, offrit un liquide louche lequel par le repos devint translucide ; ce liquide fut filtré et mêlé à 2 fois son poids d'alcool à 84° centésim. pour en précipiter toute la fécule dissoute ; filtré de nouveau il fut soumis à l'ébullition jusqu'à ce qu'il ne marquât que faiblement à l'aéromètre. Pour déterminer alors la présence du cuivre à l'état de sulfate dans ce liquide nous en avons traité une partie par l'eau de baryte qui n'a produit aucun précipité, d'où nous avons inféré que la somme du sulfate employé a été décomposée.

Le restant du liquide a été ensuite traité par parties et successivement avec l'ammoniaque, l'hydrocyanate-ferrure de potasse, l'acide hydro-sulfurique, l'arsenite de potasse et le phosphore ; il a constamment donné des résultats qui permettent d'assurer la présence du cuivre (1).

Si l'on augmente de beaucoup les proportions du sulfate, qu'on les élève à $^{12}/_{9216}$ par exemple, on reconnaît alors par les réactifs la présence de l'acide sulfurique ; nous sommes donc conduits à admettre que lorsque le sulfate de cuivre est employé en quantité très-minime, il est constamment décomposé en totalité, qu'en quantité plus considérable il n'est décomposé qu'en partie.

D'après les assertions des boulangers qui ont employé le sulfate de cuivre, l'on fait usage de ce sel de la manière et dans les proportions suivantes : ils font dissoudre 32 grammes de deuto-sulfate de cuivre dans un litre, 1,000 grammes environ d'eau ; ils mettent 32 grammes environ de cette solution dans 90 kilog. de farine à quoi ils ajoutent un peu de levure ordinaire et 20 à 25 litres d'eau, ce qui leur donne 100 kilogrammes de pain cuit. Ainsi nous établissons par le calcul que le sulfate de cuivre employé est dans les proportions de 9 décigrammes pour 110 kilogrammes de pain ; et, si nous tenons compte de la constitution atomistique du sel dans lequel l'eau entre pour $^{36}/_{100}$ nous verrons que la somme réelle d'acide sulfurique et de deutoxide de cuivre présente un total de 14,$^{68}/_{100}$, pour 2,028,520 de pâte cuite.

Dans la supposition basée, de la décomposition du sulfate

_____

(1) La non présence de sulfate dans le liquide prouve encore en faveur de notre théorie ; si les sulfates n'étaient pas décomposés par la réaction panaire, on retrouverait au moins dans le liquide la présence sinon du sulfate de cuivre, au moins celle des sulfates contenus dans les eaux employées pour faire le pain.

et de la formation d'un deuto-acétate de cuivre, que l'on envisage la minime quantité de ce sel produit, en songeant que les proportions de l'acide sulfurique dans le deuto-sulfate sont par rapport à la base comme 100 est à 99,26, et que l'acide acétique n'est dans l'acétate que dans celles de 28,98, pour 68,25 d'oxide.

Quoiqu'il en soit de la décomposition du sulfate de cuivre dans l'acte pannaire, voyons maintenant jusqu'à quelle dose en moins on peut retrouver le cuivre dans le pain.

Un pain de 500 grammes contenant un grain de sulfate de cuivre (deuto-sulfate) a été incinéré par parties dans un creuset de porcelaine, la cendre lavée jusqu'à épuisement de matières solubles a été traitée par parties avec l'acide sulfurique. L'eau de lavage fut soumise alors par fractions aux réactifs suivans.

L'hydro-sulfate de potasse. — Production de couleur bleue très-peu appréciable et ne le devenant que par la comparaison du liquide avec l'eau distillée ; au bout de quelques heures, très-léger précipité brun.

L'ammoniaque. — Production de couleur bleue plus prononcée.

L'hydrocyanate ferruré de potasse. — Liqueur troublée sensiblement, production de précipité léger, rouge-marron.

Ces essais sont suffisans, je pense, pour prouver la présence du cuivre.

L'acide sulfurique, menstrue du traitement secondaire de la cendre, a été, après avoir été étendu dans l'eau distillée, traité par les mêmes réactifs et par le phosphore et n'a donné aucun indice de la présence du cuivre, ce qui prouve encore que tout l'oxide de métal s'est recombiné avec l'acide acétique, et que le deuto-acétate qui en est résulté s'est entièrement dissous dans l'eau.

Un quart de grain de deuto-sulfate de cuivre a été dissous et pétri avec 500 grammes de pâte ; le pain cuit a été calciné à blanc ; la cendre a été traitée aussitôt par l'eau distillée et le résidu par l'acide sulfurique ; le tout réuni fut évaporé à siccité et fournit pour produit une poudre blanchâtre ; cette poudre, additionnée d'un peu de charbon de tilleul, a été calcinée dans un creuset et placée ensuite par petites portions à la distance focale de l'objectif d'un mycroscope composé. Un examen oculaire attentif de cette poudre ne m'a pas permis d'y reconnaître la moindre trace métallique.

Une autre portion de cette poudre traitée ensuite par l'acide sulfurique et cet acide mis en contact avec le phosphore, j'ai observé une manifestation palpable de la présence du cuivre qui s'est précipité sur divers points de la surface de ce réactif.

Enfin, la même expérience répétée sur du pain qui ne contenait qu'un huitième de grain de sulfate pour 800 grammes de pâte, n'a donnné aucun résultat qui puisse faire présumer la présence du cuivre. Il est donc évident qu'employé à une très-petite fraction, le sulfate de cuivre ne peut être retrouvé même à l'état de cuivre.

Voyons maintenant si les boulangers pris en contravention mettaient dans leur pain une quantité de sulfate capable d'en laisser apercevoir le cuivre.

Un des pains saisis m'a été remis par l'autorité, un de ceux qui, au dire de l'individu chez lequel la saisie a été faite, avait été préparé avec le sulfate de cuivre. Ce pain coupé transversalement était blanc-jaunâtre et offrait un centre humide qui présentait des traces de moisissures de diverses couleurs. Traité comme je l'ai fait pour les pains préparés pour mes expériences, il n'a offert que des résultats négatifs.

D'autres pains saisis et traités de même, n'ont pas donné de résultats plus susceptibles de faire inférer qu'ils contenaient du cuivre. Cependant je suis loin de penser que le sulfate n'y a été mis que dans les proportions désignées par les boulangers prévenus de l'emploi de cette substance : en effet d'après nos expériences ce n'est guère que dans les proportions de 1 pour 10,216, que le cuivre peut être rendu sensible aux réactifs; or entre cette proposition, 2,028,820 pour 16 et celle-ci : 10,216 pour 1, il y a juste le milieu de ces deux sommes 185,240 — 10,216.

Fraude par addition des farines de seigle, d'orge, d'avoine, de fèves, de millet, etc.

D'après la connaissance des constituans de la farine de blé, il est aisé de reconnaître leur falsification au moyen des farines étrangères, par la quantité d'amidon et de gluten que l'on en extraira.

Farine de seigle.

Cette farine contient peu de gluten; elle est d'un blanc

grisâtre ; le son s'en sépare difficilement en entier ; elle est douce au toucher et extensible ; mise dans la bouche, elle y colle comme la pâte ; elle a une odeur et une saveur *suigeneris* ; sa couleur grisâtre paraît due au son qu'elle contient ; celui-ci est en lames fines grisâtres, et n'est pas rude comme celui du blé. La farine du seigle se panifie moins bien que celle du blé, à cause de la trop petite quantité de gluten qu'elle contient ; son prix inférieur l'expose moins à la fraude, que celle du blé. On la conserve de la même manière.

Farine d'orge,

Cette farine est d'un blanc jaunâtre, moins douce au toucher, et collant moins dans la bouche ; elle a une saveur particulière ; le son s'en détache aisément ; il est jaunâtre et très-rude. Elle se panifie moins bien que la précédente. La farine de fève s'en rapproche un peu, de même que celle de pois.

Farine d'avoine.

Celle-ci a presque l'aspect de la farine de seigle ; elle est douce au toucher, d'un blanc grisâtre, d'une saveur particulière, un peu sucrée, se dépouillant difficilement des particules de son.

Farine de millet.

Couleur blanche ou jaunâtre ; très-rude, peu adhérente, ne formant pas de colle dans la bouche. Son très-rude.

La *Bibliothèque physico-économique* rapporte qu'en 1818, M. Duvergier fils, propriétaire au grand Gentilly, près Paris, conçut l'idée de réduire en farine des légumes secs et des racines potagères, après les avoir fait cuire à la vapeur, et leur avoir donné, dans une étuve, le degré de dessiccation nécessaire pour les soumettre à la mouture et au blutage. Ses essais ayant réussi, les farines offrant, malgré leur siccité complète, l'odeur propre à chacun des légumes qui les avaient fournies, et les épreuves auxquelles elles furent soumises n'ayant laissé apercevoir le plus léger signe d'altération, M. Duvergier s'est décidé à ouvrir au public ses magasins ; et, sous ce point de vue, il a

rendu un service réel aux petits ménages. Ses farines de légumes donnent des purées, des potages, etc., agréables,
d'une digestion facile, et sont susceptibles de se garder long-
temps. Pour celles que l'on destine aux marins, il fait entrer
cinq pour cent de gélatine, afin de les rendre plus nutritives.

La farine et la semoule de pommes de terre reviennent à
30 cent. le demi-kilogramme ou la livre ; de haricots, 35 c. ;
de pois, 45 c. ; de lentilles, 55 c. ; de riz, 60 c. ; de petits
pois ou de fèves, 75 c. ; de marrons, 1 fr. 25 c. Tous ces
légumes à la gélatine, 20 centimes de plus.

A la dernière exposition des produits de l'industrie, nous
avons vu de ces farines très-belles et dans un état de conservation parfaite.

TROISIÈME PARTIE.

DESCRIPTION DU FOUR A PAIN.

La cuisson du pain étant une des parties essentielles de sa fabrication, nous ne pouvons nous dispenser de faire connaître la construction des fours destinés à cet usage. Dans quelques parties du midi de la France, ils sont, pour ainsi dire, souterrains ; de manière que l'air, n'y arrivant que difficilement, la combustion s'y opère fort mal. Nous croyons donc ne pouvoir mieux faire que de donner textuellement la description du four de boulangerie que M. Parmentier a publiée dans le *Nouveau Cours théorique et pratique d'Agriculture.*

Forme du four. Sa grandeur varie, mais sa forme est assez constante. Elle ressemble ordinairement à un œuf, et l'expérience a prouvé jusqu'à présent que cette forme était la plus avantageuse et la plus économique pour concentrer, conserver et communiquer de toutes parts, à l'objet qui s'y trouve renfermé, la chaleur nécessaire. C'est donc un hémisphère creux, aplati, dans lequel on distingue plusieurs parties : l'âtre, la voûte, le dôme ou chapelle, la bouche ou l'entrée, l'autel, les ouras, enfin le dessous et le dessus du four.

Dimensions. Elles sont relatives à la consommation et aux espèces de pain qu'on fabrique. Les boulangers de Paris qui cuisent de gros pains, donnent à leurs fours trois mètres et demi (10 à 11 pieds), et ceux qui font des petits pains, trois mètres (9 pieds) de largeur sur trente-trois centimètres soixante-dix-huit millimètres (1 pied, 1 pied et demi) de hauteur ; mais le four de ménage doit avoir deux mètres (6 pieds) environ de largeur, et quarante-deux centimètres (16 pouces) de hauteur.

Âtre. On lui donne une surface tant soit peu convexe depuis l'entrée jusqu'au milieu, en diminuant insensiblement vers les extrémités, parce que c'est dans cette partie que le four est le plus fatigué par le choc continuel des pelles et des autres instrumens avec lesquels on y manœuvre pour y placer le bois et la pâte.

Voûte, dôme ou chapelle. Les différentes courbures qu'on lui donnait autrefois faisaient varier sa forme, ses effets et sa dénomination. Sa hauteur est déterminée par la longueur du four, et il faut en prendre le sixième.

Ouras. C'est ainsi qu'on nomme des conduits par lesquels l'air passe pour favoriser la combustion du bois. Il existe des fours qui n'en ont pas besoin; mais, lorsqu'ils ont une certaine grandeur, et qu'on les chauffe avec du bois un peu vert, les ouras sont indispensables. On en place un de chaque côté du four, à côté du bouchoir, à dix-huit ou vingt pouces au-dessus de l'autel.

Entrée ou bouche. Sa largeur doit être relative à l'étendue des pains, et garnie d'une porte de fonte adaptée à une feuillure bien juste et bien fermée en dedans avec un loquet. On pourrait la faire en forme de porte à penture et en forte tôle; mais la première est préférable.

Autel. C'est la tablette sur laquelle le bouchoir pose lorsque le four est ouvert; elle est ordinairement formée d'une plaque de fonte soutenue par trois traverses en fer. On pratique une ouverture circulaire, à travers laquelle tombe la braise dans l'étouffoir.

Dessus du four. En ménageant une espèce de chambre, on pourrait y faire sécher les grains quand ils seraient humides, et exécuter dans les grands froids tous les procédés de la boulangerie. Il suffirait de la faire égaliser et la faire carreler en élevant les murs de deux mètres (6 pieds) de haut, et on prolongeant les ouras par le moyen de tuyaux de poêle.

Dessous du four. Il est employé ordinairement à serrer le bois et à le sécher; mais cette partie du four est peu nécessaire dans les cantons où le bois brûle aisément. Il faut que la voûte, sur laquelle pose l'âtre, ait au moins deux pieds d'épaisseur, pour conserver aussi long-temps qu'on le peut la chaleur. En supposant que le local soit trop bas pour se procurer un dessous de four, on pourrait creuser dans les fondations.

On ne doit pas oublier que l'emplacement influe sur s effets, et que c'est de l'argent bien employé que de se procu rer un four solide dans toutes ses parties.

Construction. Il faut se servir des ressources que l'on a, et faire toujours en sorte que la maçonnerie ait une certaine épaisseur, afin que toute la chaleur s'y concentre et ne se perde pas au-dehors.

Mais la manière de construire un four conforme à celui dont nous présentons le plan est très-simple et très-facile. Lorsque le massif sera à la hauteur où l'on a dessein de former l'âtre, on le couvrira d'un enduit; on tirera au milieu de sa longueur une ligne droite que l'on coupera à l'endroit que l'on destinera à être le milieu du four, par une autre ligne transversale formant le trait carré, en observant les mêmes épaisseurs de mur au pourtour. On enfoncera un clou rond au point où se réunissent les deux lignes; on prendra ensuite une petite règle de bois, longue de la moitié du diamètre que l'on voudra donner au four, et qui aura une petite encoche à un bout, afin de ne point vaciller lorsqu'on la tournera contre le clou; et, lui faisant décrire un demi-cercle d'un bout à l'autre de la ligne transversale, on formera la tête du four.

Cette opération faite, pour obtenir l'autre extrémité du four, on divisera la distance d'un bout du cercle à l'autre sur la ligne transversale, en quatre parties égales entre elles. On enfoncera un clou dans chacune des deux parties qui forment le quart de la largeur totale; ensuite, avec une règle de la même forme, mais d'un quart plus grande que la première, on décrira de chaque côté de la ligne droite un cercle dont un bout rejoindra celui du cercle à la ligne transversale, et l'autre la bouche du four: de cette manière un four se trouvera tracé, quelles que soient la forme et les dimensions qu'on lui donne.

Quant à l'ouverture de la bouche, on la fixera de la largeur qu'on voudra, et elle déterminera la longueur du four; mais il ne faut pas l'écarter des dimensions de la nôtre.

C'est après avoir formé cette ligne circulaire que l'on placera les pierres ou briques formant le pied droit du four, sur lequel on formera la voûte. Il serait essentiel que la forme des briques dont on se sert pour ces constructions fût conique, c'est-à-dire d'un pouce plus étroite d'un bout que de l'autre.

Un four construit suivant la forme et les proportions que nous indiquons, sera aussi parfait qu'il est possible de le désirer; le massif, plus épais, et moins rempli d'interstices, ôtera aux insectes, qui cherchent tant la chaleur, la faculté de s'y introduire et de le détériorer. Le dôme, peu élevé, réfléchira mieux la chaleur, et achèvera à temps le gonflement de la pâte. L'âtre, plus solide et d'une matière moins dense, sera moins sujet à être regarni, et cuira le pain sans le brûler. Le nombre des ouras diminué et leur forme rectifiée, animeront la flamme et donneront du mouvement à la fumée. L'entrée plus abritée, moins large et mieux fermée, ne perdra plus de chaleur.

Chaudière. En la plaçant dans le massif du four, peu importe de quel côté, on obtiendra, indépendamment du bois, l'avantage de se procurer l'eau à la température que l'on désirerait. Il faut y pratiquer, suivant la saison, et au moment de s'en servir, un robinet, mais à une hauteur convenable pour pouvoir la verser dans un seau et la porter au pétrin.

Étouffoir. Quand on emploie du gros bois au chauffage du four, la braise peut servir à dédommager de la manutention; pour cet effet, il faut empêcher qu'elle ne se consume, et la recevoir dans un vaisseau de tôle de deux pieds de largeur sur trois de hauteur, garni d'un couvercle qui ferme exactement, et à son milieu du deux anses pour pouvoir le manier et le transporter dès qu'il est rempli; rien n'est plus dangereux que l'usage de réunir la braise, aussitôt son extinction, dans des caisses, dans des tonneaux et autres vaisseaux susceptibles de prendre feu et d'occasionner des incendies.

Voici toutes les parties d'un four à pain :

Fig. 11. A. Plan du four.

B. Bouche.

C. Autel du four, soutenant le bouchoir lorsqu'il est ouvert.

D. Conduit pour introduire les cendres chaudes et les petites braises sous la chaudière.

E. Chaudière.

F. Cheminée de la chaudière, correspondant dans la cheminée du four.

G. Porte pour faire le feu sous la chaudière.

Fig. 12. H. Élévation sur la longueur du four.

I. Cheminée.

K. Autel.

L. Bouche du four.

M. Petite voûte servant à serrer les allumes pour le chauffage du four.

Fig. 13. N. Élévation sur la largeur du four.
O. Chapelle ou voûte du four.
P. Aire du four.
R. Cheminée du four.
S. Bouche.
T. Arrière-cart sous l'autel, pour contenir partie de l'étouffoir lorsque l'on retire la braise du four.
U. Voûte sous le four.
V. Conduit de la braise sous la chaudière.
X. Endroit où l'on fait le feu sous la chaudière.
Y. Les ouras, *fig.* 11, 12 et 14.
Z. Cavité au-dessus de la chaudière, tant pour y puiser l'eau que pour la remplir.

Du chauffage du four.

Cette partie est une des bases essentielles de l'art du boulanger ; elle exige une pratique que la théorie ne saurait donner. Il est cependant quelques principes que nous allons exposer, et qui ne peuvent qu'être fort utiles. Nous dirons d'abord qu'on peut chauffer les fours,

1.º Avec tous les bois connus.

2.º Avec la paille, le feuillage, les joncs, les ronces, les élagures des arbres, etc.

3.º Avec le charbon épuré ou coack ; dans ce cas, le four doit être modifié. Dans les localités où le bois est rare et cher, comme dans certaines localités de la France, on chauffe les fours des boulangers avec des sarmens de vigne, des joncs, des élagures, etc. Dans les départemens de l'Aude, de l'Hérault, des Pyrénées-Orientales, les paysans chauffent ainsi les fours de campagne. Dans celui de l'Aude, et notamment dans l'arrondissement de Narbonne, le chauffage des fours, dans les villes et villages, a lieu au moyen de jeunes pousses de buis, de sabine, de romarin, et d'une espèce de chêne, nommé dans le pays *garouillo,* laquelle est le *quercus aculeatus* de Linné. On y brûle également divers cystos, le *phlomis herba venti,* le *cneorum tricoccum,* deux espèces de sainbois ou garou, le genêt, la lavande, et surtout le romarin, qui croît en abondance sur les montagnes de la Clape, des Corbières, etc. Il faut, comme on peut bien le croire, une très-grande quantité de ces bois ; aussi les boulangers sont-ils obligés d'en recevoir journellement d'une troupe de femmes nommées *garrigairos*, uniquement occupées à dévaster et à défricher ces montagnes, et à porter sur des ânes cette espèce de ramage. Aussi ces montagnes, qui jadis offraient de superbes forêts, ne sont plus, grâce à la coupable incurie de l'autorité, que des rochers arides où l'on trouve çà et là quelques-uns des végétaux précités. Témoin de ces dévastations, l'un de nous publia en 1821 un mémoire très-étendu sur le danger des défrichemens de ces montagnes, tant pour l'agriculture que pour la salubrité publique, en indiquant les moyens propres à y rémédier. Ce travail, auquel les journaux et le ministère donnèrent des éloges, attira, par système de compensation, à l'auteur, la colère de M. Dauderic, alors sous-préfet de Narbonne, et maintenant ex-préfet.... Le langage de la vérité fut un crime à ses yeux.

Il est aisé de sentir que ces divers bois ne répandent pas la même quantité de calorique, ou, pour parler la langue de tout le monde, ne répandent point la même quantité de chaleur; l'habitude les guide, et toujours sûrement. Cependant, il est un fait digne de remarque, c'est que plus ces bois sont verts, plus il en faut, à cause de l'humidité qu'ils répandent. Dans le midi de la France, on est dans l'usage de porter cuire au four des volailles, des quartiers de bœuf, de mouton, d'agneau, des plats de poisson, de pommes d'amour, d'aubergines, etc.; en été, surtout, journellement ces fours sont remplis de plats de poires, de pommes, d'ognons, de betteraves, etc. L'on sent combien cela doit refroidir les fours; mais c'est une habitude à laquelle ils ne sauraient déroger sans s'exposer à perdre leurs pratiques.

Ce ramage, en brûlant, répand beaucoup de flamme et presque point de fumée; de sorte qu'abstraction faite de la qualité du bois, et du refroidissement produit par la cuisson et l'humidité de ces alimens, ils savent à peu de chose près le nombre de fagots qu'ils doivent brûler. Dans les campagnes, où l'on brûle des joncs, des ronces, des roseaux et des plantes aquatiques, il est encore bien plus difficile de connaître le point du chauffage; malgré cela, ils le manquent rarement. Il en est de même dans le Roussillon, où l'on trouve des villages où chaque particulier a un mauvais four dans sa maison pour faire cuire son pain qui, le plus souvent, est de seigle pur, parfois de méteil, et rarement de blé.

Dans les localités où le bois est plus abondant, et par conséquent moins cher, on l'emploie pour le chauffage des fours; cette manière de chauffer est préférable. Mais tous les bois ne sont pas également propres à cet emploi. En général, les meilleurs bois, tels que ceux de chêne, d'ormeau, d'olivier, de hêtre, de châtaignier, de buis bien sec, méritent la préférence. Le hêtre, surtout, doit être recommandé, tant parce qu'il brûle très-bien, que parce que répandant beaucoup de chaleur, il en faut moins pour le chauffage. Mais comme ces bois sont d'un prix trop élevé, MM. les boulangers de Paris achètent de préférence du bois de frène, de bouleau et autres bois blancs qui sont à des prix inférieurs. Ces bois doivent être brûlés très-secs, attendu que, dans le cas contraire, ils produisent beaucoup de fumée, et que l'humidité qui s'en dégage refroidit beaucoup le four. Les boulangers de Paris sont, la plupart, dans l'usage de faire sécher leur bois dans le four, après que le pain est cuit. M. Parmentier blâme cette méthode, non comme il l'avance, parce que le bois trop sec ou mis au four perd de sa qualité, mais parce qu'il le refroidit beaucoup, et que dès-lors il en faut davantage pour le chauffer. Il est un fait bien constant, c'est que plus le bois est sec, plus il brûle facilement, et moins il produit de fumée et d'humidité. Il est un fait digne de remarque, c'est qu'il faut, le moins que l'on peut, brûler de bois flotté, attendu qu'il donne peu de calorique, beaucoup d'humidité, et qu'il en faut, par conséquent, beaucoup pour chauffer; outre cela, sa braise est très-mauvaise.

On doit bannir aussi du chauffage les bois morts ou avariés, ainsi que ceux qui ont été peints, à cause des dangers que peuvent produire les oxides métalliques, qui sont la base des matières colorantes de la peinture.

Nous dirons donc, en thèse générale, que plus les murs des fours seront épais, plus leur construction sera parfaite, et moins il faudra de bois pour les chauffer. Il en sera de même relativement au plus ou moins de temps qui se sera écoulé d'une fournée à l'autre. M. Parmentier, dans son intéressant ouvrage, a décrit avec soin le chauffage des fours. En reproduisant, dans la première édition de cet ouvrage, le travail de ce savant, M. Dessables y a joint quelques observations qui lui sont propres; nous allons consigner ici l'ensemble de ces travaux.

La saison, l'espèce et la qualité du pain qu'on doit cuire, déterminent ordinairement le moment où l'on doit mettre le feu au four; en été, on allume au moment où l'on commence à tourner; mais, en hiver, on met le feu au four beaucoup plus tard.

Il ne suffit pas, pour chauffer un four, d'y jeter du bois et de l'y laisser consumer; il faut que ce bois soit arrangé de manière à répandre la chaleur également dans toutes les parties du four.

Le premier chauffage du four se fait avec de gros bois; sa quantité dépend de l'espace de temps qui s'est écoulé depuis la dernière fournée jusqu'à celle qui doit suivre : on sent qu'il faut plus de bois pour un four qui n'est chauffé qu'à de longs intervalles, que pour celui qui se chauffe à plusieurs reprises, et successivement, aussitôt que le pain en est retiré après sa cuisson; de là, il est facile à conclure que le boulanger qui ne fait qu'une ou deux fournées, dépense beaucoup plus de bois que celui qui en fait un plus grand nombre, puisque, plus le four a été chauffé de fois, et moins il consume de combustible.

On distingue, dans le four, la chapelle, le fond, la bouche et les deux côtés, qu'on nomme *les quartiers*; la voûte s'échauffe la première, parce que c'est là où se porte naturellement toute la flamme; mais la bouche n'est échauffée que la dernière, une partie de sa chaleur étant continuellement tempérée par l'air extérieur.

Pour commencer le chauffage, on choisit une bûche tortueuse, et on la place au fond du four; on la prend tortueuse, parce que, devant servir d'appui aux autres, il ne faut pas qu'elle porte dans toutes ses parties sur l'âtre, autrement la flamme ne pourrait circuler tout autour; on place sur cette première bûche deux autres bûches que l'on croise par les bouts, et, sur le milieu de ces dernières, on en met deux autres, disposées de manière que leurs extrémités aboutissent dans les deux côtés du four. Le bois ainsi arrangé se nomme *la charge*; on y met le feu avec un tison embrasé qu'on place à l'endroit qui occupe le fond du four, vis-à-vis de la bouche. Quand une partie des bûches qui servent de soutien est convertie en braise, il faut étendre cette braise avec une pelle ou avec le fourgon, parce que, en restant sur l'âtre dans la place où elle est tombée, elle l'échaufferait beaucoup trop. Il faut aussi remettre toujours de la même manière le restant des bûches les unes sur les autres; pendant qu'elles brûlent, on tire, avec le grand rouable, la braise vers la bouche du four, et, au moyen du petit rouable, on la fait tomber dans l'étouffoir. Si on laissait cette braise dans les rives, elle se consumerait à pure perte, et chaufferait l'âtre parfois assez pour brûler le pain.

Pour chauffer les autres parties du four, on établit un second foyer du côté de la bouche, à la distance d'environ un tiers de sa profondeur, et on forme ce foyer en plaçant, sur un tison, six à sept bûches fendues en long, disposées en plan incliné, et dont les bouts répondent, partie à la rive droite, et partie à la rive gauche du four. Il faut bien observer que si la charge était trop rapprochée de la bouche, la flamme se perdrait dans la cheminée, et pourrait, parfois, occasionner des incendies. A mesure que le bois brûle, on soulève les bûches, et on les replace les unes sur les autres, en les rapprochant un peu de la bouche; quand tout le bois est brûlé, si l'entrée du four n'est pas bien échauffée, on y allume du petit bois; mais on négligera cette précaution, si la pâte, parvenue au point de son apprêt, demande à être mise au four.

Pour la seconde fournée, on ne se sert que de bois fendu, qu'on place dans un des côtés du four, et non au milieu; on pose un allume dans le dernier quartier, à un pied environ de la rive; sur cet allume porte l'une des extrémités du premier morceau de bois; le second morceau, qui croise, porte, par un de ses bouts, sur le milieu du premier, tandis que l'autre bout est dirigé du côté de l'entrée du four; on met un troisième, un quatrième, et jusqu'à sept morceaux de bois, toujours en plan incliné, et toujours dirigé vers la bouche du four. Si le four était d'une très-grande dimension, on pourrait employer le bois plus gros, ou un plus grand nombre de morceaux : on se sert, pour chauffer la bouche, de bois plus menu que pour la première fournée; mais on le distribue de la même manière.

On suit les mêmes procédés pour toutes les autres fournées, en observant que les dernières consomment toujours moins de bois que les précédentes.

Il est des circonstances où l'état de la pâte demande que le four soit chauffé plus promptement; alors, on se sert de bois

plus petit, en augmentant le nombre des morceaux, afin de
produire la même chaleur; on a aussi soin de mettre dans le
four un allume enflammé, qui communique le feu aux morceaux de bois, à mesure qu'ils sont placés. Parfois, on ferme
le four de manière que toute la chaleur se concentre dans son
intérieur, et dessèche le bois, au point, qu'en lui communi-
quant la flamme la plus légère, il s'allume, s'embrase dans
toutes ses parties partout le four, et le chauffe simultanément
au degré nécessaire.

Chez les boulangers qui ont deux fours et qui pétrissent
deux fournées à la fois, il faut calculer l'opération de manière
à ce qu'on chauffe à bouche le premier four, quand on met le
feu au dernier, et que la pâte de chaque fournée se trouve à
son vrai point au moment de l'enfournement.

C'est une très-bonne méthode, pour ceux qui font du pain
de deux espèces, de cuire à deux fours et de pétrir séparément, parce que la pâte est toujours mieux préparée, et le
pain meilleur.

La cuisson des gros pains ne coûte pas plus de bois que
celle des petits; c'est une vérité démontrée par l'expérience;
car les pains d'un gros volume, quoique enfournés les premiers, sont bien plus longs à cuire que les autres; si la chaleur était trop vive, elle les surprendrait à leur surface, em-
pêcherait l'évaporation intérieure, et nuirait à la parfaite
cuisson.

On juge ordinairement qu'un four est chaud quand la chapelle est blanchâtre; comme ce signe n'est pas toujours certain, nous ne le donnerons pas pour une règle positive, et
nous renverrons encore au local, à la position du four, à la
quantité et à l'espèce de pâte, à sa forme et à son volume, et
surtout à l'expérience, pour connaître le point où un four est
suffisamment chauffé, et la quantité de bois qu'exige le chauffage; quand cette opération a acquis le degré marqué, on
peut entretenir la chaleur avec des éclats de bois, ou bien en
fermant exactement la bouche du four.

Les boulangers, dans leurs propres intérêts, doivent avoir
la plus grande attention de ne jamais se laisser surprendre par
la pâte; car il vaut infiniment mieux que le four attende après
la pâte, que la pâte après le four; parce qu'on peut, avec
quelques morceaux de bois seulement, entretenir la chaleur
du four, et qu'il y a de grands inconvéniens à suspendre ou à
arrêter l'apprêt de la pâte.

Aperçu de la dépense en bois et du produit en braise d'une fournée.

C'est avec juste raison que M. Dessables dit que plus on fait de fournées et moins on dépense de bois, parce qu'il en faut moins pour la seconde que pour la première, et ainsi de suite ; pour apprécier au juste la dépense en bois d'une fournée, il faut connaître la grandeur et la structure du four; car, plus un four est spacieux, plus la chapelle est élevée, et plus il consume de combustible. Cependant, en prenant un terme moyen, on peut évaluer, à Paris, à vingt-deux ou vingt-trois sous le chauffage de chaque fournée, chez un boulanger qui en fait de cinq à six par jour, et dont le four a de dix à onze pieds de diamètre, sur seize à dix-huit pouces d'élévation au centre de la chapelle. La dépense serait plus grande pour un four de la même grandeur qu'on ne chaufferait qu'une ou deux fois par jour.

Quant à la braise, si vous consultez les boulangers, ils vous diront qu'elle les dédommage d'un tiers, tout au plus, de la valeur du bois ; mais je sais bien positivement que le prix de la braise équivaut, s'il n'excède pas, celui du bois, et que le combustible ne doit pas être compté parmi les dépenses de la boulangerie.

FOUR DE BOULANGER

avec fourneau au-dessous qui se chauffe économiquement avec du charbon de terre , par J. Laune. (Brevet d'invention.)

Explication des figures de la planche qui représentent une disposition de four propre à être chauffé par du charbon de terre.

Fig. 37. *Pl.* 5. Coupe verticale et longitudinale du four, par un plan passant par le centre.

Fig. 38. Section horizontale montrant l'aire du four.

Fig. 39. Plan supérieur du fourneau au-dessus de la grille.

Fig. 40. Plan inférieur du dit fourneau.

a. Aire du four ayant la forme circulaire.

b. Fourneau tirant, établi sur le devant du four, mais que l'on peut placer sur l'un des côtés.

c. Grille en fonte de fer de ce fourneau ; elle s'étend jusqu'au fond du cendrier d, dont la profondeur est moindre que celle du fourneau.

e. Murs en briques du fourneau.

f. Voûte du fourneau également en briques.

g. Ouverture circulaire établissant la communication entre le fourneau et le four.

h. Conduit percé obliquement dans la chapelle du four et conduisant la fumée dans un tuyau vertical i, qui se rend dans la cheminée dépendante du local.

Le conduit h peut être placé à tel endroit qu'on veut de la chapelle du four ; on doit cependant, autant que les localités le permettent, l'éloigner de l'ouverture de communication g.

k. Soupape ou registre pour régler le tirage.

Les devantures l, m, du fourneau et du cendrier doivent se fermer, chacune, avec une porte en fonte, qui laisse le moins possible d'accès à l'air extérieur.

Les choses étant ainsi disposées, on garnit la grille avec du menu bois, sur lequel on met du charbon de terre ; on ouvre la soupape ou registre k ; on ferme la porte du four ainsi que la porte du fourneau placée en l ; on laisse ouverte celle du cendrier et l'on allume le menu bois par le cendrier à travers les barreaux de la grille.

Le tirage s'établit immédiatement ; la flamme pénètre dans le four par l'ouverture g, et la chauffe s'opère en une heure de temps : alors, on ferme la soupape ainsi que les deux portes du fourneau et du cendrier, et l'on ouvre le four, qui se trouve prêt à recevoir le pain ou la pâtisserie ; car ce four est propre à la cuisson de ces deux espèces d'alimens.

Théorie de la combustion.

On définit la combustion une combinaison de l'oxigène avec un corps avec émission de calorique et quelquefois de lumière. Dans tous les cas, il n'y a jamais émission de lumière sans dégagement de calorique. Il est cependant reconnu que plusieurs corps peuvent, en s'unissant, dégager du calorique et de la lumière, et simuler une combustion, sans cependant absorber de l'oxigène.

Lavoisier a attribué le dégagement du calorique à la condensation des molécules de l'oxigène absorbé. Cependant, quoique cette absorption soit bien démontrée, il ne l'est pas, bien s'en faut, que tout le calorique produit par la combustion, lui soit dû dans tous les cas.

D'après Berzélius, le calorique et la lumière, qui sont produits par la combustion, ne sont point dus à une variation de densité des corps, ni à un moindre degré de calorique spécifique de nouveaux produits, puisqu'il arrive souvent que le calorique spécifique est plus fort que celui des principes constituans des corps qui avaient été brûlés. D'après ce fait, et l'action que le fluide électrique exerce sur les corps combustibles, il pense qu'au moment où ils s'unissent, ils développent des électricités libres, opposées, dont la force devient d'autant plus grande qu'elles approchent davantage de la température à laquelle la combinaison a lieu, jusqu'à ce qu'au moment de cette combinaison les électricités disparaissent en donnant lieu à une élévation de température telle qu'il se produit du feu. « Dans toute combinaison chimique, dit-il, il y a neutralisation des électricités opposées, et cette neutralisation produit le feu de la même manière qu'elle le produit dans les décharges de la bouteille électrique, de la pile électrique et du tonnerre, sans être accompagnée, dans ces phénomènes, d'une combinaison chimique. »

Quoi qu'il en soit, il est bien démontré que la combustion ne saurait avoir lieu sans le contact de l'oxigène ou de l'air avec les matières combustibles ; or, plus l'air se portera avec vitesse dans le four, et plus cet air sera sec, plus la combustion sera rapide. Cette considération doit s'opposer à la construction des fours dans des lieux bas et humides, et doit porter les constructeurs à faire en sorte que l'air y ait un libre accès.

INSTRUMENS PROPRES A LA BOULANGERIE.

Allume et *porte-allume*. L'on donne le nom d'allume à de petits morceaux de bois bien sec et fendu longitudinalement, que l'on brûlait jadis sur la braise pour éclairer l'intérieur du four pendant tout le temps de l'enfournement ; mais comme, par ce moyen, le four était toujours inégalement éclairé, on a inventé le *porte-allume*, qui est une espèce de caisse en tôle d'environ un pied de longueur, sur six pouces de largeur et trois de hauteur. A la surface qui est ouverte, se trouvent adaptées plusieurs petites barres de fer destinées à supporter l'allume qui brûle successivement dans les parties du four qu'on veut éclairer.

Le *porte-allume* est inconnu dans le midi de la France.

Bassin. Vase en cuivre, en fer-blanc ou en bois, servant à mesurer l'eau. Sa capacité est d'environ dix pouces de diamètre sur huit de hauteur. Il doit être muni d'une ou deux anses en fer. Autant que possible, on ne doit pas le faire en cuivre.

Blutoir. Voyez l'article FARINE.

Chaudière. Vaisseau en cuivre destiné à faire chauffer l'eau pour le pétrissage. Sa grandeur est relative à la quantité de farine que l'on veut convertir en pain. D'après les nouveaux principes, les chaudières doivent présenter moins de profondeur qu'autrefois, et beaucoup plus de surface; par ce moyen, l'eau est plus tôt chaude, et il y a emploi du temps et du combustible.

Corbeilles. Elles servent à porter la farine au pétrin et à mettre les levains. Dans le midi de la France, on en fait en paille de seigle de plus ou moins grandes. Les unes sont destinées à porter la farine; les autres, garnies de toile en dedans, servent à transporter la pâte. Il en est de plus petites qui sont destinées chacune à recevoir la pâte nécessaire pour un pain. On saupoudre auparavant la toile avec de la bonne farine. Ces pains sont nommés *pains tournés*, pan *Birat.* On nomme ces grandes corbeilles en paille *paillassos*, et les petites *paillassons*.

Couche. C'est ainsi qu'on nomme les tables qu'on couvre d'une toile, et sur lesquelles on dispose les pains d'une livre et au-dessous, avant d'être cuits. Dans quelques boulangeries, on les dispose en tiroirs dans de grandes armoires qui conservent une douce chaleur. Dans le midi de la France on saupoudre de recoupes de longues planches, sur lesquelles on place les pains non cuits, et on les superpose en rayons sur des petites barres plantées dans le mur. Ces pains restent ainsi exposés quelque temps au contact et aux injures de l'air. Quelle que soit la saison, l'on sent combien une pareille méthode est vicieuse.

Couches. Toiles qui servent à couvrir les tables où l'on place les pains qui ne sont pas encore cuits.

Écouvillon. Longue perche à l'extrémité de laquelle se trouvent adaptés des morceaux de grosse toile qu'on mouille dans un baquet rempli d'eau, et avec lesquels on nettoie le four, et principalement l'âtre, dès qu'on en a enlevé les cendres.

Les boulangers du midi de la France nomment l'écouvillon *escougal;* ils ont la malpropreté de le tremper dans une eau sale qui croupit dans un petit trou qu'ils pratiquent devant leur porte et au-dehors.

Coupe-pâte. Plaque de fer poli, munie d'un manche, et destinée tant à enlever la pâte qui adhère aux parois du pétrin, ainsi qu'aux mains, qu'à couper ou diviser toute la pâte par parties.

Étouffoir. Grand cylindre en cuivre ou en tôle de trois à quatre pieds de longueur sur deux ou deux et demi de largeur, hermétiquement fermé par un couvercle de même métal, et muni de deux anses, pour le rendre plus facile à transporter. C'est dans ce cylindre qu'on dépose la braise pour l'éteindre, que l'on vend ensuite quand elle est bien refroidie. Dans les localités où l'on ne brûle pas du bois dans le four, ce vase est inconnu.

Fourgon. Longue perche, terminée à la plus grosse extrémité par une tige de fer aplatie, servant à remuer le bois en combustion, et à le pousser vers les parties diverses du four.

Grattoir. Instrument en fer, propre à ratisser les angles du pétrin.

Lauriot. Baquet rempli d'eau, dans lequel on plonge l'écouvillon.

Pannetons. Espèce de petites corbeilles couvertes de toile, destinées à recevoir la pâte distribuée en pains, afin que la fermentation panaire puisse arriver à son dernier période. Les pannetons ont la grandeur et la forme des pains que l'on veut avoir.

Pelles. Il y a plusieurs sortes de pelles, suivant l'usage auquel on les destine : celles qui sont destinées à retirer la braise du four pour la porter dans l'étouffoir, sont en fer. Les autres sont en bois dur ; elles doivent cependant être légères et flexibles. Il y en a qui offrent un carré long. Le *pelleton* doit avoir une proportion égale avec le manche, et être en raison directe de la grosseur du pain qu'on veut enfourner.

La plus grande pelle se nomme *rondeau;* elle est de forme

ronde, et dépourvue de poignée ; elle est destinée à porter les pains ronds des couches au four.

Pétrin, *huche* ou *maït*. Grande caisse en bois dur, de six à douze pieds de long, sur un pied et demi à deux pieds et demi d'ouverture, et les deux tiers de fond, destinée à pétrir la pâte. Comme M. Parmentier, nous croyons que la forme cylindrique serait plus convenable. Voyez, à l'article *Pétrissage*, la description de deux nouveaux pétrins.

Rouable. Longue perche terminée par un grand crochet en fer destiné à ramasser la braise et à la tirer jusqu'à l'âtre du four. On divise les *rouables* en grands et petits : ils ne diffèrent les uns des autres que par la longueur du manche ; à cela près, leur usage est le même.

QUATRIÈME PARTIE.

DE LA PANIFICATION.

Fermentation panaire de Fourcroy.

Cet éloquent chimiste a défini la fermentation un mouvement intestin de certains corps qui produit l'écartement de leurs molécules intégrantes, tant par l'intromission de l'eau que par celle du-calorique. Dès lors, leur équilibre de composition cessant d'exister, ou, pour mieux dire, l'attraction qui unissait la plupart de ces principes primitifs se trouvant rompue, ces principes se combinent entr'eux de diverses manières nouvelles, et donnent lieu à d'autres composés, mais moins compliqués. Ainsi l'hydrogène, en s'unissant à l'oxigène, produit de l'eau, tandis qu'avec l'azote il donne lieu à de l'ammoniaque, et, avec le carbone, à du gaz hydrogène carboné ; ce même carbone s'unit aussi à l'oxigène pour former de l'acide carbonique, etc., etc.

Boerhaave avait admis trois fermentations, qu'il nomma, la première, *fermentation spiritueuse;* la seconde, *fermentation acide* ou *acéteuse;* et la troisième, *fermentation putride.* Fourcroy en admit deux autres, la *fermentation saccharine* et la *fermentation colorante et panaire.* Les chimistes de nos jours ont conservé la première, et ont considéré les deux dernières comme étant produites par la réunion de deux des précédentes, ainsi que nous le faisons voir dans cet article.

Fermentation panaire.

Fourcroy paraît être le premier chimiste qui ait cherché à expliquer l'acte de la panification par les lois chimiques ; voici la manière dont il en explique la théorie :

1.º Il ne faut qu'une simple et facile observation sur de la pâte de farine de froment, exposée à une température de quinze à dix-huit degrés, après avoir été mêlée d'une certaine proportion de levure ou de pâte déjà fermentée, pour s'assurer qu'elle éprouve en effet une véritable fermentation. Cette pâte se soulève, se boursoufle, augmente de volume, se dilate intérieurement, s'écarte dans quelques points, se remplit de cavités et d'yeux, produit manifeste d'un fluide élastique dégagé. On remarque qu'en même temps elle s'échauffe, elle change de couleur, elle ne conserve point la consistance visqueuse et collante, prend une odeur un peu piquante et une saveur différente de l'espèce de fadeur qu'elle avait avant ce mouvement. A ces signes, il est difficile de ne pas reconnaître une véritable fermentation.

2.º On a essayé de déterminer en quoi consiste ce mouvement fermentatif de la pâte de froment, et d'expliquer qu'il n'était pas une fermentation particulière, mais seulement un ensemble de trois fermentations simultanées, bornant réciproquement leurs effets au commencement de chacune d'elles. Dans cette opinion, le corps féculent de la farine tend à s'aigrir, tandis que le corps muqueux sucré s'alcoolise, et le glutineux se pourrit. De ces trois mouvemens coïncidens, et s'opposant cependant de mutuelles entraves, naît la fermentation mixte qui donne naissance à la pâte soulevée, et qui forme le pain léger, délicat, sapide, et facile à digérer.

3.º Cette manière de voir n'est pas appuyée de preuves bien solides encore. Il n'y a point assez de matière sucrée, et elle n'est pas assez libre dans la farine pour produire le plus léger mouvement de fermentation vineuse. La fécule n'est ni assez dégagée ni assez échauffée pour passer à l'acétification dans les momens rapides pendant lesquels la pâte est à lever. Reste la matière glutineuse plus abondante, plus délayée, plus soulevée par l'eau qu'elle a absorbée; beaucoup plus disposée que les autres composans de la farine à éprouver un mouvement intestin qui en divise, en écarte et en raréfie la masse; qui la sépare si facilement en feuillets par sa simple disposition; qui la remplit et la creuse de cavités si connues dans le pain bien levé et bien cuit; qui tend promptement à la décomposer complètement, presque à la manière des substances animales. Quoiqu'il soit certain qu'elle passe par un état acide lorsqu'on la laisse aller au-delà du simple soulèvement que doit avoir le pain, il ne l'est pas moins qu'elle tend aussi facilement à se pourrir.

4.° On peut donc, sans avoir recours à la simultanéité de trois fermentations, en admettre une dans le glutineux de la farine, laquelle fermentation n'est ni une acétification, ni une formation de vin, ni une putréfaction, mais bien plutôt un commencement de décomposition putride, qui ne fait que diviser la masse, en diminuer, en annuler même la viscosité, en dégager quelques bulles de fluides élastiques, en modifier la saveur, l'odeur; en un mot, en changer, d'une manière très-remarquable, les propriétés. Sans doute, ce n'est pas une fermentation accomplie, car ce serait une putréfaction; ce n'est qu'un commencement de fermentation, que l'art arrête après l'avoir provoquée, après l'avoir amenée au point de communiquer à la pâte l'atténuation, la légèreté dont elle avait besoin pour faire du bon pain : voilà pourquoi on la désigne par le nom de *fermentation panaire*; elle est loin d'être terminée : à peine a-t-elle commencé à s'emparer de la pâte, à peine celle-ci a-t-elle commencé à se lever, qu'on se hâte d'en arrêter le cours par la cuisson, à laquelle on soumet la masse, pour lui donner la saveur et les belles propriétés panaires.

5.° La fermentation panaire n'est donc qu'un commencement de décomposition spontanée qui se terminerait promptement par la putréfaction et la dissolution complète de la matière, si on ne l'arrêtait à une certaine époque, en la soumettant à une cuisson qui la convertit en pain.

Opinion des chimistes contemporains.

On vient de voir l'exposé tracé par Fourcroy des phénomènes de la fermentation qu'il a nommée *panaire*; les chimistes contemporains ne l'admettent point comme une fermentation particulière; ils la regardent comme deux fermentations qui se succèdent, la fermentation *alcoolique* et l'*acide*, dont les produits sont de l'alcool, de l'acide acétique, et du gaz acide carbonique qui tend à se dégager. Mais, dit Thenard, le gluten s'y oppose : il cède, s'étend comme une membrane, forme une foule de petites cavités qui donnent de la légèreté et de la blancheur au pain, et l'empêchent d'être mat. Il suit de là, ajoute-t-il, 1.° que, dans la panification, on ne saurait trop mettre de soins à bien mêler le levain avec la pâte; car toutes les fois que le mélange ne sera point intime, le pain sera nécessairement mat ; 2.º que la pâte sera d'autant plus longue et capable de lever, et le pain d'autant plus blanc et plus léger, que la farine contiendra plus de gluten : c'est pour cette raison que la farine de froment, indépendamment de ce qu'elle est plus nutritive, est préférée aux farines des autres céréales ; 3.º qu'en détrempant soit de l'amidon pur, soit de l'amidon entremêlé de parenchyme, il en résultera une masse qui ne levera jamais, et qui ne fera qu'un pain très-mat, même en y ajoutant les matières propres à y développer la fermentation.

L'on voit, par cet exposé, que Fourcroy n'admet dans la panification ni fermentation alcoolique ni fermentation acide, mais bien un commencement de décomposition putride, tandis que M. Thenard, avec un grand nombre d'autres chimistes, admettent ces deux premières fermentations. Quoiqu'il en soit de ce point de théorie, il est généralement reconnu, 1.º que c'est principalement au gluten, combiné avec le ferment ou levain, que la pâte doit sa panification, ou, si l'on veut, la faculté de lever ; 2.º que c'est au dégagement du gaz acide carbonique que le pain doit sa légéreté, sa porosité, et ce qu'on nomme ses yeux. Pour favoriser cette fermentation, l'on doit donc tenir la pâte à une douce température. Ceci nous conduit naturellement à parler du ferment ou levain, puisque c'est lui qui sert à déterminer la panification ou fermentation panaire.

Du ferment ou levain.

Il se présente ici une grande question : le ferment existe-t-il tout formé dans les végétaux, ou bien n'en contiennent-ils que les principes qui se réunissent pendant la fermentation vineuse ? Nous adopterons cette dernière opinion, parce qu'aucune expérience directe n'a pu encore l'isoler des liqueurs non fermentées. Le ferment se développe dans les liqueurs riches en matières glutineuse et albumineuse. Ces substances doivent donc concourir à sa formation ; cela est d'autant plus vraisemblable, que l'on sait que les liqueurs fermentescibles, portées à l'ébullition, perdent la propriété de fermenter. D'après quelques expériences qui nous sont propres, nous pensons que le ferment qu'on parvient à isoler est une combinaison albumino-glutineuse dans un état parti-

culier ; celui qu'on obtient en lavant à l'eau froide la levure
de bière est brunâtre, transparent, dur, cassant, et a l'aspect
de la corne. Il donne, en se décomposant, du carbonate
d'ammoniaque, du gaz hydrogène carboné, de l'huile em-
pyreumatique, etc. Uni aux substances sucrées, en solution
dans l'eau, et exposées à une douce température, il en détermine la fermentation. Dans le commerce, ce ferment porte
le nom de *levure de bière* ; les *levuriers* le vendent, à Paris,
en consistance pâteuse, d'un blanc grisâtre. Exposé à une
température de 18 à 20 degrés, il se décompose, et passe en
quelques jours à la fermentation putride : exposé à la chaleur,
il perd les deux tiers de son poids, et devient alors sec, dur
et cassant. Le ferment est insoluble dans l'eau froide et dans
l'alcool ; l'eau bouillante le dépouille pendant quelque temps
de sa propriété fermentescible : l'huile volatile de moutarde
le détruit complétement. D'après un grand nombre d'observations qui nous sont propres, parmi lesquelles nous citerons
plusieurs bouteilles de moût, que nous conservons à l'abri de
toute fermentation depuis dix ans, au moyen de quelques
gouttes de cette huile volatile ; si la fermentation vineuse est
établie, cette même huile l'arrête. Le ferment, ou *levure de
bière*, est employé pour établir la fermentation panaire dans
les lieux où il existe des brasseries, et particulièrement en
Angleterre ; dans les autres localités, on recourt à la pâte
aigrie ou levain.

Des levains des différens pays.

Le ferment dont on se sert généralement dans le nord de
l'Europe, pour faire monter la pâte destinée à faire du pain,
est l'écume qui provient de la fermentation des liqueurs de
malt. On emploie cette *levure* dans la proportion d'une pinte
par cent livres de farine. L'effet en est plus prompt que celui
du levain. En France, cependant, on emploie du levain,
qu'on pétrit avec la pâte, et on ajoute un peu de levure avec
la dernière portion d'eau.

On peut se procurer de la levure, en faisant bouillir pendant dix minutes trois livres et demie de farine dans trois
pintes d'eau, dont on décante ensuite deux pintes, qu'on
conserve dans un lieu échauffé. La fermentation commence
au bout de trente heures environ. A cette époque, on y verse

quatre pintes d'une décoction semblable de malt, et lorsque la fermentation recommence, on en ajoute une quantité semblable ; et ainsi de suite, jusqu'à ce qu'on ait obtenu une quantité de levure suffisante.

En France, on comprend sous le nom de levure, non-seulement l'écume, mais encore les fonds de bière. Les levuriers les achètent aux brasseurs ; ils en font écouler la bière, en les enfermant dans des sacs ; on les lave ensuite, en mettant les sacs dans un courant d'eau, et on les fait sécher au soleil. La levure, proprement dite, ou écume de la bière, est séchée de la même manière, elle est, en cet état, plus facile à transporter.

Cette levure, à l'état sec, doit être de couleur jaunâtre, brune ou grise ; mais il faut rejeter celle qui est noire et amère ; elle doit être sèche et à cassure nette, et ne pas céder à la pression des doigts. Lorsqu'on en fait dissoudre dans l'eau chaude et qu'on en verse quelques gouttes dans l'eau bouillante, la levure doit venir à la surface.

Les boulangers d'Edimbourg s'approvisionnent de levure de la manière suivante : ils mélangent dix livres de farine avec deux gallons d'eau bouillante, et couvrent la bouillie pendant huit heures environ. Après ce temps, on y ajoute deux pintes de la levure obtenue le jour précédent ; et, au bout de six à huit heures, on obtient une quantité nouvelle de levure, suffisante pour quatre cent-vingt livres de farine.

Quand on est obligé de préparer un ferment à l'aide du malt, on peut tout aussi bien employer le moût que la levure. Une patente fut accordée, à M. Stock, pour un levain de cette espèce ; il préparait le moût, à l'aide de deux livres de malt, un cinquième d'once de sucre et une once de houblon par gallon : deux gallons de ce moût sont suffisans pour faire fermenter cinq cent-quarante livres de farine.

Les Hongrois préparent un levain de la même manière, et qu'ils peuvent garder toute l'année. Ils font bouillir dans l'eau, pendant l'été, une certaine quantité de son, de froment et de houblon. La décoction ne tarde pas à fermenter, et ils y jettent alors une quantité de son suffisante pour faire du tout une pâte très-épaisse, dont ils font des boules, qu'on sèche à une douce chaleur. Lorsqu'on veut s'en servir, on en brise quelques-unes ; on verse sur les morceaux de l'eau bouillante, quand elle y a séjourné assez long-temps, on la décante, et on s'en sert pour pétrir le pain.

Les Romains préparaient aussi leur ferment de la même manière ; ils faisaient avec du vin en fermentation une pâte épaisse de farine de millet, dont ils faisaient ensuite des boules, qu'ils laissaient sécher.

On pourrait, en ce pays, préparer un ferment semblable avec les raisins secs ; mais il serait nécessaire de presser les raisins entre deux planches, sans quoi ils retiendraient la plus grande partie de la matière fermentescible.

Du levain en France.

Le levain dans la plus grande partie de la France est une pâte fermentée, qui est destinée à imprimer à la pâte de farine cette fermentation que Fourcroy nomme *panaire*. Sans le levain, cette pâte ne se boursouflerait point, et le pain obtenu serait mat, pesant, et de mauvaise qualité. Le levain produit des effets sur la pâte, qui varient suivant que sa fermentation est plus ou moins avancée ; on désigne ce degré de fermentation par les noms de *levain jeune*, *levain fort*, et *levain vieux*.

Le *levain jeune* n'a encore subi qu'un commencement de fermentation ; il est dans un état presque voisin de la pâte.

Le *levain fort* est le levain dans sa plus grande force.

Le *levain vieux* est celui qui, en termes de l'art, a passé son apprêt, c'est-à-dire qui est dans un état de fermentation avancée. Dans ce cas, il communique au pain un goût aigre. Le levain jeune n'imprime à la pâte qu'un faible degré de fermentation ; aussi, le pain qui en résulte est mat, pesant, et plus blanc. Le levain fort et au point convenable, est celui qui mérite la préférence. Dans la boulangerie, on donne différens noms aux levains, suivant la partie de la pâte avec laquelle ils ont été formés et leur degré de fermentation. Nous allons les énumérer.

1.º Levain de chef.

Ce levain se compose d'un morceau de pâte incorporé avec les ratissures du pétrin et un peu de farine ; le tout réduit, au moyen de l'eau, en consistance de pâte ferme, qu'on met au frais dans une petite corbeille revêtue, en dedans, d'une toile qui se replie sur la pâte. Ce levain, pour être au point convenable de fermentation, doit avoir acquis un volume double, offrir une surface bombée et lisse; il doit aussi repousser légèrement la main quand on le presse, nager sur l'eau, offrir encore de la ténacité, et répandre une odeur vineuse, agréable; enfin, conserver sa forme lorsqu'on le fait tomber dans le pétrin. Ce levain est appelé *de chef*, parce que c'est de celui-là que proviennent les autres.

2.º *Levain de première.*

M. Dessables a donné, dans la première édition de cet ouvrage, la description de ces divers levains, d'après MM. Parmentier, Mutel, et les divers auteurs qui ont traité de l'art du boulanger; nous allons donc nous borner à reproduire ici ces articles de M. Dessables, que nous marquerons d'une astérisque.

* Le premier levain se compose du levain de chef, d'un volume de farine d'un poids double de celui de son poids, et d'une quantité d'eau proportionnée à sa grosseur. Autrefois, on commençait par mettre dans une petite fontaine *le chef* et moitié de l'eau qu'on voulait employer; on délayait bien le levain, et on ajoutait ensuite peu à peu la farine et le reste de l'eau. Maintenant, on verse dans la fontaine la totalité de l'eau qu'on veut employer; on place ensuite très-doucement le levain de chef au milieu, on l'arrose en jetant de l'eau dessus avec la main, puis on le délaie. La pâte résultant de ce mélange, devant avoir de la consistance et de la ténacité, doit être travaillée avec force et vivacité. On met toujours ce levain dans une corbeille, qu'on couvre d'une toile légère et humide; mais la manière de le gouverner dépend de la saison. En été, on place la corbeille dans un lieu froid, afin de retarder la fermentation; dans l'hiver, au contraire, on la place dans un endroit chaud. Les boulangers laissent actuellement tous leurs levains dans le pétrin; celui de chef est le seul qu'ils mettent dans une corbeille.

Quand ce levain est parvenu au degré requis, on le rafraîchit, c'est-à-dire qu'on le pétrit de nouveau avec de la farine et de l'eau, et qu'on augmente sa masse environ de moitié. On répète cette opération trois et même quatre fois, surtout quand le temps est chaud ou que le travail doit être long; par ce moyen, on enlève insensiblement à la pâte son aigreur et sa force, en la rendant plus spiritueuse. On appelle ce levain *levain de première*.

La méthode de rafraîchir le pain, indispensable chez les boulangers, peut très-bien n'être pas suivie par les particuliers; et, en travaillant avec soin le levain une fois seulement, on obtient d'excellent pain de ménage, comme le prouve l'expérience journalière.

Du Levain de seconde.

On renouvelle, pour le second levain, l'opération qui vient d'être décrite pour le premier, c'est-à-dire qu'on le met dans une fontaine, et qu'en le mélangeant avec de la farine et de l'eau, on augmente encore son volume d'un tiers. Seulement, la pâte doit être un peu moins ferme que celle du premier levain; mais aussi elle a besoin d'être travaillée davantage. Ce levain, qu'on nomme *de seconde*, et qui s'apprête communément plus promptement que le premier, doit, quand on ne le laisse pas dans le pétrin, être mis dans une corbeille assez grande pour qu'en fermentant il ne s'échappe pas par-dessus les bords.

Il en est de la pâte des levains comme de celle du pain; plus elle est travaillée, et plus elle acquiert de qualité. On avait toujours regardé le levain de tout point comme le principal, et comme exigeant par conséquent plus de soin que les autres. J'ai eu lieu de me convaincre que le levain de seconde est celui qui demande le plus d'attention, de soins et de travail; et, en cela, je suis d'accord avec les meilleurs boulangers.

Du troisième Levain, ou du Levain de tout point.

Les garçons boulangers qui, comme nous l'avons déjà dit, négligent parfois le premier et le deuxième levain, donnent la plus grande attention au *levain de tout point*; ils en sentent d'autant mieux la nécessité, qu'ils ne peuvent douter que de ce levain dépend la qualité du pain. Le levain de tout point se forme comme les deux précédens; mais, en été, son volume doit être de moitié de la fournée, et en hiver, du tiers au moins. Ce levain, après avoir passé par trois états différons, doit, pour peu qu'il ait été manipulé, et pris au degré de sa fermentation, être dégagé de toute son aigreur, et ressembler, à peu de chose près, à la pâte au moment où elle va être mise au four. Comme il est trop considérable pour pouvoir être placé dans une corbeille, on le laisse dans le pétrin, au milieu d'une fontaine, et on le recouvre de farine en quantité plus ou moins grande, suivant la saison ou la localité. La pâte de ce levain doit être bien plus travaillée que celle des autres.

La fermentation des levains dépendant particulièrement des variations de l'atmosphère et des saisons, il serait difficile et même impossible de déterminer positivement le temps nécessaire pour leur préparation. Les farines ont encore beaucoup d'influence sur les effets du levain; ainsi, il faut se servir d'un levain jeune et pris en grande quantité, pour les farines sèches et celles qu'on nomme *revêches*, parce qu'elles sont plus abondantes en matière glutineuse. Au contraire, les farines humides ou fraîchement moulues veulent du levain fort et en dose considérable; il est encore reconnu que les farines les plus blanches sont celles dont la fermentation est plus lente, mais aussi plus complète.

On ne saurait trop condamner l'usage où sont beaucoup de particuliers, et même des boulangers, de faire leur levain avec des farines bises; car, indépendamment des autres vices de pareils levains, on sera toujours assuré que le pain auquel ils auront servi sera bis, quoique pétri avec de la farine bien blanche.

Levain de pâte.

A l'exception des grandes villes, où l'on fabrique de la bière, on n'emploie, dans toute la France, que le levain de pâte. Dans le midi de la France, où chacun pétrit son pain, l'on envoie prendre le levain chez le boulanger, et on le lui rend ensuite en pâte. Il y a des particuliers qui le conservent et se le prêtent entre eux. Parfois, comme ils ne pétrissent que tous les huit jours, ce levain, s'il n'a pas été prêté, est dans un état de fermentation très-avancée, sa surface est couverte d'une croûte épaisse, et la pâte qu'elle recouvre est mollasse et acide. Quoique de pareils levains ne puissent que communiquer un mauvais goût au pain, ils n'en sont pas moins employés, surtout dans les campagnes.

Au reste, on ne peut pas déterminer au juste le temps que chaque levain doit parcourir avant d'être devenu propre à la panification, puisque cette fermentation, ainsi que celle de la pâte, est plus ou moins avancée ou retardée par la température atmosphérique.

D'après ce principe, en été, le levain a moins besoin d'apprêt; tandis qu'en hiver on lui en laisse prendre davantage; mais comme il arrive que les levains peuvent être détériorés, ou qu'ils sont trop jeunes, nous allons indiquer les moyens propres à y remédier. Nous les tirerons de la première édition de cet ouvrage, par M. Dessables, et nous les exposerons tels qu'il les a retracés.

Moyens de racommoder les levains.

Les levains détériorés péchent pour n'être point apprêtés, pour l'être trop, ou pour ne l'être point assez; il faut indiquer les moyens de racommoder ceux qui se trouvent dans l'un de ces trois états.

Deux choses particulièrement peuvent suspendre et même arrêter l'apprêt d'un levain; savoir, le volume trop petit du chef, et le froid qui aura surpris la pâte. Pour raccommoder un levain de cette espèce, c'est-à-dire qu'il ne s'est point du tout apprêté, on peut se servir de vinaigre, de vin, d'eau-de-vie et mieux encore de liqueurs qui seraient en fermentation, comme le cidre doux, le vin de Champagne ou la bière. Ces liqueurs hâtent la fermentation et favorisent son développement; elles réchauffent la pâte et la vivifient en quelque sorte; mais il faut avoir grand soin de ne pas les employer en trop fortes doses : trop de vinaigre, par exemple, produirait sur le pain le même effet qu'un levain vieux ou trop fort. Pour le levain d'une fournée entière, on peut employer d'un demi-setier à une chopine de liqueur spiritueuse : on sent facilement que c'est en refaisant le levain qu'on doit y mélanger la liqueur.

Quand on veut raccommoder un levain de première ou de seconde qui est trop apprêté, on doit mettre ce levain dans une fontaine, et verser dessus, en petite quantité, de l'eau froide ou tiède, suivant la saison. On délaie ensuite le tout ensemble, mais de manière à ce que la pâte conserve une consistance suffisante pour être travaillée avec vigueur et pendant l'espace de temps nécessaire à l'évaporation de l'acide volatil qui se trouve excéder la dose requise; on ajoute ensuite le restant de l'eau destinée à l'opération, et on travaille de nouveau la pâte ; c'est là ce qu'on appelle *décharger*, *fatiguer le levain*. Après que le levain, ainsi travaillé, a acquis toute la ténacité nécessaire, on y ajoute encore un peu d'eau, afin de faire disparaître, s'il est possible, le reste de son aigreur.

M. Parmentier veut que la fontaine dans laquelle est placé le levain, soit plus large que de coutume ; qu'on coupe le levain en plusieurs morceaux, et, qu'ainsi partagé, il soit couvert d'une toile légère et humide, qui puisse lui communiquer de la fraîcheur, et par là même, retarder sa fermentation.

Pour hâter la fermentation des levains qui sont trop faibles, et dont l'apprêt est trop lent ; on prend de l'eau très-chaude, et on en verse un tiers à la superficie et tout autour de ce levain qu'on met, s'il n'y est déjà, dans une fontaine étroite et solide ; quand la pâte réchauffée par l'eau, commence à se soulever et à s'entrouvrir, on facilite son mouvement, en versant dessus, à différentes reprises, un second tiers de l'eau. Enfin, quand le levain a acquis le degré où il doit être délayé, on verse dessus le dernier tiers de l'eau, qui doit encore être chaude, et on travaille le tout promptement, et jusqu'à ce qu'on ait obtenu une pâte un peu moins ferme qu'on ne la veut ordinairement ; alors, on sépare le levain, on le met dans plusieurs corbeilles qu'on couvre d'une double couverture de laine, et qu'on place auprès du four.

En général les levains raccommodés veulent être employés plus promptement que les autres.

D'après ce que je viens de dire, il est évident qu'on peut tirer parti des vieux levains ; qu'un boulanger instruit parviendra, quand il le voudra, à retarder, ou bien à hâter la fermentation de la pâte, et, par conséquent, à l'amener, dans toutes les saisons, au point où elle doit être pour faire de bon pain.

Il est encore certaines vérités que les boulangers ne devraient jamais perdre de vue, et qui devraient leur servir de règle : grands levains jeunes dans presque tous les temps, et pour les farines de presque tous les blés ; levains forts dans les grands froids, et pour les farines tendres et humides ; jamais levains vieux en aucune saison, et pour quelque espèce de farine que ce puisse être.

FIN DE LA PREMIÈRE PARTIE.

Bar-le-Duc. — Imprimerie de LAGUERRE.

COLLECTION DE MANUELS

FORMANT UNE

ENCYCLOPÉDIE

DES

Sciences et Arts,

FORMAT IN-18;

PAR UNE REUNION DE SAVANS ET DE PRATICIENS,

MM. AMOROS, ARSENNE, BIRET, BIXIO, BOISDUVAL, BOITARD, BOSC, BOYARD, CAHEN, CHAUSSIER, CHORON, Paulin DÉSORMEAUX, JANVIER, JULIA-FONTENELLE, JULY, LACROIX, LANDRIN, LAUNAY, Sébastien LENORMAND, LEBLON, LORIOL, MATTER, NOEL, RANG, RICHARD, RIFFAULT, SCRIBE, TARBÉ, TREQUEM, THILLAYE, TOUSSAINT, THENNRY, VAUQUELIN, VERGNAUD, etc., etc.

Depuis que les Sciences exactes ont, par leur application à l'Agriculture et aux Arts, contribué si puissamment au développement de l'industrie agricole et de l'industrie manufacturière, leur étude est devenue un besoin pour toutes les classes de la société. Les Mathématiques, la Physique, la Chimie, sont des sciences qu'il n'est plus permis d'ignorer; aussi les traités de ce genre sont-ils aujourd'hui dans les mains des artisans et dans celles des gens du monde. Mais on a généralement reconnu que la cherté de ces sortes de livres est un grand empêchement à leur propagation, et que la rédaction n'a pas toujours la clarté et la simplicité nécessaires pour faire pénétrer promptement dans l'esprit les principes qu'ils exposent. C'est pour remédier à ces deux inconvéniens que nous avons entrepris de publier, sous le titre de *Manuels*, des Traités vraiment élémentaires, dont la réunion formera une Encyclopédie portative des Sciences et des Arts, dans laquelle les agriculteurs, les fabricans, les manufacturiers et les ouvriers en tout genre trouveront tout ce qui les concerne, et par là tront à même d'acquérir à peu de frais toutes les connaissances qu'ils doivent avoir pour exercer avec fruit leur profession.

Les professeurs, les élèves, les amateurs et les gens du monde pourront puiser des connaissances aussi solides qu'instructives.

Plusieurs de nos manuels sont arrivés en peu de temps à plusieurs éditions : un si grand succès est une preuve évidente de leur utilité ; aussi sommes-nous décidés à en continuer la publication avec toute la célérité possible. La rédaction des volumes à faire paraître est fort avancée, et nous croyons pouvoir promettre que cette intéressante Collection sera terminée avant peu.

La meilleure preuve que nous puissions donner de l'utilité et de la bonté de cette Encyclopédie populaire, c'est le succès prodigieux des divers Traités parus.

Cette entreprise étant toute philantropique, les personnes qui auraient quelque chose à faire parvenir, dans l'intérêt des sciences et des arts, sont priées de l'envoyer *franco* à M. le *Directeur de l'Encyclopédie in-18* chez Roret, libraire, rue Hautefeuille, n° 10 *bis*, au coin de celle du Battoir, à Paris.

Tous les *Traités se vendent séparément. Un grand nombre est en vente ; les autres paraîtront successivement. Pour les recevoir franc de port, on ajoutera* 10 *centimes par volume in-18.*

LIBRAIRIE ENCYCLOPÉDIQUE

DE RORET,

DE HAUTEFEUILLE, N° 10 bis, AU COIN DE LA RUE DU BATTWON

N. B. Comme il existe à Paris deux Libraires du nom de RORET,
l'on est prié de bien indiquer l'adresse.

MANUEL D'ALGÈBRE, ou Exposition élémentaire des principes de
cette science, à l'usage des personnes privées des secours d'un maître, par
M. TERQUEM, docteur ès sciences, officier de l'Université, professeur aux
Écoles royales, etc. Deuxième édition. Un gros volume. . . . . . 3 fr. 50 c.

— DE L'AMIDONNIER ET DU VERMICELLIER, auquel on a joint
tout ce qui est relatif à la fabrication des produits obtenus avec la pomme de
terre, les marrons d'Inde, les châtaignes, et toutes les autres plantes connues
pour contenir quelque substance alimentaire ou féculente, par M. MORIN. Un
vol. orné de figures. . . . . . 3 fr.

— D'ARCHITECTURE, ou Traité général de l'art de bâtir, par M. TOU-
SSAINT, architecte. Seconde édition. Deux gros vol. ornés d'un grand nombre de pl.
. . . . . 7 fr.

— DE L'ARMURIER, DU FOURBISSEUR ET DE L'ARQUEBUSIER,
ou Traité complet et simplifié de ces arts, par M. PAULIN DESORMEAUX. Un vol.
orné de pl. . . . . . 3 fr.

— D'ARPENTAGE, ou Instruction sur cet art et sur celui de lever les
plans, par M. LACROIX, membre de l'Institut. Cinquième édition. Un vol. orné
de pl. . . . . . 2 fr. 50 c.

— SUPPLÉMENTAIRE D'ARPENTAGE, ou Recueil d'exemples pratiques pour les différentes opérations d'arpentage et du levé des plans, par
MM. HOGARD père et fils. Un vol. orné de Modèles de topographie et de beaucoup de figures.

— D'ARITHMÉTIQUE DÉMONTRÉE, à l'usage des jeunes gens qui se
destinent au commerce, et de tous ceux qui désirent se bien pénétrer de cette
science, par M. COLLIN, et revu par M. R..., ancien élève de l'École Polytechnique. Un vol. Neuvième édition. . . . . . 1 fr. 50 c.

— COMPLÉMENTAIRE D'ARITHMÉTIQUE, ou Recueil de problèmes
et de solutions, par M. TERQUEM, professeur. Un vol.

— DE L'ARTIFICIER, ou l'Art de faire toutes sortes de feux d'artifice
et de frais, et d'après les meilleurs procédés, contenant les Éléments de la
pyrotechnie civile et militaire, leur application pratique à tous les artifices
connus jusqu'à ce jour, et à de nouvelles combinaisons fulminantes, par M. VER-
GNAUD, capitaine d'artillerie. Deuxième édition. Un vol. orné de pl. . . . 3 fr.

— D'ASTRONOMIE, ou Traité élémentaire de cette science, d'après
l'état actuel de nos connaissances, contenant l'Exposé complet et raisonné des
ondes basé sur les travaux les plus récens et les résultats qui dérivent des
recherches de M. Pouillet sur la température du soleil et de celles de M. Arago
sur la densité de la partie extérieure de cet astre, par M. DIEU, membre de
plusieurs sociétés savantes. Troisième édition. Un vol. orné de pl. . . 3 fr. 50 c.

— DE L'ACCORDEUR, ou l'Art d'accorder le Piano, mis à la portée de tout le monde; par M. Giorgio di Roma. 1 fr. 25 c.

— DU BANQUIER, DE L'AGENT DE CHANGE ET DU COURTIER, contenant les lois et règlemens qui s'y rapportent, les diverses opérations de change, courtage et négociation des effets à la Bourse; par M. Peuchet. Un vol. 2 fr. 50 c.

— DU BIJOUTIER, DU JOAILLIER ET DE L'ORFÈVRE, ou Traité complet et simplifié de ces arts; par M. Julia de Fontanelle. Deux vol. ornés de pl. 7 fr.

MANUEL DU BONNETIER ET DU FABRICANT DE BAS, ou Traité complet et simplifié de ces arts; par MM. V. Leblanc et Préaux-Caltot. Un vol. orné de pl. 3 fr.

— DE BOTANIQUE, contenant les principes élémentaires de cette science, la Glossologie, l'Organographie et la Physiologie végétale, la Phytothéraxie, l'Analyse de tous les systèmes, tant naturels qu'artificiels, faite sur la distribution des plantes, depuis Aristote jusqu'à ce jour, et le développement du système des familles naturelles; par M. Boitard. Troisième édition. Un vol. orné de planches. 3 fr. 50 c.

— DE BOTANIQUE, deuxième partie. FLORE FRANÇAISE, ou Description synoptique de toutes les plantes phanérogames et cryptogames qui croissent naturellement sur le sol français, avec les caractères des genres des agames et l'indication des principales espèces; par M. Boisduval. Trois gros 10 fr 50 c.

ATLAS DE BOTANIQUE, composé de 120 planches, représentant la plupart des planches décrites dans les ouvrages ci-dessus.

Figures noires, 18 fr.   Figures coloriées, 36 fr.

MANUEL DU BOTTIER ET DU CORDONNIER, ou Traité complet de ces arts, par M. Morin. Un vol. orné de pl. 3 fr.

— DE BIOGRAPHIE, ou Dictionnaire historique abrégé des grands hommes; par M. Jacquelin et par M. Noël, inspecteur général des études. Deux vol. Deuxième édition. 6 fr.

— DU BOULANGER, DU NÉGOCIANT EN GRAINS, DU MEUNIER ET DU CONSTRUCTEUR DE MOULINS. Troisième édition, entièrement refondue, par MM. Julia Fontenelle et Benoit. 2 gros vol. ornés de pl. 5 fr.

— DU BOURRELIER ET DU SELLIER, contenant la description de tous les procédés usuels, perfectionnés ou nouvellement inventés, pour garnir toutes sortes de voitures, et préparer les attelages; par M. Lebrun. Un vol. orné de fig. 3 fr.

— COMPLET DU BLANCHIMENT ET DU BLANCHISSAGE, NETTOYAGE ET DÉGRAISSAGE DES FILS ET ÉTOFFES DE CHANVRE, LIN, COTON, LAINE, SOIE, ainsi que de la Cire, des Éponges, de la Laque, du Papier, de la Paille, etc., offrant l'exposé de toutes les découvertes, perfectionnemens et pratiques nouvelles dont les arts se sont enrichis, tant en France que dans l'étranger; par M. Julia de Fontanelle. Deux vol. ornés de pl. 5 fr.

— DU BRASSEUR, ou l'Art de faire toutes sortes de bières, contenant tous les procédés de cet art; traduit de l'anglais de Accum, par M. Riffault. Deuxième édition, revue, corrigée et augmentée. Un vol. 2 fr. 50 c.

— DE CALLIGRAPHIE, méthode complète de Carstairs, dite Américaine, ou l'Art d'écrire en peu de leçons, par des moyens prompts et faciles; traduit de l'anglais par M. Tremkay, accompagné d'un Atlas renfermant un grand nombre de modèles mis en français. Nouvelle édition. 3 fr.

— DU CARTONNIER, DU CARTIER ET DU FABRICANT DE CARTONNAGE, ou l'Art de faire toutes sortes de cartons, de cartonnages et de cartes à jouer, contenant les meilleurs procédés pour gaufrer, colorier, vernir, dorer, couvrir en paille, en soie, etc., les ouvrages en carton; par M. Lebrun, membre de plusieurs sociétés savantes. Un vol. orné d'un grand nombre de fig. 3 fr.

— DU CHARPENTIER, ou Traité complet et simplifié de cet art; par

M. Hanus et Biston (Valentin). Troisième édition. Un vol. orné de 12 planches. 3 fr. 50 c.

MANUEL DU CHAMOISEUR, MAROQUINIER, PEAUSSIER ET PARCHEMINIER, contenant les procédés les plus nouveaux, toutes les découvertes faites jusqu'à ce jour, et toutes les connaissances nécessaires à ceux qui veulent pratiquer ces arts; par M. Dessables. Un vol. orné de pl. 3 fr.

— DU CHANDELIER ET DU CIRIER, suivi de l'Art du fabricant de cire à cacheter; par M. Sébastien Lenormand, professeur de technologie, etc. Un gros vol. orné de pl. 3 fr.

— DU CHARCUTIER, ou l'Art de préparer et de conserver les différentes parties du cochon, d'après les plus nouveaux procédés, précédé de l'art d'élever les porcs, de les engraisser et de les guérir; par une réunion de Charcutiers, et rédigé par madame Célnard. Un vol. 2 fr. 50 c.

— DU CHASSEUR, contenant un Traité sur toutes les chasses, un vocabulaire des termes de vénerie, de fauconnerie et de chasse; les lois, ordonnances de police, etc., sur le port d'armes, la chasse, la pêche, la louveterie. Cinquième édition. Un vol. avec fig et musique. 3 fr.

— DU CHAUFOURNIER, contenant l'art de calciner la pierre à chaux et à plâtre, de composer toutes sortes de mortiers ordinaires et hydrauliques, ciments, pouzzolanes artificielles, bétons, mastics, briques crues, pierres et stucs, ou marbres factices propres aux constructions; par M. Biston. Un gros vol. 3 fr.

— DE CHIMIE, ou Précis élémentaire de cette science, dans l'état actuel de nos connaissances; Quatrième édition, revue, corrigée, et très augmentée, par M. Vergnaud. Un gros vol. orné de fig. 3 fr. 50 c.

— DE CHIMIE AMUSANTE, ou nouvelles Récréations chimiques, contenant une suite d'expériences curieuses et instructives en chimie, d'une exécution facile, et ne présentant aucun danger; par Frédéric Accum, suivi de notes intéressantes sur la Physique, la Chimie, la Minéralogie, etc. par Samuel Parkes. Quatrième édition, revue par M. Vergnaud. Un vol. orné de fig. 3 fr.

— DU COLORISTE, ou Instruction complète et élémentaire pour l'enluminure, le lavis et la retouche des gravures, images, lithographies, planches d'histoire naturelle, cartes géographiques et plans topographiques, contenant la description des instruments et ustensiles propres au Coloriste, la composition, les qualités, le mélange, l'emploi des couleurs, et les différents travaux d'enluminure; par M. A.-M. Perrot, revu et augmenté par M. E. Blanchard, peintre d'histoire naturelle. Un vol. orné de pl. 2 fr. 50 c.

ART DE SE COIFFER SOI-MÊME, enseigné aux dames, suivi du Manuel du Coiffeur, précédé de préceptes sur l'entretien, la beauté et la conservation de la chevelure, etc., etc; par M. Villaret. Un joli vol. 2 fr. 50 c.

MANUEL DE LA BONNE COMPAGNIE, ou Guide de la politesse, des égards, du bon ton et de la bienséance. Septième édition. Un vol. 2 fr. 50 c.

— DU CHARRON ET DU CARROSSIER, ou l'Art de fabriquer toutes sortes de voitures; par M. Norman. Deux vol. ornés de pl. 6 fr.

— DU CONSTRUCTEUR DES MACHINES A VAPEUR, par M. Janvier, officier au corps royal de la marine. Un vol. orné de pl. 2 fr. 50 c.

— DU CONSTRUCTEUR DES CHEMINS DE FER, ou essai sur les principes généraux de l'art de construire les chemins de fer; par M. Em. Biot. Un vol. 3 fr.

— POUR LA CONSTRUCTION ET LE DESSIN DES CARTES GÉOGRAPHIQUES, contenant des considérations générales sur l'étude de la géographie, l'usage des cartes et les principes de leur réduction, le tracé linéaire des projections, les instruments qui servent aux différentes opérations, et la manière de dessiner toutes espèces de cartes; par A.-M. Perrot, ouvrage orné d'un grand nombre de pl. Un vol. 3 fr.

MANUEL PRATIQUE DES CONTRE-POISONS, ou Traitement des individus empoisonnés, asphyxiés, noyés ou mordus par des animaux enragés et des serpens, ou piqués par des insectes venimeux, suivi des moyens à employer dans les cas de mort apparente, par M. le doct. Chaussier. Un vol. orné de fig. 2 fr. 50 c.

— **DES CONTRIBUTIONS DIRECTES,** à l'usage des contribuables, des receveurs, des employés des contributions et du cadastre ; suivi du mode des réclamations, et la marche à suivre pour obtenir une juste et prompte décision, etc. ; par M. Deloncle, ex contrôleur. Un vol. 3 fr. 50 c.

— **DU COUTELIER** ... Traité théorique et pratique de l'art de faire tous les ouvrages de coutellerie, par M. Landrin. Un gros vol. orné de planches. 3 fr. 50 c.

— **DE L'HISTOIRE NATURELLE DES CRUSTACÉS,** contenant leur description et leurs mœurs, avec figures dessinées d'après nature, par feu M. Bosc, de l'Institut, édition mise au niveau des connaissances actuelles, par M. Desmarets, correspondant de l'Académie royale des Sciences. Deux vol. 6 fr.

— **DU CUISINIER ET DE LA CUISINIÈRE,** à l'usage de la ville et de la campagne, contenant toutes les recettes les plus simples pour faire bonne chère avec économie, ainsi que les meilleurs procédés pour la pâtisserie et l'office ; précédé d'un Traité sur la dissection des viandes, suivi de la manière de conserver les substances alimentaires, et d'un traité sur les vins ; par M. Cardelli, ancien chef d'office. Dixième édition. Un gros vol. orné de fig. 2 fr. 50 c.

— **DU CULTIVATEUR-FORESTIER,** contenant l'art de cultiver en forêts tous les arbres indigènes et exotiques, propres à l'aménagement des bois, l'explication des termes techniques employés dans le langage forestier et en botanique dendrologique ; un extrait des lois concernant les propriétés particulières soumises au régime forestier et les fonctions des gardes ; enfin, une Flore dendrologique de la France ; par M. Boitard, membre de plusieurs sociétés savantes nationales et étrangères. Deux vol. 5 fr.

— **DU CULTIVATEUR FRANÇAIS,** ou l'art de bien cultiver les terres, de soigner les bestiaux et de retirer des unes et des autres le plus de bénéfices possible ; par M. Thiébaut de Berneaud. Deux vol. 5 fr.

— **DE LA CORRESPONDANCE COMMERCIALE,** contenant : un Dictionnaire des termes du Commerce, des modèles et des formules épistolaires et de comptabilité, pour tous les cas qui se présentent dans les opérations commerciales, avec des notions générales et particulières sur leur emploi ; par M. C. F. Rous Lachesne. Deuxième édition revue, corrigée et augmentée d'un nouveau mode pour dresser les comptes d'intérêts, de plus, d'un traité sur les lettres de change, billets et autres effets de commerce, ainsi que de toutes les formules qui y sont relatives, etc. Un vol. 2 fr. 50 c.

— **DES DAMES,** ou l'Art de l'Élégance ; par mad. Celnart. Deuxième édition. Un vol. orné de fig. 3 fr.

— **DE LA DANSE,** comprenant la théorie, la pratique et l'histoire de cet art, depuis les temps les plus reculés jusqu'à nos jours ; à l'usage des amateurs et des professeurs, par M. Blasis ; traduit de l'anglais par M. P. Vergnaud, et revu par M. Gardel. Un gros vol. orné de planches et musique. 3 fr. 50 c.

— **DES DEMOISELLES,** ou Arts et Métiers, qui leur conviennent, tels que la couture, la broderie, le tricot, la dentelle, la tapisserie, les bourses, les ouvrages en filets, en chenille, en gaze, en perles, en cheveux, etc., etc. ; enfin tous les arts dont les demoiselles peuvent s'occuper avec agrément ; par mad. Elisabeth Celnart. Quatrième édition. Un vol. orné de planches. 3 fr.

— **DU DESSINATEUR,** ou Traité complet de cet art, contenant le dessin géométrique, le dessin d'après nature et le dessin topographique ; par M. Perrot, etc. Troisième édit., augmentée par M. Vergnaud. Un vol. orné de planches. 3 fr.

MANUEL DU DESSINATEUR ET DE L'IMPRIMEUR LITHOGRAPHE, par M. Bregeaut, lithographe breveté. *Troisième édit.* Un vol. orné de lithographies. 3 fr.

— DU DESTRUCTEUR DES ANIMAUX NUISIBLES, ou l'Art de prendre et de détruire tous les animaux nuisibles à l'agriculture, au jardinage, à l'économie domestique, à la conservation des chasses, des étangs, etc., etc.; par M. Vérardi. *Deuxième édition.* Un vol. orné de pl. 3 fr.

— DU DISTILLATEUR LIQUORISTE, ou Traité de la distillation en général, suivi de l'Art de fabriquer des liqueurs à peu de frais et d'après les meilleurs procédés; par M. Lebeaud. *Quatrième édit.* Un vol. 3 fr. 50 c.

— DES DOMESTIQUES, ou l'Art de former de bons serviteurs; savoir, maîtres-d'hôtels, cuisiniers, cuisinières, femmes et valets de chambre, frotteurs, portiers, bonnes d'enfans, cochers, etc., par madame Celnart. Un vol. 3 fr. 50 c.

— D'ÉCONOMIE DOMESTIQUE, contenant toutes les recettes les plus simples et les plus efficaces sur l'économie rurale et domestique, à l'usage de la ville et de la campagne; par madi Celnart. *Deuxième édit.* Un vol. orné de figures. 3 fr. 50 c.

— D'ÉCONOMIE POLITIQUE, par M. J. Droz. Un volume. 3 fr. 50 c.

— DES ÉCOLES PRIMAIRES MOYENNES ET NORMALES, ou Guide complet des instituteurs et des institutrices, contenant: 1° l'exposé des principes et des méthodes d'instruction et d'éducation populaire de tous les degrés; 2° des Catalogues pour la composition de bibliothèques populaires; 3° des Lois, Circulaires et Réglemens de l'autorité sur l'enseignement primaire; 4° des Plans pour la construction de maisons, d'écoles, et la distribution des salles de classes; par un membre de l'Université, et revu par M. Maynen, inspecteur général des études. Un vol. orné de planches. 3 fr. 50 c.

— D'ENTOMOLOGIE, ou Histoire naturelle des Insectes, contenant la synonymie et la description de la plus grande partie des espèces d'Europe et des espèces exotiques les plus remarquables; par M. Boitard. Deux gros vol. 7 fr.

ATLAS D'ENTOMOLOGIE, composé de 110 planches représentant les insectes décrits dans l'ouvrage ci-dessus.

Figures noires. 17 fr. Figures coloriées. 34 fr.

MANUEL D'ÉLECTRICITÉ ATMOSPHÉRIQUE, par M. Reynaud. Un vol. orné de planches. 3 fr. 50 c.

— D'ÉQUITATION, à l'usage des deux sexes, contenant le manège civil et militaire; le manège pour les dames, la conduite des voitures; les soins et l'entretien du cheval en santé; les soins à donner au cheval en voyage; les notions de médecine vétérinaire indispensables pour attendre les secours réguliers de l'art; l'achat, le signalement et l'éducation des chevaux, orné de vingt-quatre jolies figures lithographiées par V. Adam, par M. A. D. Vergnaud. Un vol. 3 fr.

— DU STYLE ÉPISTOLAIRE, ou Choix de lettres puisées dans nos meilleurs auteurs, précédé d'instructions sur l'Art épistolaire, et de notices biographiques; par M. Biscarrat, professeur. Un gros vol. *Deuxième édition.* 3 fr. 50 c.

— DE L'ESSAYEUR, par M. Vauquelin, suivi de l'Instruction de M. Gay-Lussac sur l'essai des matières d'or et d'argent par la voie humide, et des dispositions du laboratoire de la monnaie de Paris, par M. Darcet; édition publiée par M. Vergnaud, ancien élève de l'École polytechnique. Un vol. orné de planches. 3 fr.

— DU FABRICANT D'ÉTOFFES IMPRIMÉES ET DU FABRICANT DE PAPIERS PEINTS, contenant les procédés les plus nouveaux pour imprimer les étoffes de coton, de lin, de laine et de soie, et pour colorer la surface de toutes sortes de papiers; par M. Sébastien Lenormand. Un vol. orné de pl. 3 fr.

— DU FABRICANT D'INDIENNES, renfermant les impressions des toiles, des châlis et des soies, précédé de la description botanique et chimique des matières colorantes. Ouvrage orné de planches, et destiné à faire suite au Ma-

(8)

nuel du fabricant d'étoffes imprimées et de papiers peints, par M. L. J. S. Thillaye, professeur de chimie appliquée aux arts et à la teinture. Un vol. 3 fr. 50 c.

MANUEL DU FABRICANT DE DRAPS, ou Traité général de la fabrication des draps par M. Bonnet. Un vol. 3 fr.

— DU FABRICANT ET DE L'ÉPURATEUR D'HUILE, suivi d'un Aperçu sur l'éclairage par le gaz ; par M. Julia Fontenelle. Un vol. orné de pl. 3 fr.

— DU FABRICANT DE CHAPEAUX EN TOUS GENRES, tels que feutres divers, schakos, chapeaux de soie, de coton, et autres étoffes filamenteuses ; chapeaux de plumes, de cuir, de paille, de bois, d'osier, etc., et enrichi de tous les brevets d'invention ; par MM. Curs et P., fabricans, Julia Fontenelle, professeur de chimie. Un vol. orné de pl. 3 fr.

— DU FABRICANT DE GANTS, considéré dans ses rapports avec la mégisserie, la chamoiserie et les diverses opérations qui s'y rattachent ; par M. Vallat d'Artois, ancien fabricant. Un vol. orné de planch. 3 fr. 50 c.

— DU FABRICANT DE PAPIERS, ou Traité complet de cet art ; par M. Sébastien Lenormand. Deux vol. ornés d'un grand nombre de pl. 10 fr. 50 c.

— DU FABRICANT DE PRODUITS CHIMIQUES, ou Formules et Procédés usuels relatifs aux matières que la chimie fournit aux arts industriels, à la médecine et à la pharmacie, renfermant la description des opérations et des principaux ustensiles en usage dans les laboratoires ; par M. Thillaye, professeur de chimie, chef des travaux chimiques de l'ancienne fabrique de M. Vauquelin. Deux vol. ornés de pl. 7 fr.

— DU FABRICANT ET DU RAFFINEUR DU SUCRE, ou Essai sur les différens moyens d'extraire le sucre et de le raffiner ; par MM. Blacheta et Zoega. Seconde édition, revue par M. Julia Fontenelle. Un vol. orné de pl. 3 fr. 50 c.

— THÉORIQUE ET PRATIQUE DU FABRICANT DE CIDRE ET DE POIRE, avec les moyens d'imiter avec le suc des pommes ou des poires, le vin de raisin, l'eau-de-vie et le vinaigre de vin ; suivi de l'art de faire les vins de fruits et les vins de liqueurs artificiels, de composer des aromes ou bouquets des vins, et de faire avec les raisins de tous les vignobles, soit les vins de Basse-Bourgogne, du Cher, de Touraine, de Saint-Gilles, de Roussillon, de Bordeaux et autres. Ouvrage indispensable aux marchands de vins, fabricans de cidre, cultivateurs, et aux amis de l'économie domestique, avec figures, par M. L. F. Dubief. Un vol. 3 fr. 50 c.

— DU FERBLANTIER ET DU LAMPISTE, ou l'Art de confectionne en ferblanc tous les ustensiles possibles, l'étamage, le travail du zinc, l'art de fabriquer les lampes d'après tous les systèmes anciens et nouveaux ; orné d'un grand nombre de figures et de modèles pris dans les meilleurs ateliers ; par M. Lebrun. Un vol. in-18. 3 fr.

— DU FLEURISTE ARTIFICIEL, ou l'Art d'imiter d'après nature toute espèce de fleurs en papier, batiste, mousseline et autres étoffes de coton et gaze, taffetas, satin, velours ; de faire des fleurs en or, argent, chenille, plumes, paille, baleine, cire, coquillages ; les autres fleurs de fantaisie ; les fruits artificiels ; et contenant tout ce qui est relatif au commerce des fleurs ; suivi de L'ART DU PLUMASSIER, par madame Gennain. Un vol. de fig. 1 fr. 50 c.

— DU FONDEUR SUR TOUS MÉTAUX, ou Traité de toutes les opérations de la fonderie, contenant tout ce qui a rapport à la fonte et au moulage du cuivre, à la fabrication des pompes à incendie et des machines hydrauliques, etc., etc. ; par M. Launay, fondeur de la colonne de la place Vendôme, etc. Deux vol. ornés d'un grand nombre de pl. 7 fr.

— THÉORIQUE ET PRATIQUE DU MAITRE DE FORGES, ou l'Art de travailler le fer ; par M. Landrin, ingénieur civil. Deux vol. ornés de pl. 6 fr.

MANUEL-FORMULAIRE DE TOUS LES ACTES SOUS SIGNATURE PRIVÉES, par M. Biret, jurisconsulte. Un vol. 3 fr. 50

MANUEL DES GARDES CHAMPÊTRES, FORESTIERS, GARDES PÊCHES, contenant l'exposé méthodique des lois, etc., sur leurs attributions, fonctions, droits et devoirs, avec les formules et modèles des rapports et des procès verbaux ; par M. Boyard. *Nouvelle édition.* Un vol. 2 fr. 50 c.

— **DES GARDES MALADES,** et des personnes qui veulent se soigner elles-mêmes ; ou l'Ami de la santé, contenant un exposé clair et précis des soins à donner aux malades de tout genre ; par M. Morin, docteur en médecine. Un vol. *Troisième édition.* 1 fr. 50 c.

— **DES GARDES NATIONAUX DE FRANCE,** contenant l'école du soldat et de peloton, d'après l'ordonnance du 4 mars 1831, l'entretien des armes, etc., précédé de la nouvelle loi de 1831 sur la garde nationale l'état-major, le modèle du drapeau, l'ordre du jour sur l'uniforme en général, et celui pour les communes rurales ; adopté par le général en chef ; par M. R. L. *Trente-deuxième édition,* ornée d'un grand nombre de figures représentant les divers uniformes de la garde nationale, et toutes celles nécessaires pour l'exercice et les manœuvres. Un gros vol. in-18, 1 fr. 25 c., et 1 fr. 75 c. par la poste. L'on ajoutera 50 c. pour recevoir le même ouvrage avec tous les uniformes coloriés.

— **GÉOGRAPHIQUE,** ou le nouveau Géographe-manuel, contenant la description statistique et historique de toutes les parties du monde ; la Concordance des calendriers ; une Notice sur les lettres de change, bons au porteur, billets à ordre, etc. ; le Système métrique, la Concordance des mesures anciennes et nouvelles ; les Changes et Monnaies étrangères évaluées en francs et cent. ; par Alexandre Deville. Un gros vol. orné de pl. *Quatrième édition.* 3 fr. 50 c.

— **DE GÉOGRAPHIE PHYSIQUE, HISTORIQUE ET TOPOGRAPHIQUE DE LA FRANCE,** divisée par Bassins ; par M. V. A. Lorlot, chef d'institution, membre de la société de géographie. *Deuxième édition,* revue, corrigée et considérablement augmentée. Un vol. 2 fr. 50 c.

— **DE GÉOMÉTRIE,** ou Exposition élémentaire des principes de cette science, comprenant les deux trigonométries, la théorie des projections, et les principales propriétés des lignes et surfaces du second degré, à l'usage des personnes privées des secours d'un maître ; par M. Tarquem. *Deuxième édition.* Un gros vol. orné de pl. 3 fr. 50 c.

— **DE GYMNASTIQUE,** par M. le colonel Amoros. Deux gros vol. et Atlas composé de 50 pl. 10 fr. 50 c.

— **DU GRAVEUR,** ou Traité complet de l'Art de la gravure en tous genres, d'après les renseignements fournis par plusieurs artistes, et rédigé par M. Perrot. Un vol. 3 fr.

— **DES HABITANS DE LA CAMPAGNE ET DE LA BONNE FERMIÈRE,** ou Guide pratique des travaux à faire à la campagne ; par mesdames Gacon-Dufour et Celnart. *Deuxième édition.* Un vol. 2 fr. 50 c.

— **DE L'HERBORISTE, DE L'ÉPICIER-DROGUISTE ET DU GRAINIER PÉPINIÉRISTE,** contenant la description des végétaux, les lieux de leur naissance, leur analyse chimique et leurs propriétés médicales ; par MM. Julia Fontenelle et Tollard. Deux gros vol. 7 fr.

— **D'HISTOIRE NATURELLE,** comprenant les trois règnes de la Nature, ou Genera complet des animaux, des végétaux et des minéraux ; par M. Boitard. Deux gros vol. 7 fr.

Atlas des différentes parties de l'Histoire naturelle, et qui se vendent séparément.

ATLAS POUR LA BOTANIQUE, composé de 120 pl., fig. noires, 18 fr. fig. coloriées. 36 fr.

— **POUR LES MOLLUSQUES,** représentant les mollusques nus et les coquilles, 51 pl., fig. noires, 7 fr. Fig. coloriées. 14 fr.

— **POUR LES CRUSTACÉS,** 18 pl., fig. noires, 3 fr. Fig. coloriées. 6 fr.

ATLAS POUR LES INSECTES, 110 pl., fig. noires, 17 fr. Fig. coloriées, 54 fr.

— POUR LES MAMMIFÈRES, 80 pl., fig. noires, 12 fr. Fig. coloriées, 24 fr.
— POUR LES MINÉRAUX, 40 pl., fig. noires, 6 fr. Fig. coloriées, 12 fr.
— POUR LES OISEAUX, 120 pl., fig. noires, 20 fr. Fig. coloriées, 40 fr.
— POUR LES POISSONS, 155 pl., fig. noires, 24 fr. Fig. coloriées, 48 fr.
— POUR LES REPTILES, 54 pl., fig. noires, 9 fr. Fig. coloriées, 18 fr.
— POUR LES ZOOPHYTES, représentant la plupart des vers et des animaux plantes, 25 pl., fig. noires, 6 fr. Fig. coloriées, 12 fr.

MANUEL DE L'HORLOGER ou Guide des ouvriers qui s'occupent de la construction des machines propres à mesurer le temps; par M. Sébastien Lenormand. Un gros vol. orné de pl. 3 fr. 50 c.

— D'HYGIÈNE, où l'Art de conserver sa santé; par M. Morin, docteur-médecin. Un vol. 3 fr.

— DU JARDINIER, où l'Art de cultiver et de composer toutes sortes de jardins; ouvrage divisé en deux parties: la première contient la culture des jardins potagers et fruitiers; la seconde, la culture des fleurs, et tout ce qui a rapport aux jardins d'agrément; dédié à M. Thouin, ex-professeur de culture au Muséum d'histoire naturelle, membre de l'Institut, etc.; par M. Bailly, son élève. *Sixième édition*, revue, corrigée et considérablement augmentée. Deux gros vol. ornés de pl. 5 fr.

MANUEL DU JARDINIER DES PRIMEURS, ou l'Art de forcer la nature à donner les productions en tout temps; par MM. Noisette et Boitard. Un vol. orné de pl. 3 fr.

— DE L'ARCHITECTE DES JARDINS, ou l'Art de les composer et de les décorer, par M. Boitard, ouvrage orné de 120 pl. gravées sur acier. 15 fr.

— DU JAUGEAGE ET DES DÉBITANS DE BOISSONS, contenant les tarifs très simplifiés en anciennes et nouvelles mesures, relatifs à l'art de jauger; toutes les lois, ordonnances, réglemens sur les boissons, etc., 10.; par M. Lajoux, membre de la Légion d'Honneur; et par M. D..., avocat la Cour royale de Paris. Un vol. orné de fig. 3 fr.

— DES JEUNES GENS, ou Sciences, arts et récréations qui leur conviennent, et dont ils peuvent s'occuper avec agrément et utilité, tels que jeux de billes, etc.; la gymnastique, l'escrime, la natation, etc.; les amusemens d'arithmétique, d'optique, aérostatiques, chimiques, etc.; tours de magie, de cartes, feux d'artifice, jeux de dames, d'échecs, etc.; traduit de l'anglais par Paul Véronard. Ouvrage orné d'un grand nombre de vignettes gravées sur bois par Godard. Deux vol. 6 fr.

— DES JEUX DE CALCUL ET DE HASARD, ou nouvelle Académie des jeux, contenant tous les jeux préparés simples, tels que les jeux de l'Oie, de Loto, de Domino, les jeux préparés composés, comme Dames, Trictrac, Échecs, Billard, etc.; 1° tous les jeux de cartes, soit simples, soit composés, 2° les jeux d'enfans, les jeux communs, tels que la Bête, la Mouche, la Triomphe, etc. 3° les jeux de salon, comme le Boston, le Reversis, le Whist, les jeux d'application, le Piquet, etc. 4° les jeux de distraction, comme le Commerce, le Vingt-et-Un, etc. 5° enfin les jeux spécialement dits de Hasard, tels que le Pharaon, le Trente et Quarante, la Roulette, etc. *Seconde édition*; par M. Lebrun. Un vol. 3 fr.

— DES JEUX DE SOCIÉTÉ, renfermant tous les jeux qui conviennent aux jeunes gens des deux sexes, tels que Jeux de Jardin, Rondes, Jeux Rondes, Jeux publics, Montagnes russes et autres; Jeux de salon, Jeux préparés; Jeux-Gages, Jeux d'Attrape, d'Action; Charades en action; Jeux de Mémoire, Jeux d'Esprit, Jeux de Mots, Jeux-Proverbes, Jeux-Pénitences, etc.; par madame Célnart. *Deuxième édition*. Un gros vol. 3 fr.

— DES CLASSES ÉLÉMENTAIRES DE LATIN, ou Cours de thèmes pour les huitième et septième, par M. Séarus, instituteur. Un vol. 2 fr. 50 c.

MANUEL DU LIMONADIER ET DU CONFISEUR, contenant les meilleurs procédés pour préparer le café, le chocolat, le punch, les glaces, boissons rafraîchissantes, liqueurs, fruits à l'eau-de-vie, confitures, pâtes, esprits, essences, vins artificiels, pâtisserie légère, bière, cidre, eaux, pommades et poudres cosmétiques, vinaigres de ménage et de toilette, etc., etc.; par M. CARDELLI. Un gros vol. *Sixième édition*   2 fr. 50 c.

— **DE LITTÉRATURE A L'USAGE DES DEUX SEXES**, contenant un précis de rhétorique, un traité de la versification française, la définition de tous les différens genres de compositions en prose et en vers, avec des exemples tirés des prosateurs et des poètes les plus célèbres, et des préceptes sur l'art de lire à haute voix; par M. VIGER. *Troisième édition*, revue par madame d'HAUT-POUL. Un vol. in-18.   1 fr. 75 c.

— **DU LUTHIER**, contenant, 1° la construction intérieure et extérieure des instrumens à archets, tels que Violons, Alto, Basses et Contre Basses; 2° la construction de la Guitare; 3° la confection de l'Archet; par M. J. C. MAUGIN. Un vol., orné de planches.   1 fr. 50 c.

— **DU MAÇON-PLÂTRIER, DU CARRELEUR, DU COUVREUR ET DU PAVEUR**; par TOUSSAINT. Un vol. orné de planches.   3 fr.

— **DE LA MAITRESSE DE MAISON ET DE LA PARFAITE MÉNAGÈRE**, ou Guide pratique pour la gestion d'une maison à la ville et à la campagne, contenant les moyens d'y maintenir le bon ordre et d'y établir l'abondance, de soigner les enfans, de conserver les substances alimentaires, etc.; *Troisième édition*, revue par madame GELNART. Un vol.   2 fr. 50 c.

— **DE MAMMALOGIE**, ou l'Histoire naturelle des Mammifères; par M. LESSON, membre de plusieurs Sociétés savantes. 1 gros vol. 3 fr. 50 c.

ATLAS DE MAMMALOGIE, composé de 80 planches représentant la plupart des animaux décrits dans l'ouvrage ci-dessus. Figures noires. 12 fr. Figures coloriées.   24 fr.

MANUEL COMPLET DES MARCHANDS DE BOIS ET DE CHARBONS, ou Traité de ce commerce en général, contenant tout ce qu'il est utile de savoir, depuis l'ouverture des adjudications des coupes jusques et compris l'arrivée et le débit des bois et charbons, ainsi qu'un précis des lois, ordonnances, réglemens, etc., sur cette matière; suivi de NOUVEAUX TARIFS pour le cubage et le mesurage des bois de toute espèce, en anciennes et nouvelles mesures; par M. MARTÉ DE L'ISLE, ancien agent du flottage des bois. *Seconde édition*. Un vol.
                                        3 fr.

— **DU MÉCANICIEN-FONTAINIER, POMPIER, PLOMBIER**, contenant la théorie des pompes ordinaires, des machines hydrauliques les plus usitées, et celle des pompes rotatives, leur application à la navigation sous-marine, à un mode de nouveau réfrigérant, l'Art du Plombier, et la description des appareils les plus nouveaux relatifs à cette branche d'industrie; par MM. JANVIER et BIÉRON. *Deuxième édition*. Un vol., orné de planches. 3 fr.

— **D'APPLICATIONS MATHÉMATIQUES USUELLES ET AMUSANTES**, contenant des problèmes de Statique, de Dynamique, d'Hydrostatique et d'Hydrodynamique, de Pneumatique, d'Acoustique, d'Optique, etc., avec leurs solutions; des notions de Chronologie, de Gnomonique, de Levée des Plans, de Nivellement, de Géométrie pratique, etc., avec les formules y relatives; plus, un grand nombre de tables usuelles, et terminé par un Vocabulaire renfermant la substance d'un Cours de Mathématiques élémentaires; par M. RICHARD. *Deuxième édition*. Un gros vol.   3 fr.

— **SIMPLIFIÉ DE MUSIQUE**, ou Nouvelle Grammaire contenant les principes de cet art; par M. LE DUCY. Un vol.   1 fr. 50 c.

— **DE MÉCANIQUE**, ou Exposition élémentaire des lois de l'équilibre et du mouvement des corps solides, à l'usage des personnes privées des secours d'un maître; par M. TERQUEM. *Deuxième édition*. Un gros vol., orné de planches.   3 fr. 50 c.

— **DE MÉDECINE ET CHIRURGIE DOMESTIQUES**, contenant un choix des remèdes le plus simples et les plus efficaces pour la guérison de toutes les maladies internes et externes qui affligent le corps humain. *Troisième édition*, entièrement refondue et considérablement augmentée; par M. MORIN, docteur médecin. Un vol. 5 fr. 50 c.

MANUEL DU MENUISIER EN MEUBLES ET EN BATIMENS, de l'Art de l'ébéniste, contenant tous les détails utiles sur la nature des bois indigènes et exotiques, la manière de les teindre, de les travailler, d'en faire toutes les espèces d'ouvrages et de meubles, de les polir et vernir, d'exécuter toutes sortes de planches et de marqueterie; par M. NOSBAN, menuisier-ébéniste; *Quatrième édition*. Deux vol., ornés de planches. 6 fr.

— DE LA JEUNE MÈRE, ou Guide pour l'éducation physique et morale des enfans; par madame Campan, surintendante d'Ecouen. Un vol. 3 fr.

— DE MÉTÉOROLOGIE, ou Explication théorique et démonstrative des phénomènes connus sous le nom de météores; par M. FALLENS. Un vol., orné de planches. 3 fr. 50 c.

— DE MINÉRALOGIE ou Traité élémentaire de cette science, d'après l'état actuel de nos connaissances; par M. BLONDEAU *Troisième édition*, revue par M. JULIA FONTENELLE. Un gros vol. 3 fr. 50 c.

ATLAS DE MINÉRALOGIE, composé de 40 planches représentant la plupart des minéraux décrits dans l'ouvrage ci dessus:

Figures noires. 6 fr.   Figures coloriées 12 fr.

— DE MINIATURE ET DE GOUACHE, par M. CONSTANT VIGUIER, suivi du MANUEL DU LAVIS A LA SÉPIA ET DE L'AQUARELLE, par M. LANGLOIS de LONGUEVILLE. *Troisième édition*. Un gros vol., orné de planches. 3 fr.

— D'HISTOIRE NATURELLE MÉDICALE ET DE PHARMACOGRAPHIE, ou Tableau synoptique, méthodique et descriptif des produits que la médecine et les arts empruntent à l'histoire naturelle; *res non verba*, par M. R. P. LESSON, pharmacien en chef de la marine et professeur de chimie à l'école de médecine de Rochefort. Deux vol. 5 fr.

— DE L'HISTOIRE NATURELLE DES MOLLUSQUES ET DE LEURS COQUILLES, ayant pour base de classification celle de M. Cuvier, par M. RANG. Un gros vol., orné de planches. 3 fr. 50 c.

ATLAS POUR LES MOLLUSQUES, représentant les Mollusques nus et les coquilles, 51 planches. Figures noires. 7 fr.

Figures coloriées. 14 fr.

MANUEL DU MOULEUR, ou l'Art de mouler en plâtre, carton, carton-pierre, carton cuir, cire, plomb, argile, bois, écaille, corne, etc., etc., contenant tout ce qui est relatif au moulage sur nature morte et vivante, au moulage de l'argile, etc.; par M. LEBRUN. Un vol., orné de figures. 2 fr. 50 c.

— DU MOULEUR EN MÉDAILLES, ou l'Art de les mouler en plâtre, en soufre, en cire, à la mie de pain et en gélatine, ou à la colle-forte; suivi de l'art de clicher ou de frapper les creux et les reliefs en métaux. par M. P. H. ROBERT, membre de la société d'émulation du Jura. Un vol. 1 fr. 50 c.

— DU NATURALISTE PRÉPARATEUR, ou l'Art d'empailler les animaux, de conserver les végétaux et les minéraux; par M. BOITARD. Un vol. *Troisième édition*. 3

— DU NÉGOCIANT ET DU MANUFACTURIER, contenant les Lois et Réglemens relatifs au commerce, aux fabriques et à l'industrie; la connaissance des marchandises; les usages dans les ventes et achats; les poids, mesures, monnaies étrangères; les douanes et les tarifs des droits; par M. PROUST. Un vol. 2 fr. 50

— DES OFFICIERS MUNICIPAUX, Nouveau guide des maires, adjoints et conseillers municipaux, dans leurs rapports avec l'ordre administratif et l'ordre judiciaire, les colléges électoraux, la garde nationale, l'armée, l'administration forestière, l'instruction publique et le clergé, selon la législation nouvelle; suivi d'un formulaire de tous les actes d'administration et de police administrative et judiciaire; par M. BOYARD. *Deuxième édit.* Un gros vol. 3

— SIMPLIFIÉ DE L'ORGANISTE, ou nouvelle méthode pour exécuter sur l'orgue tous les offices de l'année, selon les rituels parisien romain , sans qu'il soit nécessaire de connaître la musique ; par M. Miné, organiste de Saint-Roch ; suivi des leçons d'orgue de Kegel. Un vol. in-8 oblong. 3 fr. 50 c.

MANUEL D'OPTIQUE, par MM. David Brewster, membre et correspondant de l'Institut de France et Verdaud. Deux vol, ornés de pl. 6 fr.

— D'ORNITHOLOGIE DOMESTIQUE, ou Guide de l'amateur des oiseaux de volière , histoire générale et particulière des oiseaux de chambre avec les préceptes que réclament leur éducation, leurs maladies, leur nourriture , etc, etc. ; ouvrage entièrement refondu par M. R. P. Lesson. Un vol. 2 fr. 50 c.

— D'ORNITHOLOGIE , ou Description des genres et des principales espèces d'oiseaux ; par M. Lesson. Deux gros vol. 7 fr.

ATLAS D'ORNITHOLOGIE, composé de 129 planches représentant les oiseaux décrits dans l'ouvrage ci-dessus. Figures noires. 20 fr.

Figures coloriées. 40 fr.

— DE L'ORTHOGRAPHISTE, ou Cours théorique et pratique d'orthographe , contenant des règles neuves ou peu connues sur le redoublement des consonnes, sur les diverses manières de représenter les sons ressemblans de la langue française, suivi d'un recueil d'exercice, d'un traité de ponctuation , etc. , par T. Thémeau. Un vol. 2 fr. 50 c.

MANUEL DU PARFUMEUR, contenant les moyens de perfectionner les pâtes odorantes, les poudres de diverses sortes, les pommades, les savons de toilette les eaux de senteur, les vinaigres, élixirs, etc. , etc. , et où se trouve indiqué un grand nombre de compositions nouvelles ; par madame Celnart. Deuxième édition. Un vol. 3 fr. 50 c.

— DU MARCHAND PAPETIER ET DU RÉGLEUR , contenant la connaissance des papiers divers , la fabrication des crayons naturels et factices gris, noirs et colorés ; la préparation des plumes ; des pains et de la cire à cacheter, de la colle à bouche, des sables, etc. ; par M. Julia-Fontenelle et M. Poisson. Un gros vol, orné de planches. 3 fr.

— DU PATISSIER ET DE LA PATISSIERE, à l'usage de la ville et de la campagne, contenant les moyens de composer toutes sortes de pâtisseries; par M. Leblanc. Deuxième édition. Un vol. 2 fr. 50 c.

— DE PHARMACIE POPULAIRE , simplifiée et mise à la portée de toutes les classes de la société ; contenant les formules et les pratiques nouvelles publiées dans les meilleurs dispensaires, les cosmétiques et les médicamens par brevet d'invention, les secours à donner aux malades dans les cas urgens avant l'arrivée du médecin, etc. ; par M. Julia Fontenelle. Deux vol. 6 fr.

— DU PÊCHEUR FRANÇAIS , ou Traité général de toutes sortes des pêches ; l'Art de fabriquer les filets ; un traité sur les étangs ; un Précis des lois, ordonnances et réglemens sur la pêche, etc. , etc. ; par M. Pesson-Maisonneuve. Deuxième édition. Un vol., orné de figures. 3 fr.

— DU PEINTRE EN BATIMENS, DU DOREUR ET DU VERNISSEUR, ouvrage utile tant à ceux qui exercent ces arts qu'aux fabricans de couleur et à toutes les personnes qui voudraient décorer elles-mêmes leurs habitations, leurs appartemens, etc. ; par M. Verdaud. Sixième édition , revue et augmentée. Un vol. 2 fr. 50 c.

— DU PEINTRE D'HISTOIRE ET DU SCULPTEUR, par M. Arsenne. Deux vol. 6 fr.

— DE PERSPECTIVE, DU DESSINATEUR ET DU PEINTRE, contenant les Élémens de géométrie indispensables au tracé de la perspective, la perspective linéaire et aérienne, et l'étude du dessin et de la peinture, spécialement appliqué au paysage ; par M. Verdaud, ancien élève de l'École Polytechnique. Quatrième édition. Un vol., orné d'un grand nombre de pl. 3 fr.

— DE PHILOSOPHIE EXPERIMENTALE, ou Recueil de dissertations sur les questions fondamentales de métaphysique, extraites de Locke, Condillac , Destutt Tracy, Degérando, La Romiguière, Jouffroy, Reid, Du

gald Stewart, Kant, Courier, etc.; ouvrage conçu sur le plan des leçons de
M. Noël; par M. Amice, régent de rhétorique à l'Académie de Paris. Un gros
vol.   3 fr. 50 c.

**MANUEL DE PHYSIOLOGIE VÉGÉTALE, DE PHYSIQUE, DE
CHIMIE ET DE MINÉRALOGIE, APPLIQUÉES À LA CULTURE**; par
M. Boitard. Un vol. orné de pl.   3 fr.

— **DE PHYSIQUE**, ou Élémens abrégés de cette science, mis à la portée
des gens du monde et des étudians; contenant l'exposé complet et méthodique
des propriétés générales des corps solides, liquides et aériformes, ainsi que les
phénomènes du son; suivi de la nouvelle Théorie de la lumière dans le système
des ondulations, et de celles de l'électricité et du magnétisme réunis; par
M. Bailly, élève de MM. Arago et Biot. *Sixième édition*. Un vol. orné
de pl.   3 fr. 50 c.

— **DE PHYSIQUE AMUSANTE**, ou nouvelles Récréations physiques,
contenant une suite d'expériences curieuses, instructives, et d'une exécution
facile; ainsi que diverses applications aux arts et à l'industrie; suivi d'un
Vocabulaire de physique; par M. Julia Fontenelle. *Quatrième édition*. Un
vol. orné de pl.   3 fr.

— **DU POELIER-FUMISTE**, ou Traité complet de cet art, indiquant les
moyens d'empêcher les cheminées de fumer, l'art de chauffer économiquement
et d'aérer les habitations, les manufactures, les ateliers, etc.; par M. Ar-
naut et Julia Fontenelle. *Deuxième édition*. Un vol. orné de pl.   3 fr.

— **DES POIDS ET MESURES**, des Monnaies et du Calcul décimal; par
M. Tarbé. *Quinzième édition*. Un vol.   3 fr.

— **DU PORCELAINIER, DU FAIENCIER ET DU POTIER DE
TERRE**, suivi de l'Art de fabriquer les terres anglaises et de pipe, ainsi que
les poêles, les pipes, les carreaux, les briques et les tuiles; par M. Boyer, ancien fabricant et pensionnaire du Roi. Deux vol.   6 fr.

— **DU PRATICIEN**, ou Traité complet de la science du Droit mise à la
portée de tout le monde, où sont présentées les instructions sur la manière de
conduire toutes les affaires, tant civiles que judiciaires, commerciales et criminelles, qui peuvent se rencontrer dans le cours de la vie, avec les formules de
tous les actes, et suivi d'un Dictionnaire administratif abrégé; par MM. D***
et Rondonneau. *Troisième édition*. Un gros vol.   3 fr. 50 c.

— **DES PROPRIÉTAIRES D'ABEILLES**, contenant : 1° la ruche villa-
geoise et lombarde, et les ruches à hausses, perfectionnées au moyen de petits
grillages en bois, très faciles à exécuter; 2° des procédés pour réunir ensemble plusieurs ruches faibles, afin d'être dispensé de les nourrir; 3° une méthode très avantageuse de gouverner les abeilles, de quelque forme que soient
leurs ruches, pour en tirer de grands profits; par J. Radouan. *Troisième édition*,
corrigée, et suivie de L'ART D'ÉLEVER LES VERS A SOIE et de cultiver le mûrier;
par M. Morin. Un gros vol. orné de pl.   3 fr.

— **DU PROPRIÉTAIRE ET DU LOCATAIRE OU SOUS-LOCA-
TAIRE**, tant de biens de ville que de biens ruraux; par M. Sergent. Troisième édition. Un volume.   2 fr. 50 c.

— **DE LA PURETÉ DU LANGAGE**, ou Dictionnaire des difficultés de
la langue française, relativement à la prononciation, au genre des substantifs,
à l'orthographe, à la syntaxe et à l'emploi des mots, où sont signalées et
corrigées les expressions et les locutions vicieuses usitées dans la conversation;
par MM. Biscarrat et Boniface. 1 vol.   2 fr. 50 c.

— **DU RELIEUR DANS TOUTES SES PARTIES**, précédé des
Arts de l'assembleur, du brocheur, du marbreur, du doreur et du satineur;
par M. Sébastien Lenormand. *Seconde édition*. Un gros vol. orné de pl.   3 fr.

— **DU SAPEUR-POMPIER**, contenant la description des machines en
usage contre les incendies, l'ordre du service, les exercices pour la manœuvre
des pompes, etc.; par M. Joly, capitaine; suivi de la description du tonneau
hydraulique et de la pompe aspirante et roulante; par M. Launay. Un vol. avec
pl. *Troisième édition*.   2 fr. 50 c.

MANUEL DU SAVONNIER, ou l'Art de faire toutes sortes de savons ; par une réunion de fabricans, et rédigé par mad. Gacon-Dufour et un professeur de chimie. Un vol.

— **DU SERRURIER**, ou Traité complet et simplifié de cet art, d'après les notes fournies par plusieurs Serruriers distingués de la capitale, et rédigé par M. le comte de Grandpré. *Seconde édition.* Un vol. orné de pl. 3 fr.

— **DU SOMMELIER**, ou Instruction pratique sur la manière de soigner les vins ; contenant la dégustation, la clarification, le collage et la fermentation secondaire des vins, les moyens de prévenir leur altération et de les rétablir lorsqu'ils sont dégénérés, de distinguer les vins purs des vins mélangés, frelatés ou artificiels, etc., etc. ; dédié à M. le comte Chaptal par M. Julien ; quatrième édition, 1 vol. in-18, orné d'un grand nombre de figures. 4 fr.

— **DE STÉNOGRAPHIE**, ou l'Art de suivre la parole en écrivant par M. Hip. Prévost. Un volume, orné de planches. 1 fr. 75 c.

— **DU TAILLEUR D'HABITS**, ou Traité complet et simplifié de cet art, contenant la manière de tracer, couper, confectionner les vêtemens ; précédé d'une Notice sur les outils du tailleur, sur les étoffes à employer pour les vêtemens d'homme, etc., ainsi que les uniformes de tous les corps de l'armée ; par M. Vandael, tailleur au Palais-Royal. Un vol. orné d'un grand nombre de fig.
3 fr. 50 c.

— **COMPLET DES SORCIERS**, où la Magie blanche dévoilée par les découvertes de la chimie, de la physique et de la mécanique ; les scènes de ventriloquie, etc., exécutées et communiquées par M. Comte, physicien du roi, et par M. J. Fontenelle. *Deuxième édition.* Un gros vol. orné de pl. 3 fr.

— **DU TANNEUR, DU CORROYEUR, DE L'HONGROYEUR ET DU BOYAUDIER**, contenant les procédés les plus nouveaux, toutes les découvertes faites jusqu'à ce jour, relativement à la préparation et à l'amélioration des cuirs, et généralement toutes les connaissances nécessaires à ceux qui veulent pratiquer ces arts. *Seconde édition*, revue par M. Julia de Fontenelle. Un vol. orné de pl. 3 fr. 50 c.

— **DU TAPISSIER, DÉCORATEUR ET MARCHAND DE MEUBLES**, contenant les principes de l'Art du tapissier, les instructions nécessaires pour choisir et employer les matières premières, décorer et meubler les appartemens, etc., par M. Garnier Audiger. Un vol. orné de fig. 3 fr. 50 c.

— **COMPLET DU TENEUR DE LIVRES**, où l'Art de tenir les livres en peu de leçons, par des moyens prompts et faciles ; les diverses manières d'établir les comptes courans avec ou sans nombres rouges ; de calculer les époques communes, les intérêts, les escomptes, etc., etc. ; ouvrage à l'aide duquel on peut apprendre sans maître ; par M. Tremery, professeur. *Deuxième édition.* Un gros vol. 3 fr.

— **DU TEINTURIER**, comprenant l'Art de teindre la laine, le coton, la soie, le fil, etc., ainsi que tout ce qui concerne l'Art du teinturier dégraisseur, etc., etc. ; par M. Vergnaud. *Troisième édition.* Un gros vol. orné de figures. 3 fr.

— **DU TOISEUR EN BATIMENS**, ou Traité complet de l'art de toiser tous les ouvrages de bâtiment, mis à la portée de tout le monde ; ouvrage indispensable aux architectes, ingénieurs, experts, vérificateurs, propriétaires, etc., à l'usage de toutes les personnes qui s'occupent de la construction ou qui font bâtir ; par M. Lebossu, Première partie ; *Terrasse et Maçonnerie.* Un vol. orné de fig. 3 fr. 50 c.

— Deuxième partie, contenant la menuiserie, la peinture, la teinture, la vitrerie, la dorure, la charpente, la serrurerie, la couverture, le plomberie, la marbrerie, le carrelage, le pavage, la poêlerie, la fumisterie, le grillage et le treillage. Un vol. 3 fr. 50 c.

— **DU TRAVAIL DES MÉTAUX**, fer et acier manufacturés, traduit de l'anglais par M. Vergnaud, capitaine d'artillerie. 2 vol. ornés de planches. 6 fr.

— **DU TOURNEUR**, ou Traité complet et simplifié de cet art, d'après les

enseignemens fournis par plusieurs Tourneurs de la capitale; rédigé par M. Des
sables. *Deuxième édition.* Deux vol. ornés de pl.   3 fr.

MANUEL DE TYPOGRAPHIE, IMPRIMERIE, contenant les principes
théoriques et pratiques de l'imprimeur-typographe; par M. Fary. 2 vol. ornés
d'un grand nombre de planches.   6 fr.

— DU VERRIER ET DU FABRICANT DE GLACES, cristaux, pierres
précieuses, factices, verres colorés, yeux artificiels, etc.; par M. Julia
Fontenelle. Un gros vol. orné de pl.   3 fr.

— DU VÉTÉRINAIRE, contenant la connaissance générale des chevaux,
la manière de les élever, de les dresser et de les conduire, la description de
leurs maladies, et les meilleurs modes de traitement, des préceptes sur la fer-
rure, suivi de L'ART DE L'ÉQUITATION; par M. Lebraud. *Troisième édition.* Un
vol.   3 fr.

— DU VIGNERON FRANÇAIS, ou l'Art de cultiver la vigne, de faire
les vins, eaux-de-vie et vinaigres, contenant les différentes espèces et variétés
de la vigne, ses maladies et les moyens de les prévenir; les meilleurs procédés
pour gouverner, perfectionner et conserver les vins, les eaux-de-vie et vinaigres,
ainsi que la manière de faire avec ces substances toutes les liqueurs, de gouverner une cave, mettre en bouteilles, etc., etc.; enfin de profiter avec avantage
de tout ce qui nous vient de la vigne; suivi d'un coup d'œil sur les maladies particulières aux vignerons; par M. Thiébaud de Berneaud. Un gros vol. orné de
pl. *Quatrième édition.*   3 fr.

— DU VINAIGRIER ET DU MOUTARDIER, suivi de nouvelles Recherches sur la fermentation vineuse, présenté à l'Académie royale des sciences; par M. Julia Fontenelle. Un vol.   3 fr.

— DU VOYAGEUR DANS PARIS, ou Nouveau Guide de l'étranger dans
cette capitale, soit pour la visiter ou s'y établir; contenant la description historique, géographique et statistique de Paris, son tableau politique, sa description intérieure, tout ce qui concerne Paris, les besoins, les habitudes de la
vie, les amusemens, etc., etc.; orné de plans et de planches représentant les
monumens; par M. Lebrun. Un gros vol.   3 fr. 50 c.

— DU ZOOPHILE, ou l'Art d'élever et de soigner les animaux domestiques; par un propriétaire cultivateur, et rédigé par madame Celnart. Un
vol.   2 fr. 50 c.

OUVRAGES SOUS PRESSE:

MANUEL DU BIBLIOPHILE ET DE L'AMATEUR DE LIVRES,
par M. F. Denis.
— DE CHRONOLOGIE.
— DU FABRICANT DE SOIE.
— DU FACTEUR D'ORGUES.
— DU FILATEUR EN GÉNÉRAL ET DU TISSERAND, 2 vol.
— DE GÉOLOGIE.
— DE MYTHOLOGIE.
— DU LAYETIER ET DE L'EMBALLEUR.
— DE MUSIQUE VOCALE ET INSTRUMENTALE, par M. Choron.
— DU TONNELIER BOISSELIER.
— DE L'AMATEUR DES ROSES.
— D'HISTOIRE UNIVERSELLE.
— DU NOTARIAT.
— DE L'INGÉNIEUR EN INSTRUMENS DE PHYSIQUE, chimie,
optique et mathématique.
— DU FABRICANT D'INSTRUMENS DE CHIRURGIE.
— DU TREILLAGEUR.
— DE LA COUPE DES PIERRES.

Belle Edition, format in-8°.

SUITES A BUFFON,

Forment, avec les Œuvres de cet auteur, un Cours complet d'Histoire naturelle embrassant les trois règnes de la nature.

Les noms des auteurs indiqués ci-après seront pour le public une garantie certaine de la conscience et du talent apportés à la rédaction des différens traités.

Messieurs,

AUDINET-SERVILLE, ex-président de la société entomologique, membre de plusieurs sociétés savantes, nationales et étrangères, un des collaborateurs de l'Encyclopédie, auteur de plusieurs mémoires sur l'entomologie, etc. (Orthoptères, Névroptères et Hémiptères.)

AUDOUIN, professeur-administrateur du Muséum, membre de plusieurs sociétés savantes, nationales et étrangères. (Annélides.)

BIBRON, aide-naturaliste au Muséum. (Collaborateur de M. Duméril, pour les Réptiles.)

BOISDUVAL, membre de plusieurs sociétés savantes nationales et étrangères, collaborateur de M. le comte Dejean, auteur de l'Entomologie de l'Astrolabe, de l'Icones des Lépidoptères d'Europe, de la Faune de Madagascar, etc., etc. (Lépidoptères.)

DE BLAINVILLE, membre de l'Institut, professeur-administrateur du Muséum d'histoire naturelle, professeur à la faculté des Sciences, etc. (Mollusques.)

DE BREBISSON, membre de plusieurs sociétés savantes, auteur des Mousses et de la Flore de Normandie. (Plantes Cryptogames).

A. DE CANDOLLE, de Genève. (Botanique.)

CUVIER (Fr.), membre de l'Institut. (Cétacés.)

M. DEJEAN (le comte), lieutenant général, pair de France. (Coléoptères.)

DESMAREST, membre correspondant de l'Institut, professeur de Zoologie à l'école vétérinaire d'Alfort. (Poissons.)

DUMERIL, membre de l'Institut, professeur-administrateur du Muséum d'Histoire naturelle, professeur à l'École de Médecine, etc. (Réptiles.)

LACORDAIRE, naturaliste voyageur, membre de la société Entomologique, auteur de divers mémoires sur l'entomologie, etc. (Introduction à l'Entomologie.)

LESSON, membre correspondant de l'Institut, professeur à Rochefort, naturaliste de l'expédition de la Coquille, auteur d'une foule d'ouvrages sur la Zoologie, etc., etc. (Zoophytes et vers.)

MACQUART, directeur du Muséum de Lille, auteur des Diptères du nord de la France, etc., etc. (Diptères.)

MILNE-EDWARS, professeur d'Histoire naturelle, membre de diverses Sociétés savantes, auteur de plusieurs travaux sur les crustacés, les insectes, etc., etc. (Crustacés.)

LE PELETIER DE SAINT-FARGEAU, président de la Société entomologique, un des collaborateurs de l'Encyclopédie, auteur de la Monographie des Ten thrédines, etc., etc. (Hyménoptères.)

SPACH, aide-naturaliste au Muséum. (*Plantes phanérogames.*)
WALCKENAER, membre de l'Institut, auteur de plusieurs travaux sur les arachnides, etc., etc. (*Arachnides et Insectes aptères*).

CONDITIONS DE LA SOUSCRIPTION.

Les *Suites à Buffon* formeront 45 volumes in-8, environ, imprimés avec le
plus grand soin et sur beau papier ; ce nombre paraît suffisant pour donner à cet
ensemble toute l'étendue convenable ; ainsi qu'il a été dit précédemment, chaque
auteur s'occupant depuis long-temps de la partie qui lui est confiée, l'éditeur
sera à même de publier en peu de temps la totalité des traités dont se comp
sera cette utile collection.

A partir de janvier 1834, il paraîtra au moins tous les mois un volume in-8,
accompagné de livraisons d'environ 10 planches noires ou coloriées.

Prix du texte, chaque volume (1) . . . . . 6 fr. 50 c.

Prix de chaque livraison { noire 3
{ coloriée . . . 6

Nota. *Les personnes qui souscriront pour des parties séparées paieront chaque*
volume 6 fr. 50 c.

Cette collection rendra un très grand service en remplissant la lacune im-
mense que Buffon a laissé dans les sciences naturelles, car les noms des collaborateurs des *Suites à Buffon* en garantissent d'avance le succès. En effet, il
suffit de nommer MM. de Blainville, de Candolle, Fr. Cuvier, le comte Delean,
Desmarest, Duméril, Lesson, Walckenaer, etc., pour être certain des travaux
extraordinaires et consciencieux dont sera datée cette collection unique, qui
sera indispensable à tous les possesseurs des œuvres de Buffon, quelle qu'en soit
l'édition.

Ouvrages complets déjà parus.

INTRODUCTION À LA BOTANIQUE, ou Traité élémentaire de cette
science, contenant l'Organographie, la Physiologie, la Méthodologie, la Géographie des plantes, un aperçu des fossiles végétaux, de la Botanique médicale et de l'Histoire de la Botanique, par M. Alph. de Candolle, professeur
à l'académie de Genève, 2 vol. in-8° et atlas. (Ouvrage terminé) Prix : 16 fr.

HISTOIRE NATURELLE DES INSECTES DIPTÈRES, par M. Macquart, directeur du muséum de Lille, membre d'un grand nombre de Sociétés
savantes, avec deux livraisons de planches, 2 gros volumes, prix : 19 fr. figures
noires, et 25 fr., figures coloriées.

Ouvrages en publication.

HISTOIRE NATURELLE DES VÉGÉTAUX PHANÉROGAMES, par
M. F. Spach, aide-naturaliste au muséum, membre de la société des sciences
naturelles de France, et correspondant de la société de botanique médicale
de Londres ; tomes 1 à 4, avec six livraisons de planches. Prix de chaque
volume, 6 fr. 50 c.

HISTOIRE NATURELLE DES CRUSTACÉS, comprenant l'anatomie,
la physiologie et la classification de ces animaux, par M. Milne Edwards, professeur d'histoire naturelle ; tome premier, avec une livraison de planches.
Prix du volume, 6 fr. 50. L'ouvrage sera complété par le second volume, qui
paraîtra bientôt.

HISTOIRE NATURELLE DES REPTILES, par M. Duméril, membre
de l'Institut, professeur à la faculté de médecine, professeur administrateur
au muséum d'histoire naturelle, et M. Bibron, aide-naturaliste au muséum
d'histoire naturelle ; tome 1 et 2, avec deux livraisons de planches. Prix de
chaque volume, 6 fr. 50 c.

HISTOIRE NATURELLE DES INSECTES, Introduction à l'entomolo-

(1) L'Éditeur ayant à payer pour cette collection des honoraires aux auteurs,
le prix des volumes ne peut être comparé à celui des réimpressions d'ouvrages
partant au domaine public et exempt de droits d'auteur, tels que Buffon,

gie, comprenant les principes généraux de l'anatomie et de la physiologie des insectes, des détails sur leurs mœurs, et un résumé des principaux systèmes de classification proposés jusqu'à ce jour pour ces animaux ; par Lacordaire, membre de la société entomologique de France, etc. Tome premier, avec une livraison de planches. Prix du volume, 6 fr. 50 c. Le tome second et dernier de cet ouvrage paraîtra bientôt.

Volumes sous presse et qui paraîtront sous peu.

Tome premier des Lépidoptères, par M. Boisduval.
Cétacés, 1 volume, par M. F. Cuvier.

SUITES A BUFFON,

FORMAT IN-18,

Formant, avec les Œuvres de cet auteur, un Cours complet d'Histoire naturelle, contenant les trois règnes de la nature ; par MM. Bosc, Brongniart, Bloch, Castel, Guérin, de Lamarck, Latreille, de Mirbel, Patrin, Sonnini et de Tigny, la plupart Membres de l'Institut et Professeurs au Jardin du Roi.

Cette collection, primitivement publiée par les soins de M. Déterville, et qui est devenue la propriété de M. Roret, ne peut être donnée par d'autres éditeurs, n'étant pas, comme les Œuvres de Buffon, dans le domaine public.

Les personnes qui auraient les suites de Lacépède, contenant seulement les Poissons et les Reptiles, auront la liberté de ne pas les prendre dans cette Collection.

Cette Collection forme 54 volumes, ornés d'environ 600 planches dessinées d'après nature par Desève, et précieusement terminées au burin. Elle se compose des ouvrages suivans :

HISTOIRE NATURELLE DES INSECTES, composée d'après Réaumur, Geoffroy, Degéer, Roesel, Linné, Fabricius, et les meilleurs ouvrages qui ont paru sur cette partie, rédigée suivant les méthodes d'Olivier et de Latreille ; avec des notes, plusieurs observations nouvelles et des figures dessinées d'après nature; par F.-M.-G. de Tigny et Brongniart, pour les généralités. Edition ornée de beaucoup de figures, augmentée et mise au niveau des connaissances actuelles; par M. Guérin, 10 vol. ornés de planches, figures noires.
                                                                    25 fr. 40 c.

Le même ouvrage, figures coloriées...................................... 89 fr.
— NATURELLE DES VÉGÉTAUX, classés par familles, avec la citation de la classe et de l'ordre de Linné, et l'indication de l'usage qu'on peut faire des plantes dans les arts, le commerce, l'agriculture, le jardinage, la médecine, etc., des figures dessinées d'après nature, et un Genera complet, selon le système de Linné, avec des renvois aux familles naturelles de Jussieu; par J.-B. Lamarck, membre de l'Institut, professeur au Muséum d'Histoire naturelle, et par C.-F.-B. Mirbel, membre de l'Académie des Sciences, professeur de botanique. Edition ornée de 120 planches représentant plus de 1600 sujets, 15 vol. ornés de planches, figures noires.   30 fr. 90 c.

Le même ouvrage, figures coloriées..................................... 46 fr. 50 c.
HISTOIRE NATURELLE DES COQUILLES, contenant leur description, leurs mœurs et leurs usages ; par M. Bosc, membre de l'Institut, 5 vol. ornés de planches, figures noires...................................... 10 fr. 65
Le même ouvrage, figures coloriées..................................... 16 fr. 50 c.
— NATURELLE DES VERS, contenant leur description, leurs mœurs

et leurs usages; par M. Bosc. 5 vol., ornés de planches, figures noires 6 fr. 60 c.
Le même ouvrage, figures coloriées. 10 fr. 50 c.
HISTOIRE NATURELLE DES CRUSTACÉS, contenant leur description, leurs mœurs et leurs usages; par M. Bosc. 2 vol., ornés de planches, fig.
noires. 4 fr. 75 c.
Le même ouvrage, figures coloriées. 8 fr.
— **NATURELLE DES MINÉRAUX**, par M. B.-M. Patrin, membre
de l'Institut. Ouvrage orné de 40 planches, représentant un grand nombre
de sujets dessinés d'après nature. 5 vol. ornés de planches, figures noires.
10 fr. 80 c.
Le même ouvrage, figures coloriées. 15 fr. 50 c.
— **NATURELLE DES POISSONS**, avec des fig. dessinées d'après nature,
par Bloch; ouvrage classé par ordres, genres et espèces, d'après le système de
Linnée, avec les caractères génériques, par René Richard Castel. Édition ornée de 160 planches représentant 600 espèces de poissons (10 vol.). 30 fr.
Avec fig. coloriées. 45 fr.
— **NATURELLE DES REPTILES**, avec figures dessinées d'après nature; par Sonnini, homme-de-lettres et naturaliste, et Latreille, membre de
l'Institut. Édition ornée de 54 planches, représentant environ 180 espèces différentes de serpens, vipères, couleuvres, lézards, grenouilles, tortues, etc. 4 vol.
ornés de planches, figures noires. 9 fr. 85 c.
Le même ouvrage, figures coloriées. 17 fr.
Cette collection de 54 vol. a été annoncée en 108 demi vol., on les enverra
brochés de cette manière aux personnes qui en feront la demande.

Tous les ouvrages ci-dessus sont en vente.

SOUSCRIPTIONS.

Troisième série.

NOUVELLES ANNALES

DU MUSÉUM D'HISTOIRE NATURELLE.

RECUEIL DE MÉMOIRES de MM. les professeurs-administrateurs de cet
établissement et autres naturalistes célèbres, sur les branches des sciences naturelles et chimiques qui y sont enseignées.

L'année 1832, première de la troisième série, forme un vol. in-4° du prix de
30 francs.

MM. les Souscripteurs sont invités à renouveler promptement leur abonnement pour 1833, le premier cahier devant bientôt paraître.

Le prix est toujours de 30 fr. pour Paris, et de 33 fr., franco de port, pour les
départemens.

Quatre cahiers composent l'année (ils paraissent régulièrement tous les trois
mois), et forment à la fin de l'année un vol. in-4° d'environ 60 feuilles, orné de
20 planches au moins. L'on souscrit chez Roret, rue Hautefeuille, n° 10 bis.

Ce recueil sera plus particulièrement consacré à la description des objets
inédits ou peu connus, conservés dans ce Musée : il intéressera ainsi, par la
variété des Mémoires ou des observations qu'il offrira, les personnes qui font
une étude spéciale des diverses productions de la nature, soit vivantes, soit
fossiles; l'anatomie comparée, la physiologie animale et végétale, et la chimie,
compléteront ces connaissances par le secours de leurs lumières.

REVUE ENTOMOLOGIQUE; par M. Gustave Silbermann, journal pa-

paissant tous les mois par cahier d'au moins trois feuilles, formant avec les planches deux volumes à la fin de l'année.

Prix de l'abonnement pour l'année, France. 30 fr.

ÉNUMÉRATION DES ENTOMOLOGISTES VIVANS, suivie de notes sur les collections entomologiques des musées d'Europe, etc., avec une liste des résidences des entomologistes, par Silbermann, in-8. 3 fr.

JOURNAL D'AGRICULTURE PRATIQUE ET D'ÉDUCATION AGRICOLE, Troisième année. 6 fr.

Les précédentes années, à 6 fr.

ICONOGRAPHIE ET HISTOIRE DES LÉPIDOPTÈRES ET DES CHENILLES DE L'AMÉRIQUE SEPTENTRIONALE; par le docteur Boisduval, et par le major John Leconte de New-York.

Cet ouvrage, dont il n'avait paru que huit livraisons, et interrompu par suite de la révolution de 1830, va être continué avec rapidité. Les livraisons 1 à 12 sont en vente, et les suivantes paraîtront à des intervalles très rapprochés.

L'ouvrage comprendra environ quarante livraisons. Chaque livraison contient trois planches coloriées, et le texte correspondant. Prix pour les souscripteurs, franco la livraison.

ICONES HISTORIQUE

DES LÉPIDOPTERES

NOUVEAUX OU PEU CONNUS.

Collection, avec figures coloriées, des Papillons d'Europe nouvellement découverts; ouvrage formant le complément de tous les auteurs iconographes, par le docteur Boisduval.

Cet ouvrage se composera d'environ 60 *livraisons* grand in-8°, comprenant chacune deux planches coloriées et le texte correspondant. Prix : 3 fr. la livraison sur papier vélin, et franche de port, 3 fr. 55 c.

Comme il est probable que l'on découvrira encore des espèces nouvelles dans les contrées de l'Europe qui n'ont pas été bien explorées, l'on aura soin de publier chaque année une ou *deux* livraisons, pour tenir les souscripteurs au courant des nouvelles découvertes. Ce sera en même temps un moyen très avantageux et très prompt pour MM. les entomologistes qui auront trouvé un Lépidoptère nouveau, de pouvoir le publier les premiers. C'est-à-dire que, si après avoir subi un examen nécessaire, leur espèce est réellement nouvelle, leur description sera imprimée textuellement; ils pourront même en faire tirer quelques exemplaires à part. — *Trente-quatre livraisons ont déjà paru.*

COLLECTION

ICONOGRAPHIQUE ET HISTORIQUE

DES CHENILLES,

Ou Description et Figures des Chenilles d'Europe, avec l'histoire de leurs métamorphoses, et des applications à l'agriculture, par MM. Boisduval, Rambur et Graslin.

Cette collection se composera d'environ 60 livraisons format grand in-8°, et chaque livraison comprendra *trois planches coloriées* et le texte correspondant.

Le prix de chaque livraison sera de 3 fr. sur papier vélin, et franche de port 3 fr. 55 c. — *Trente-quatre livraisons ont déjà paru.*

Les dessins des espèces qui habitent les environs de Paris, comme aussi ceux des chenilles que l'on a envoyées vivantes à l'auteur, ont été exécutés par M. Dumenil, avec autant de précision que de talent. Il continuera à dessiner toutes celles que l'on pourra se procurer en nature. Quant aux espèces propres à l'Allemagne, la Russie, la Hongrie, etc., elles seront peintes par les artistes les plus distingués de ces pays; et M. Dumesnil en dirigera la gravure et le coloris avec le même soin que pour l'Iconet.

Le texte sera imprimé sans pagination, chaque espèce aura une page séparée, que l'on pourra classer comme on voudra. Au commencement de chaque page se trouvera le même numéro qu'à la figure qui s'y rapportera, et en tête le nom de la tribu, comme en tête de la planche.

Ces deux ouvrages, de beaucoup supérieurs à tout ce qui a paru jusqu'à présent, formeront un supplément et une suite indispensables aux ouvrages de Hubner, de Godard, etc. Tout ce que nous pouvons dire en faveur de ces deux ouvrages remarquables peut se réduire à cette expression employée par M. D... Jean dans le cinquième volume de son Species : M. Boisduval est de tous nos entomologistes celui qui connaît le mieux les Lépidoptères.

FAUNE DE L'OCÉANIE, par le docteur BOISDUVAL. Un gros vol. in-8. Imprimé sur grand papier vélin.   10 f.

ENTOMOLOGIE de Madagascar, Bourbon et Maurice. — Lépidoptères, par le docteur BOISDUVAL, avec des notes sur les métamorphoses, p. M. SGANZIN.

Huit livraisons, renfermant chacune 2 pl. coloriées, avec le texte correspondant, sur papier vélin.   32 f.

CATALOGUE DES LÉPIDOPTÈRES DU DÉPARTEMENT DU VAR par M. CANTENER.

SYNONYMIA INSECTORUM. — CURCULIONIDES; ouvrage comprenant la synonymie et la description de tous les Curculionites connus, par M. SCHOENHERR. 4 vol. in-8°. (Ouvrage latin.) Chaque partie,   6 fr.

Le premier et le second volume, contenant deux parties chaque, sont en vente.

En attendant que l'éditeur satisfasse l'impatience des naturalistes en leur livrant le grand ouvrage du célèbre entomologiste Schoenherr, qui renfermera la synonymie et la description méthodique de près de trois mille espèces de Charançons, et dont l'impression n'est pas encore achevée, il vient de recevoir de Suède et de mettre en vente le petit nombre d'exemplaires restant de la Synonymia Insectorum du même auteur. Chacun des trois volumes qui composent ce dernier ouvrage est accompagné de planches coloriées, dans lesquelles l'auteur a fait représenter des espèces nouvelles. Un demi-volume, consacré à des descriptions d'espèces inédites, est annexé au troisième tome sous forme d'Appendix. Le prix de ces trois volumes et demi est de 80 fr. pris à Paris.

HERBARII TIMORENSIS DESCRIPTIO; cum tabulis 6 aeneis auctore J. Decaisne, in-4.   15 fr.

INSECTA SUECICA, par M. Gyllenhal. Tomes 1 à 3.   33 fr.

FAUNA INSECTORUM LAPPONICA, par M. Zetterstedt, tomes 1 et 2.

VOYAGE

DE DÉCOUVERTES

AUTOUR DU MONDE,

Et à la recherche de La Peyrouse, par M. J. DUMONT D'URVILLE, capitaine de vaisseau, exécuté sous son commandement et par ordre du gouvernement, sur la corvette l'Astrolabe, pendant les années 1826, 1827, 1828 et 1829. — Histoire du Voyage, 5 gros volumes in-8°, avec des vignettes sur bois, dessinées par MM. de Sainson et Tony Johannot, gravées par Porret, accompagnés d'un atlas contenant 50 planches ou cartes grand in-folio.   60 fr. Ce Voyage, exécuté par ordre du gouvernement en 1826, 1827, 1828 et 829, sous le commandement de M. Dumont d'Urville et rédigé par lui, n'a

(3)

y n de commun avec le Voyage pittoresque qui se publie sous sa direction.
                                        Approuvé, p. Dupuylin.
L'ART DE CRÉER LES JARDINS, contenant les préceptes généraux de cet art; leur application développée sur des vues perspectives, coupe et élévations, par des exemples choisis dans les jardins les plus célèbres de France et d'Angleterre, et le tracé pratique de toutes espèces de jardins. Par M. N. Vergnaud, architecte, à Paris.
L'ouvrage, imprimé sur format in-fol., est orné de lithographies dessinées par nos meilleurs artistes et imprimées par MM. Thierry frères.
Il forme 6 livraisons de 4 planches chacune avec plusieurs feuilles de texte.
Chaque livraison est du prix de 12 francs sur papier blanc.
                    15 id.   id.   Chine.
                    24 id.   coloriée.

NOUVEL ATLAS NATIONAL

DE LA FRANCE,

en départemens, divisés en arrondissemens et cantons, avec le tracé des routes royales et départementales, des canaux, rivières, cours d'eau navigables, des chemins de fer construits et projetés, indiquant par des signes particuliers, les relais de poste aux chevaux et aux lettres, et donnant un précis statistique sur chaque département, dressé à l'échelle de un trois cent cinquante millièmes, par Cuazal, géographe, attaché au dépôt général de la guerre, membre de la Société de géographie, avec des augmentations, par Darmet, chargé des travaux topographiques au ministère des affaires étrangères et Grandce, au dépôt des ponts-et-chaussées, chargé des dernières rectifications et des cartes particulières des Colonies françaises, qui devront paraître en 1835, imprimé sur format in-folio, grand raisin des Vosges, de 23 pouces en largeur, et de 17 pouces en hauteur.
Chaque département se vend séparément.
Le Nouvel Atlas national se compose de 80 planches (à cause de l'uniformité des échelles, sept feuilles contiennent deux départemens).

PRIX :

Chaque carte séparée, en noir . . . .   1 fr. 40 c.
Idem, coloriée   60
L'Atlas complet, avec titre et table, noir .   52
Idem, colorié   48
Idem, cartonné, en plus   8

FAUNA JAPONICA, sive descriptio animalium, quæ in itinere per Japoniam, Jesso et superiolis superiorum, qui summum in India Batava imperium tenent, suscepto, annis 1823-1830, collegit, notis, observationibus et adumbrationibus illustravit Ph. Fr. de Siebold. Prix de chaque livraison, 16 francs. L'ouvrage aura 26 livraisons.

OUVRAGES DIVERS.

ABUS (des) EN MATIÈRE ECCLÉSIASTIQUE ; par M. Doyard. 1 vol. in-8°.   30 c.
ANNUAIRE DU BON JARDINIER ET DE L'AGRONOME, renfermant la description et la culture de toutes les plantes utiles ou d'agrément qui ont paru pour la première fois.
Les années 1846, 47, 48, coûtent 2 fr. 50 c. chaque.

Les années 1849 et 1850, 5 fr. chacun.

ART DE COMPOSER ET DÉCORER LES JARDINS, ouvrage entièrement neuf, par M. Boitard, accompagné d'un Atlas contenant 120 planches, gravées par l'auteur. Deux vol. oblong. 18 fr.

ART DE CULTIVER LES JARDINS, ou ANNUAIRE DU BON JARDINIER ET DE L'AGRONOME, renfermant un calendrier indiquant mois par mois tous les travaux à faire tant en jardinage qu'en agriculture; les principes généraux de jardinage, tels que connaissances et compositions des terres, multiplication des plantes par semis, marcottes, boutures, greffes, etc.; la culture et la description de toutes les espèces et variétés d'arbres fruitiers et de plantes potagères, ainsi que toutes les espèces et variétés de plantes utiles ou d'agrément par un Jardinier agronome. 1 gros volume in-18. 1835. Ouvrage orné de figures. 3 fr. 50 c.

Les années 1851 et 1852, 1853 et 1854, 3 fr. 50 c. chaque.

LES ANIMAUX CÉLÈBRES, anecdotes historiques sur les traits d'intelligence, d'adresse, de courage, de bonté, d'attachement, de reconnaissance, etc., des animaux de toute espèce, ornés de gravures; par A. Antoine. 2 vol. in-12. 5 fr.

ARITHMÉTIQUE DES DEMOISELLES, ou Cours élémentaire d'arithmétique, en 12 leçons, par M. Verterac. 1 vol. 2 fr. 50 c.

Cahier de questions pour le même ouvrage. 50 c.

ART DE BRODER, ou recueil de modèles coloriés analogues aux différentes parties de cet art, à l'usage des demoiselles, par Augustin Légrand. 1 vol. oblong. 7 fr.

ART (l') DE CONSERVER ET D'AUGMENTER LA BEAUTÉ, de corriger et déguiser les imperfections de la nature; par Laur. 1 joli vol. in-18, orné de gravures. 5 fr.

BARÈME (le) PORTATIF DES ENTREPRENEURS EN CONSTRUCTIONS ET DES OUVRIERS EN BATIMENT; par M. Barbier. 1 vol. in-24. 60 c.

BEAUTÉS (les) DE LA NATURE, ou Description des arbres, plantes, cataractes, fontaines, volcans, montagnes, mines, etc., les plus extraordinaires et les plus admirables qui se trouvent dans les quatre parties du monde; par Antoine. 1 vol., orné de six gravures. 2 fr. 50 c.

BOTANIQUE (la) DE J.-J. ROUSSEAU, contenant tout ce qu'il a écrit sur cette science, augmentée de l'exposition de la méthode de Tournefort et de Linnée, suivie d'un Dictionnaire de botanique et de notes historiques; par M. Deville. 2e édition. 1 gros vol., orné de 8 planches. 4 fr.

Planches coloriées. 5 fr.

CORDON BLEU (le), NOUVELLE CUISINIÈRE BOURGEOISE; dirigée et mise en par ordre alphabétique; par mademoiselle Marguerite. Dixième édition, considérablement augmentée. 1 vol. in-18. 1 fr.

CHIENS (les) CÉLÈBRES. Troisième édition, augmentée de traits nouveaux et curieux sur l'instinct, les services, le courage, la reconnaissance et la fidélité de ces animaux; par M. Farville. 1 gros volume in-12, orné de planche. 3 fr.

CHOIX (nouveau) D'ANECDOTES ANCIENNES ET MODERNES tirées des meilleurs auteurs, contenant les faits les plus intéressants de l'histoire en général, les exploits des héros, traits d'esprit, saillies ingénieuses, bons mots, etc., etc., suivi d'un précis sur la Révolution française; par M. Dauty. Cinquième édition, revue, corrigée et augmentée par madame Germant. 4 vol. in-18, ornés de jolies vignettes. 7 fr.

CHOIX (nouveau) DE CHANSONS ET DE POÉSIES LÉGÈRES; 3 jolis vol. in-32. 3 fr.

CODE DES MAITRES DE POSTE, DES ENTREPRENEURS DE DILIGENCES ET DE ROULAGE, ET DES VOITURIERS EN GÉNÉRAL PAR TERRE ET PAR EAU, ou Recueil général des Arrêts du

Conseil, Arrêté de règlement, Lois, Décrets, Arrêtés, Ordonnances du roi et autres actes de l'autorité publique, concernant les Maîtres de Poste, les Entrepreneurs de Diligences et Voitures publiques en général, les Entrepreneurs et Commissionnaires de Roulage, les Maîtres de Coches et de Bateaux, etc.; par M. LENOX, avocat à la Cour royale de Paris, 2 vol. in-8.   12 fr.

COURS D'ENTOMOLOGIE, ou de l'Histoire naturelle des crustacés, des arachnides, des myriapodes et des insectes, à l'usage des élèves de l'École du Muséum d'Histoire naturelle, par M. LATREILLE, professeur, membre de l'Institut, etc., etc. Première année, contenant le discours d'ouverture du cours. — Tableau de l'histoire de l'Entomologie. — Généralité de la classe des Crustacés et de celle des Arachnides, des Myriapodes et des Insectes. — Exposition méthodique des ordres, des familles, et des genres des trois premières classes. 1 gros vol. in-8, et un atlas composé de 24 planches.   16 fr.

La seconde et dernière année, complétant cet ouvrage, paraîtra bientôt.

DICTIONNAIRE BOTANIQUE ET PHARMACEUTIQUE, contenant les principales propriétés des minéraux, des végétaux et des animaux, avec les préparations de pharmacie, internes et externes, les plus usitées en médecine et en chirurgie, etc., par une société de médecins, de pharmaciens et de naturalistes. Ouvrage utile à toutes les classes de la société, orné de 17 grandes planches représentant 278 figures de plantes gravées avec le plus grand soin; 3 édit. revue, corrigée et augmentée de beaucoup de préparations pharmaceutiques et de recettes nouvelles. 2 gros vol. in-8, fig. en noir.   18 fr.

Le même, fig. coloriées d'après nature.   25 fr.

Cet ouvrage est spécialement destiné aux personnes qui, sans s'occuper de la médecine, aiment à secourir les malheureux.

DESCRIPTION DES MŒURS, USAGES ET COUTUMES de tous les peuples du monde, contenant une foule d'Anecdotes sur les sauvages d'Afrique, d'Amérique, les Anthropophages, Hottentots, Caraïbes, Patagons, etc., etc. Seconde édition, très augmentée. 2 volumes in-18, ornés de douze gravures.   5 fr.

LES DERNIERS MOMENS DE LA RÉVOLUTION DE POLOGNE EN 1831, depuis l'attaque de Varsovie, récit des événemens de l'époque, accompagné des Observations et des Notes historiques, par M. Jean-Népomucène JANOWSKI. In-8.   1 fr. 50 c.

ÉPILEPSIE (de l') EN GÉNÉRAL, et particulièrement de celle qui est déterminée par des causes morales; par M. DOUSSIN-DUBREUIL. 1 vol. in-12. Deuxième édition.   3 fr.

ESPAGNE (de l'), et de ses relations commerciales; par F.-A. DE C⁎⁎ In-8°.   3 fr.

ÉTUDE ANALYTIQUE SUR LES DIVERSES ACCEPTIONS DES MOTS FRANÇAIS, par mademoiselle FAURE. 1 vol. in-12.   2 fr. 50 c.

ÉVÉNEMENS DE BRUXELLES ET AUTRES VILLES DU ROYAUME DES PAYS-BAS, depuis le 26 août 1830, précédés du Catéchisme du citoyen belge et de chants patriotiques. 1 vol. in-18.   1 fr. 25 c.

EXTRAIT D'UN DISCOURS SUR L'ORIGINE DU CLERGÉ, les progrès et la décadence du pouvoir temporel; par l'ancien archevêque de T... Brochure in-8.   3 fr.

EXAMEN DU SALON DE 1827, avec cette épigraphe: Rien n'est beau que le vrai. 2 brochures in-8.   3 fr.

GALERIE DE RUBENS, dite du Luxembourg, faisant suite aux galeries de Florence et du Palais-Royal; par MM. MARIET et GAVARD. Treize livraisons contenant 25 planches. 1 gros vol. in-fol. (Ouvrage terminé.)

Prix de chaque livraison, figures noires.   6 fr.
Avec figures coloriées.   10 fr.

GÉOMÉTRIE PERSPECTIVE, avec ses applications à la recherche des ombres; par G.-H. DUFOUR, colonel du génie, membre de la Légion

d'Honneur, et secrétaire de la Société des Arts de Genève ; in-8, avec un
Atlas de 13 planches in-4. 6 fr.

GRAISSINET (M.), ou Qu'est-il donc? histoire comique, satirique et
véridique, publiée par Duval. 4 vol. in-12. 10 fr.

Ce roman, écrit dans le genre de ceux de Pigault, est un des plus amusans
que nous ayons.

HISTOIRE DE POLOGNE, d'après les historiens polonais Naruszewicz,
Albertrandi, Czacki, Lelewel, Soudikie, Niemcewicz, Zielinski, Kollontay,
Ogiński, Chodzko, Podczaszynski, Mochnacki, et autres écrivains nationaux,
2 vol. in-8. 7 fr.

HISTOIRE DES PROGRÈS DES SCIENCES NATURELLES, depuis
1789 jusqu'à ce jour ; par M. le baron G. Cuvier. 4 vol. in-8. 18 fr.

HISTOIRE DES LÉGIONS POLONAISES EN ITALIE, sous le commandement du général Dombrowski, par Léonard Chodzko, 1 vol. in-8. 17 fr.

INFLUENCE (de l') DES ÉRUPTIONS ARTIFICIELLES DANS
CERTAINES MALADIES, par Jenner, auteur de la découverte de la vac-
cine. Brochure in-8. 1 fr. 50 c.

LETTRES SUR LES DANGERS DE L'ONANISME, et conseils relatifs
au traitement des maladies qui en résultent ; ouvrage utile aux pères de
famille et aux instituteurs ; par M. Doussin-Dubreuil. 1 vol. in-12. Troisième
édition. 1 fr. 50 c.

LETTRES SUR LA MINIATURE, par Mansion. 1 vol. in-12. 4 fr.

MANUEL DES JUSTICES DE PAIX, ou Traité des fonctions et des attributions des Juges de paix, des Greffiers et Huissiers attachés à leur tribunal, avec
les formules et modèles de tous les actes qui dépendent de leur ministère ; auquel on a joint un recueil chronologique des lois, des décrets, des ordonnances
du roi, et des circulaires instructions officielles, depuis 1790, et un extrait des
cinq Codes ; contenant les dispositions relatives à la compétence des justices de
paix ; par M. Levasseur, ancien jurisconsulte. Nouvelle édition, entièrement refondue, par M. Rondonneau : gros volume in-8. 1833. 6 fr.

— MUNICIPAL (nouveau), ou Répertoire des Maires, Adjoints, Conseillers municipaux, Juges de paix, Commissaires de police, et des Citoyens français, dans leurs rapports avec l'administration, l'ordre judiciaire, les collèges
électoraux, la garde nationale, l'armée, l'administration forestière, l'instruction publique et le clergé ; contenant l'exposé complet du droit et des devoirs
des Officiers municipaux et de leurs Administrés, selon la législation nouvelle ;
suivi d'un appendice dans lequel se trouvent les formules pour tous les actes de
l'administration municipale, par M. Boyard, président à la Cour royale d'Orléans. 2 vol. in-8. 1834. 10 fr.

— DE LITTÉRATURE A L'USAGE DES DEUX SEXES, conte-
nant un précis de rhétorique, un traité de la versification française, la définition de tous les différens genres de compositions en prose et en vers, avec des
exemples tirés des prosateurs et des poètes les plus célèbres ; et des préceptes
sur l'art de lire à haute voix ; par M. Vieille. 5e édition, revue par madame
d'Hautpoul. 1 vol. in-18. 1 fr. 75 c.

MANUEL DES POIDS ET MESURES, des monnaies et du calcul déci-
mal ; par M. Tarbé des Sablons. Édition avec un supplément contenant les additions faites à l'édition in-18. 2 gros vol. in-8. 3 fr. 50 c.

— DES EXPERTS EN MATIÈRES CIVILES, ou Traités, d'après les
Codes civil, de procédure et de commerce : 1° des experts, de leur choix, de
leurs devoirs, de leurs rapports, de leur nomination, de leur nombre, de leur
récusation, de leurs vacations, et des principaux cas où il y a lieu d'en nommer ; 2° des biens et des différentes espèces de modifications de la propriété,
3° de l'usufruit, de l'usage et de l'habitation ; 4° des servitudes et services fon-
ciers ; 5° des réparations locatives, de la garantie des défauts de la chose vendue, de la vérification des écritures, du cas incident civil, des mines, cela

tirement aux indemnités auxquelles elles peuvent donner lieu entre les propriétaires de terrains et les concessionnaires, et de l'estimation ou fixation de la valeur des différentes espèces de biens, notamment de ceux qui sont expropriés
pour cause d'utilité publique; 6° des bois taillis, des futaies et forêts, de leur séparation, délimitation et arpentage, le tout d'après les règles établies par le
Code forestier.

Cet ouvrage, indispensable aux architectes, entrepreneurs, propriétaires,
fermiers, locataires experts et autres, est terminé par des modèles de procès-
verbaux, ou rapports des principales opérations d'experts en matières contentieuses et non contentieuses, par M. Ch., ancien jurisconsulte, auteur du Manuel des arbitres. 6ᵉ édit.   6 fr.

MANUEL DES ARBITRES, ou Traité des principales connaissances nécessaires pour instruire et juger les affaires soumises aux décisions arbitrales, soit en
matières civiles ou commerciales, contenant les principes, les lois nouvelles,
les décisions intervenues depuis la publication de nos Codes, et les formules qui
concernent l'arbitrage, ouvrage indispensable aux personnes qui consentent à
être nommées arbitres ou qui sont attachées à l'ordre judiciaire, ainsi qu'aux
notaires, négocians, propriétaires, etc., par M. Ch., ancien jurisconsulte,
auteur du Manuel des Experts. Nouvelle édition.   8 fr.

— COMPLET DU VOYAGEUR AUX ENVIRONS DE PARIS, ou Ta-
bleau actuel des environs de cette capitale. 2 gros vol. in-18, ornés d'un grand
nombre de vues et d'une carte très détaillée des environs de Paris par M. DE
PATY.   5 fr.

— COMPLET DU VOYAGEUR DANS PARIS, ou nouveau Guide de l'é-
tranger dans cette Capitale, par M. LEBRUN. 1 gros vol. in-18, orné d'un grand
nombre de vues et de trois cartes.   3 fr. 50 c.

MÉMOIRES ET CORRESPONDANCE DE DUPLESSIS-MORNAY 12 vol. in-8.
                                                                        84 fr.

MÉMOIRES SUR LA GUERRE DE 1809 EN ALLEMAGNE, avec les
opérations particulières des corps d'Italie, de Pologne, de Saxe, de Naples et de
Walcheren; par le général PELET, d'après son journal fort détaillé de la campagne d'Allemagne, ses reconnaissances et ses divers travaux, la correspondance
de Napoléon avec le major-général, les maréchaux, les commandans en chef,
etc.; accompagnés de pièces justificatives et inédites. 4 vol. in-8.   28 fr.

MÉTHODE COMPLÈTE DE CARSTAIRS, dite AMÉRICAINE, ou l'Art
d'écrire en peu de leçons par des moyens prompts et faciles; traduit de l'anglais
sur la dernière édition, par M. TRUMANT, professeur. 1 vol. oblong, accompagné d'un grand nombre de modèles mis en français.   5 fr.

MINISTRE (le) DE WAKEFIELD. 2 vol. in-12. Nouvelle édition.   4 fr.

NOTES SUR LES PRISONS DE LA SUISSE et sur quelques unes du con-
tinent de l'Europe, moyens de les améliorer; par M. Fr. Cuningham, suivies
de la description des prisons améliorées de Gand, Philadelphie, Rochester et
Millbank; par M. Buxton. In-8.   4 fr. 50

NOSOGRAPHIE GÉNÉRALE ÉLÉMENTAIRE, ou Description et traitement rationnel de toutes les maladies; par M. SEIGNEUR-GENS, docteur de la
Faculté de Paris. Nouvelle édition. 4 vol. in-8.   20 fr.

NOUVEAU COURS DE THÈMES pour les sixième, cinquième, qua-
trième, troisième et deuxième classes, à l'usage des collèges; par M. PLANCHE,
professeur de rhétorique au collège royal de Bourbon, et M. CAMUSTINE. Ouvrage recommandé pour les collèges par le Conseil royal de l'Université. Seconde
édition, entièrement refondue et augmentée. 1 vol. in-12.   10 fr.

Les mêmes avec les corrigés à l'usage des maîtres, 10 vol.   22 fr. 50 c.

On vend séparément:

Cours de sixième à l'usage des élèves,	2 fr.
Le corrigé à l'usage des maîtres,	2 fr. 50 c.
Cours de cinquième à l'usage des élèves,	2 fr.
Le corrigé,	2 fr. 50 c.
Cours de quatrième à l'usage des élèves,	2 fr.
Le corrigé,	2 fr. 50 c.
Cours de troisième à l'usage des élèves,	2 fr.
Le corrigé,	2 fr. 50 c.
Cours de seconde à l'usage des élèves,	2 fr.
Le corrigé,	2 fr. 50 c.

OEUVRES POÉTIQUES DE BOILEAU. *Nouvelle édition*, accompagnée de Notes faites sur Boileau par les commentateurs ou littérateurs les plus distingués; par M. J. PLANCHE, professeur de rhétorique au collège royal de Bourbon, et M. NOEL, inspecteur-général de l'Université. 1 gros v. in-12. 1 fr. 50 c.

— DE KRASICKI, 1 vol. in-8, à deux colonnes, gr. papier vélin. 25 fr.

ORDONNANCE SUR L'EXERCICE ET LES MANOEUVRES D'IN-FANTERIE, du 4 mars 1831 (École du soldat et de peloton). 1 vol. in-18, orné de figures. 75 c.

PENSÉES ET MAXIMES DE FÉNELON. 2 vol. in-18, portrait. 5 fr.

— DE J.-J. ROUSSEAU. 2 vol. in-18, portrait. 5 fr.

— DE VOLTAIRE. 2 volumes in-18, portrait. 5 fr.

PRÉCIS DE L'HISTOIRE DES TRIBUNAUX SECRETS DANS LE NORD DE L'ALLEMAGNE, par A. LOEVE VEIMARS. 1 vol. in-18. 1 fr. 25 c.

PRÉCIS HISTORIQUE SUR LES RÉVOLUTIONS DES ROYAUMES DE NAPLES ET DE PIEMONT EN 1820 ET 1821, suivi de documens authentiques sur ces événemens; par M. le comte de D... *Deuxième édition.* 2 volume in-8. 4 fr. 50 c.

PRINCIPES DE PONCTUATION, fondés sur la nature du langage écrit, par M. FABY, ouvrage approuvé par l'Université. Un vol. in-12. 1 fr. 50 c.

PROCÈS DES EX-MINISTRES; Relation exacte et détaillée, contenant tous les débats et plaidoyers recueillis par les meilleurs sténographes. *Troisième édition.* 3 gros volumes in-18, ornés de quatre portraits gravés sur acier. 7 fr. 50 c.

ROMAN COMIQUE DE SCARON. 4 volumes in-12, figures. 6 fr.

RECUEIL GÉNÉRAL ET RAISONNÉ DE LA JURISPRUDENCE et des attributions des justices de paix, en toutes matières, civiles, criminelles, de police, de commerce, d'octroi, de douanes, de brevets d'invention, contentieuses et non contentieuses, etc. etc., par M. BIRET. Cet ouvrage, honoré d'un accueil distingué par les magistrats et les jurisconsultes, vient d'être totalement refondu dans une troisième édition; c'est à présent une véritable encyclopédie où l'on trouve tout, absolument tout ce que l'on peut désirer sur ces matières. Toutes les questions de droit, de compétence, d'procédure, y sont traitées, et des lacunes, des controverses très nombreuses y sont examinées et aplanies. *Troisième édition.* 2 forts volumes in-3. 1834. 14 fr.

SCIENCE (la) ENSEIGNÉE PAR LES JEUX, ou Théorie scientifique des jeux les plus usuels, accompagnée de recherches historiques sur leur origine, servant d'introduction à l'étude de la mécanique, de la physique, etc; traduit de l'anglais par M. RICHARD, professeur de mathématiques. Ouvrage orné d'un grand nombre de vignettes gravées sur bois par M. GODARD fils. 2 jolis volumes in-18 7 fr.

STATISTIQUE DE LA SUISSE, par M. PICOT, de Genève. 2 gros vol. in-12 de plus de 600 pages. 7 fr.

SERMONS DU PÈRE L'ENFANT, PRÉDICATEUR DU ROI LOUIS XVI. 8 gros volumes in-12, ornés de son portrait. *Deuxième édition.* 10 fr.

SYNONYMES (nouveaux) FRANÇAIS, à l'usage des Demoiselles; par mademoiselle Fisar. 1 volume in-12. 3 fr.

DE LA POUDRE LA PLUS CONVENABLE AUX ARMES A PISTON; par M. C. F. Veroxaud aîné. 1 volume in-18. 75 c.

THÉORIE DU JUDAISME, par l'abbé Chiarini, 2 vol. in-8. 10 fr.

TABLEAU DE LA DISTRIBUTION MÉTHODIQUE DES ESPÈCES MINÉRALES suivie dans le cours de minéralogie fait au Muséum d'histoire naturelle en 1833, par M. Alexandre Brongniart, professeur. Broch. in-8. 2 fr.

VOYAGE MÉDICAL AUTOUR DU MONDE, exécuté sur la corvette du roi *la Coquille*, commandée par le capitaine Duperrey, pendant les années 1822, 1823, 1824 et 1825; suivi d'un Mémoire sur les *Races humaines* répandues dans l'Océanie, la Malaisie et l'Australie; par M. Lesson. 1 vol. in-8. 4 fr. 5 c.

OUVRAGES POUR COMPTE.

ABRÉGÉ D'HISTOIRE UNIVERSELLE, *première partie*, comprenant l'histoire des Juifs, des Assyriens, des Perses, des Egyptiens et des Grecs, jusqu'à la mort d'Alexandre-le-Grand, avec des tableaux de synchronismes; par M. Bourgon, professeur de l'académie de Besançon. *Seconde édition.* 1 vol. 2 f.

ABRÉGÉ D'HISTOIRE UNIVERSELLE, *seconde partie*, comprenant l'histoire des Romains depuis la fondation de Rome; par M. Bourgon, etc. 1 vol. in-12. 3 f. 50 c.

ABRÉGÉ DE L'HISTOIRE UNIVERSELLE, *quatrième partie*, comprenant l'histoire des Gaulois, les Gallo-Romains, les Francs et les Français jusqu'à nos jours, avec des Tableaux de synchronismes; par M. J. J. Bourgon. 2 volumes in-12. 6 fr.

ARABESQUES POPULAIRES, suivies de l'Album des murailles. Un vol. in-18. 3 fr.

ALBUM TOPOGRAPHIQUE; par Perrot. 1 cahier oblong contenant six planches coloriées. 7 f.

ALMANACH DU CULTIVATEUR, pour l'année bissextile 1836, deuxième année. 25 c.

ARITHMÉTIQUE ÉLÉMENTAIRE, THÉORIQUE ET PRATIQUE; par Jouanne. 1 vol. in-8. 3 f. 50 c.

ART DE LEVER LES PLANS, et nouveau Traité d'arpentage et de nivellement; par Mastaing. 1 vol. in-12. 4 f.

ATLAS DE LESAGE. *Nouvelle édition.* In-fol. cartonné 130 f.

ANALYSES DES SERMONS du P. Guyon, précédées de l'Histoire de la mission du Mans. 1 vol. in-12.

CARTE TOPOGRAPHIQUE DE SAINTE-HÉLÈNE, très bien gravée. 1 f. 50 c.

CONGRÈS SCIENTIFIQUES DE FRANCE, première session, tenue à Caen en juillet 1833. Un vol. in-8. 4 f. 50 c.

CATALOGUE DES LÉPIDOPTÈRES DU DÉPARTEMENT DU VAR; par M. L.-P. Cantener. In-8. 2 fr.

CHIMIE APPLIQUÉE AUX ARTS; par Chaptal, membre de l'Institut. Nouvelle édition, avec les additions de M. Guillery. 5 livraisons en un seul gros vol. in-8. grand papier. 10 f.

CONSIDÉRATIONS SUR LES TROIS SYSTÈMES DE COMMUNI

CATIONS INTÉRIEURES, au moyen des routes, des chemins de fer et des canaux; par M. Navier, ingénieur des ponts et chaussées. 1 vol. in-4°. 6f.

COUPE THÉORIQUE DES DIVERS TERRAINS, ROCHES ET MINÉRAUX QUI ENTRENT DANS LA COMPOSITION DU SOL DU BASSIN DE PARIS; par MM. Cuvier et Alexandre Brongniart. Une feuille in-fol. 2 fr. 5o c.

COURS D'ARITHMÉTIQUE ET D'ALGÈBRE, élémentaires, théoriques et pratiques, avec un supplément pour les aspirans à la marine; par Jouanno. 1 vol. 6 f.

ÉLECTIONS (des) SELON LA CHARTE ET LES LOIS DU ROYAUME, un Examen des droits, privilèges et obligations attachés à la qualité d'électeur; par M. Boyard. 1 vol. in-8. 6 f.

ÉLÉMENS (nouveaux) DE LA GRAMMAIRE FRANÇAISE; par M. Fellens. 1 vol. in-12. 1 f. 25 c.

DES DROITS ET DES DEVOIRS DE LA MAGISTRATURE FRANÇAISE ET DU JURY, par M. Boyard, conseiller à la Cour Royale de Nancy. 1 vol. in-8. 6 f.

DESCRIPTION GÉOLOGIQUE DE LA PARTIE MÉRIDIONALE DE LA CHAÎNE DES VOSGES; par M. Rozet, capitaine au corps royal d'état-major. In-8, orné de planches et d'une jolie carte. 10 fr.

DESCRIPTION DES NOUVELLES MONTRES A SECONDES; par H. Robert. In-4 avec planches. 7 fr.

ESPRIT DU MÉMORIAL DE SAINTE-HÉLÈNE; par le comte de Las-Cases. 3 vol. in-12. 12 f.

ÉLÉMENS D'HISTOIRE NATURELLE, présentant dans une suite de tableaux synoptiques accompagnés de nombreuses figures, un précis complet de cette science; par C. Saucerotte, docteur en médecine de la faculté de Paris, membre correspondant de l'Académie royale de médecine et de plusieurs Sociétés savantes, auteur de divers ouvrages couronnés, professeur d'histoire naturelle, etc.

Cet ouvrage comprend trois parties, Minéralogie-Géologie, Botanique et Zoologie; il est accompagné d'un atlas de 35 pl. in-4, et terminé par une table étymologique des diverses branches de l'histoire naturelle.

Prix de l'ouvrage complet: 1 vol. in-4, de 3o feuilles d'impression, figures noires, 16 fr.; coloriées, 20 fr.

Chaque partie se vend séparément:

— Minéralogie-géologie, 2 édit., 1 vol. in-4, 5 planches, figures noires, 4 f.; coloriées, 8 fr.

— Botanique, 2 édit., 1 vol. in-4, 14 planches, figures noires, 5 fr. 5o c.; coloriées, 7 fr.

— Zoologie, 2 édit., 1 vol. in-4, 16 pl. fig. noires, 4 fr.; coloriées, 8 fr.

— Précis de géologie, 1 vol. in-4 avec 2 planches, 2 fr.

FONCTIONS (les) DE LA PEAU, et des Maladies graves qui résultent de leur dérangement; par M. Doussin-Dubreuil. 1 vol. in-12. 1 f. 5o c.

GÉOMÉTRIE USUELLE, dessin géométrique et dessin linéaire sans instrumens, en 120 tableaux dédiés à M. le baron Feutrier; par C. Bourseau. 1 vol. in-4. 10 f.

GLAIRES (des), de leurs eaux, de leurs effets, et des indications à remplir pour les combattre. Neuvième édition; par M. Doussin-Dubreuil. In-8. 4 f.

GRAMMAIRE NOUVELLE DES COMMENÇANS, contenant les dix parties du discours, développées et mises à la portée des enfans; par M. Baron, élève de M. Jacotot. 1 fr.

GUIDE GÉNÉRAL EN AFFAIRES, ou Recueil des modèles de tous les actes. Troisième édition, 1 vol. in-12. 4 f.

DICTIONNAIRE COMPLET GÉOGRAPHIQUE, STATISTIQUE ET COMMERCIAL DE LA FRANCE ET DE SES COLONIES; par M. Briand-de-Verzé. 2 vol. in-18. 9 fr.

ÉCLECTISME EN LITTÉRATURE, mémoire auquel la médaille d'or de première classe a été décernée; par madame Elisabeth Celnart. 1 fr. 25 c.

ÉDUCATION (de l') DES JEUNES PERSONNES, ou indication succincte de quelques améliorations importantes à introduire dans les pensionnats, par mademoiselle Fabre. 1 vol. in-12. 1 fr. 50 c.

ÉLÉMENS DE GÉOGRAPHIE UNIVERSELLE ancienne et moderne, par M. Noëllat. Un gros vol. in-12. 4 fr.

HEPTAMÉRON, ou les sept premiers jours de la création du monde, et les sept âges de l'église chrétienne. 1 grand vol. in-8. 5 fr.

JEUX DE CARTES HISTORIQUES; par M. Jouy, de l'Académie française. À 2 francs le jeu.

Contenant l'Histoire romaine, l'Histoire de la monarchie française, l'Histoire grecque, la Mythologie, l'Histoire sainte, la Géographie.

Celui-ci se vend 50 c. de plus, à cause du planisphère.

L'Histoire du Nouveau Testament pour faire suite à l'Histoire sainte, l'Histoire d'Angleterre, l'Histoire des animaux, l'Histoire des empereurs, la Lecture, la Musique, la Chronologie, l'Astronomie et la Botanique.

JOURNAL D'AGRICULTURE, d'Économie rurale et des Manufactures du royaume des Pays-Bas. La collection complète jusqu'à la fin de 1823 se compose de 16 vol. in-8. Prix, à Paris. 75 f.

LEÇONS D'ARCHITECTURE; par Durand. 2 vol. in-4. 40 f.
La partie graphique, ou tome troisième du même ouvrage : 20 f.

LETTRES INÉDITES de BUFFON, J.-J. ROUSSEAU, VOLTAIRE, PIRON, DE LALANDE, LARCHER, etc. 1 vol. in-12. 3 f.

LIBERTÉS (les) GARANTIES PAR LA CHARTE, ou de la Magistrature dans ses rapports avec la liberté de la presse et la liberté individuelle; par M. Boyard. 1 vol. in-8. 6 f.

MANUEL DES BAINS DE MER, leurs avantages et leurs inconvéniens, par M. Bior. 1 vol. in-18. 2 f.

MANUEL DES INSTITUTEURS ET DES INSPECTEURS D'ÉCOLES PRIMAIRES; par ***, membre d'un comité d'arrondissement, 1 vol. in-12. 4 f.

MANUEL DU CAPITALISTE; par M. Bonnet, 1 vol. in-8. 6 fr.

MANUEL DU NÉGOCIANT DANS SES RAPPORTS AVEC LA DOUANE, ouvrage indispensable aux armateurs, négocians, capitaines de navires, commissionnaires, courtiers, commis du dehors, etc.; par M. Bauzon Magnien, employé à la douane de Bordeaux, 1 volume in-12. 4 f.

MANUEL DES PEINTURES ORIENTALES ET CHINOISES en relief, par Saint Victor. 1 vol. in-18. 3 f.

MANUEL DES NOURRICES; par madame Elisabeth Celnart. Un vol. in-18. 1 fr. 50 c.

MANUEL DE TRÉFILERIE DE FIL DE FER, par M. Miguard-Billinge, 1 vol. in-18, 3 fr. 50 c.

MAPPEMONDE (la) de l'*Atlas de Lesage.* 2 f.

MODÈLES DE L'ENFANCE, *Deuxième édition,* revue et augmentée par M. l'abbé Théodore Perrin. 1 vol. in-18. 2 f.

SUITE AU MÉMORIAL DE SAINTE-HÉLÈNE, ou Observations critiques et anecdotes inédites pour servir de supplément et de correctif à cet ouvrage, contenant un manuscrit inédit de Napoléon, etc. Orné du portrait de Las Casas. 1 vol. in-8. 7 f.
Le même ouvrage. 1 vol. in-12. 3 f. 50 c.

MÉTHODE DE LECTURE ET D'ÉCRITURE, d'après les principes d'é...

seignement universel de M. Jacotot, développés et mis à la portée de tout à mande, par Beard, 1 vol. in-4. 1 f. 50 c.

NOUVEAU RÉPERTOIRE DE LA JURISPRUDENCE ET DE LA SCIENCE DU NOTARIAT, depuis son organisation jusqu'à présent, contenant, dans l'ordre alphabétique, l'extrait et l'analyse des meilleurs ouvrages et de tout ce qu'il y a de plus intéressant sur cette matière, avec des notes et formules, par J. J. S. Sebire, 1 vol. in-8. 7 fr.

NOUVEAUX APERÇUS SUR LES CAUSES ET LES EFFETS DES GLAIRES, par M. Boisseau Hesseuil. In-8. 2 fr.

ŒUVRES DE M. BALLANCHE, 5 vol. in-8. papier vélin, 4 ont paru. Prix de chaque vol. 9 fr.

Les mêmes, 10 volume in-18, papier vélin, 12 ont paru, prix de chaque volume. 1 fr. 50 c.

POÉSIES D'ADAM MICKIEWICZ, 5 volumes in-18, papier vélin superfin d'Annonay. 15 fr.

PHILOSOPHIE ANTI-NEWTONIENNE, ou Essai sur une nouvelle physique de l'univers, par M. J. Beaufré, 5 livraisons in-8. 4 fr. 50 c.

RECUEIL DE MOTS FRANÇAIS, rangés par ordre de matières, avec des notes sur les locutions vicieuses et des règles d'orthographe, par B. Pautex. Quatrième édition, in-8, cart. 1 fr. 50 c.

RECUEIL ET PARALLÈLES D'ARCHITECTURE, par M. Durand. Grand in-fol. 180 fr.

RAPPORTS DES MONNAIES, POIDS ET MESURES des principaux états de l'Europe; ce tarif est collé sur bois. 3 fr.

SOURD-MUET (le) ENTENDANT PAR LES YEUX, ou Triple Moyen de communication avec ces infortunés, par des procédés abréviatifs de l'écriture, suivi d'un projet d'imprimerie syllabique; par le père d'un sourd-muet. Un vol. in-4°. 7 f.

STÉNOGRAPHIE, ou l'Art d'écrire aussi vite que la parole: méthode simplifiée d'après les systèmes des meilleurs auteurs français, avec 4 planches, par C. D. Lagache. Un vol. in-8°. 3 fr. 50 c.

STÉNOGRAPHIE, ou l'Art d'écrire aussi vite que la parole; par M. Conen de Prépéan. Nouvelle édition. 4 f. 50 c.

SOUVENIRS ATLANTIQUES, Voyage aux États-Unis et au Canada; par Théodore Pavie, 2 vol. in-8. 15 fr.

TABLEAU DES PRINCIPAUX ÉVÉNEMENS QUI SE SONT PASSÉS A REIMS, depuis Jules-César jusqu'à Louis XVI inclusivement; par M. Camus-Daras. Deuxième édition, revue et augmentée. 1 vol. in-8°. 10 f.

TRAITÉ SUR LA NOUVELLE DÉCOUVERTE DU LEVIER VOLUTE, dit LEVIER-VINET. In-18. 1 f. 50 c.

TOPOGRAPHIE DE TOUS LES VIGNOBLES CONNUS, contenant tous les renseignemens géographiques, statistiques et commerciaux qui peuvent intéresser les consommateurs et les négocians; quatrième édition, un volumes in-8°. Prix, 7 fr. 50

Ouvrages de M. l'abbé Caron,

LA ROUTE DU BONHEUR. 1 vol. in-18. 1 f.

L'ART DE RENDRE HEUREUX TOUT CE QUI NOUS ENTOURE 2 vol. in-18. 2 f.

LA VERTU PARÉE DE TOUS SES CHARMES. 1 vol. in-18. 1 f.

LE BEAU SOIR DE LA VIE. 1 vol. in-18. 1 f.

L'ECCLÉSIASTIQUE ACCOMPLI. 1 vol. in-18. 1 f.

LES ÉCOLIERS VERTUEUX. 2 vol. in-18 4 f.

L'HEUREUX MATIN DE LA VIE. 1 vol. in-18. 1 f.

NOUVELLES HÉROÏNES CHRÉTIENNES. 2 vol. in-18. 4 f.

PENSÉES CHRÉTIENNES. 12 volumes in-18. 21 f.

— ECCLÉSIASTIQUES. 12 vol. in-18. 21 f.

RECUEIL DE CANTIQUES ANCIENS ET NOUVEAUX, 1 vol. in-18, 1 f. 50 c.

Ouvrages de M. Noël.

ABRÉGÉ DE LA GRAMMAIRE FRANÇAISE; par MM. Noël et Chapsal, 1 vol. in-12. 90 c.

GRAMMAIRE LATINE (nouvelle) sur un plan très méthodique; par M. Noël, inspecteur de l'université et M. Pettens, un vol. 1 fr. 80 c.

GRAMMAIRE FRANÇAISE (nouvelle) sur un plan très méthodique avec e nombreux exercices d'Orthographe, de Syntaxe et de Ponctuation, tirés des meilleurs auteurs, et distribués dans l'ordre des Règles; par MM. Noël et Apsat. 3 volumes in-12 qui se vendent séparément, savoir :
— La Grammaire, 1 vol. 1 f. 50 c.
— Les Exercices, 1 vol. 1 f. 50 c.
— Le corrigé des Exercices. 2 f.

LEÇONS D'ANALYSE GRAMMATICALE, contenant : 1° des Préceptes sur l'art d'analyser; 2° des Exercices et des sujets d'analyse grammaticale, gradués et calqués sur les Préceptes; par MM. Noël et Chapsal. 1 vol. in-12. 1 f. 80 c.

LEÇONS D'ANALYSE LOGIQUE, contenant : 1° les préceptes de l'art d'analyser; 2° des Exercices et des sujets d'analyse logique, gradués et calqués sur les Préceptes; par MM. Noël et Chapsal. 1 vol. in-12. 1 f. 80 c.

TRAITÉ (nouveau) **DES PARTICIPES**, suivi de dictées progressives, par MM. Noël et Chapsal. 1 vol. in-12. 2 f.

CORRIGÉ DES EXERCICES SUR LE PARTICIPE. 1 vol. in-12. 2 f.

COURS DE MYTHOLOGIE. 1 vol. in-12. 2 f.

NOUVEAU DICTIONNAIRE DE LA LANGUE FRANÇAISE. 5e édition. 1 vol. in-8, grand papier. 8 f.

Ouvrages de M. Olivier.

ARITHMÉTIQUE USUELLE ET DE COMMERCE, ou Cours complet de calcul théorique et pratique. Sixième édition. 1 vol. in-12. 2 f. 50 c.

RECUEIL des 500 exercices et des 350 problèmes très variés, contenus dans l'Arithmétique usuelle et de commerce. 6e édition. In-12. 1 f. 25 c.

PHYSIQUE USUELLE, ou Thèmes sur la physique, pour être appris de mémoire, par les élèves. Deuxième édition. In-12. 2 f.

TOISÉ DES SURFACES ET DES VOLUMES, autrement appelé Planimétrie et Stéréométrie. In-12. 1 f.

GÉOMÉTRIE USUELLE, ou Cours de mathématiques théorique et pratique. 1 vol. in-8. 6 f.

MÉCANIQUE USUELLE, contenant la théorie des forces, ainsi que l'application de ces principes aux différentes machines, telles que les leviers, les poulies et moufles, le treuil, le plan incliné, la vis et le coin, le tout suivi de problèmes; par G.-F. Olivier, bachelier ès sciences, etc. 1 fr. 50 c. Cet ouvrage, réellement élémentaire et à la portée de tout le monde, faisant suite à la *Géométrie usuelle*, est principalement destiné aux jeunes élèves des collèges et institutions.

Ouvrages de M. Viterol.

GRAMMAIRE CLASSIQUE, ou cours complet et simplifié de langue française, théorique et pratique réellement élémentaire et à la portée des jeunes élèves de l'un et de l'autre sexe. 1 fr. 25 c.

EXERCICES sur l'orthographe et la Syntaxe. 1 fr. 25 c.

GÉOGRAPHIE CLASSIQUE suivie d'un Dictionnaire explicatif des lieux principaux de la géographie ancienne, à l'usage des jeunes élèves des collèges et institutions. 1 fr. 25 c.

CHRONOLOGIE CLASSIQUE, ou abrégé d'Histoire générale, 1re partie, comprenant l'*Histoire ancienne*, c'est-à-dire l'Histoire suivie et non interrompue de chacun des principaux peuples qui ont existé sur la terre, jusqu'à l'écipine dé ceux qui y existent maintenant. A l'usage des jeunes élèves des collèges et institutions. a fr.

Ouvrages pour les Écoles chrétiennes.

ABRÉGÉ DE GÉOMÉTRIE PRATIQUE appliquée au dessin linéaire, au toisé et au lever des plans, suivi des principes de l'architecture et de la perspective; par F. P. et L. C. Ouvrage orné de 430 figures en taille douce. Prix, broché: 2 f. 50 c.

NOUVEAU TRAITÉ D'ARITHMÉTIQUE DÉCIMALE, contenant toutes les opérations ordinaires du calcul, les fractions, la racine carrée, les réductions des anciennes mesures, et réciproquement; un abrégé de l'ancien calcul, les principes pour mesurer les surfaces et la solidité des corps, etc. Édition enrichie de 1316 problèmes à résoudre, et d'une planche représentant plusieurs gravures de géométrie, pour servir d'exercice aux élèves; par les mêmes. Vol. in-12 de 2 6 pages. Prix, broché: 1 f. 50 c.

RÉPONSES ET SOLUTIONS des 1316 questions et problèmes contenus dans le nouveau Traité d'arithmétique décimale; par les mêmes. Vol. in-12 de 81 pages. Prix, broché: 1 f. 50 c.

NOUVELLE CACOGRAPHIE, dont les exemples sont tirés tant de l'Écriture-Sainte que des saints Pères et autres bons auteurs; suivie de modèles d'actes; par les mêmes. Vol. in-12. Prix, broché. 75 c.

CORRIGÉ DES EXERCICES DE LA CACOGRAPHIE, dont les exemples sont tirés tant de l'Écriture-Sainte que des saints Pères et autres bons auteurs; par les mêmes. 1 vol. in-12. Prix, broché: 1 f.

ABRÉGÉ DE GÉOGRAPHIE COMMERCIALE ET HISTORIQUE, contenant un précis d'astronomie selon le système de Copernic, les définitions des différens météores, un tableau synoptique pour chaque département, et des notions historiques sur les divers états du globe, etc.; par L. C. et F. P. Vol. in-12 orné de 6 cartes géographiques. A l'usage des écoles primaires. 1 f. 50 c.

OUVRAGES D'ASSORTIMENT.

ABRÉGÉ DE LA FABLE, ou de l'Histoire poétique, par Jouvency, trad. en français et rangé suivant la méthode de Dumarsais. In-18. 1 f. 50 c.

ABRÉGÉ DE LA GRAMMAIRE FRANÇAISE, par M. de Wailly. Dernière édition. 1 vol. in-12. 75 c.

ABRÉGÉ DE L'HISTOIRE DE FRANCE, à l'usage des élèves de l'ancienne école royale militaire. 1 vol. in-12, cart. 2 fr.

— **DE L'HISTOIRE ROMAINE,** *idem,* in-12, cart. 2 fr.

— **DE L'HISTOIRE ANCIENNE,** *idem,* in-12, cart. 2 fr.

— **DE L'HISTOIRE SAINTE,** *idem,* in-12, cart. 1 fr. 75 c.

— **DE LA FABLE,** *idem,* in-12, cart. 1 fr.

ANNÉE AFFECTIVE, par Avrillon. In-12. 2 f. 50 c.

ABRÉGÉ DES TROIS SIÈCLES DE LA LITTÉRATURE FRANÇAISE, par Sabatier de Castres. 1 vol. in-12. 5 f.

ABRÉGÉ DU COURS DE LITTÉRATURE DE LA HARPE, par Perrin. *Deuxième édition.* 2 vol. in-12. 7 f.

AVENTURES DE TÉLÉMAQUE, par Fénelon. *Nouvelle édition,* avec des notes géographiques et mythologiques, et des remarques pour l'intelligence de ce poème, augmentée des Aventures d'Aristonoüs. 1 vol. in-12. 2 f. 50 c.

AVENTURES DE ROBINSON CRUSOÉ. 4 vol. in-18. 6 f.

Le même ouvrage. 2 vol. in-32. 6 f.

AME (l') CONTEMPLANT LES GRANDEURS DE DIEU. In-12. 2 f. 50 c.

ÂME (l') AFFERMIE DANS LA FOI, et prémunie contre la séduction de l'erreur. 1 vol in-12   2 f. 50 c.

AMÉLIE MANSFIELD, par madame COTTIN. 3 vol. in-18.   4 f.

AVIS AUX PARENS, sur la nouvelle méthode d'enseignement mutuel; par G. C. HERPIN. 1 vol. in-12.   2 f. 50 c.

BEAUX TRAITS DU JEUNE AGE, par FRÉVILLE. Troisième édition. 1 vol. in-12   3 f.

CATÉCHISME HISTORIQUE, par FLEURY. Un vol. in-18, cart.   60 c.

CÆSARIS COMMENTARII, ad usum Collegiorum. 1 vol. in-18. 1 f. 40 c.

CANTIQUES DE SAINT-SULPICE ; 1 volume in-18.   1 fr. 25 c.

CÉVENOL (le vieux), par RABAUT SAINT-ÉTIENNE, 1 vol. in-18.   3 f.

CICÉRONIS ORATOR. In-18.   75 c.

COMMENTAIRES (les) DE CÉSAR. Nouvelle édition, retouchée avec soin, par M. de WAILLY. 2 vol. in-12.   6 f.

CORNELII NEPOTIS Vitæ excellentium imperatorum. 1 vol. in-18. 1 f.

DICTIONNAIRE (nouveau) DE POCHE FRANÇAIS-ANGLAIS ET ANGLAIS-FRANÇAIS, par NUGENT. Dix-huitième édition, revue par M. FAIN 2 vol. in-16.   6 f.

DOCTRINE CHRÉTIENNE DE LHOMOND. In-12.   1 f. 50 c.

ÉDUCATION DES FILLES, par Fénelon. in-18, fig.   1 fr. 50 c.

ÉLÉMENS DE LA CONVERSATION ANGLAISE, par PERRIN, revus par FAIN. 1 vol in-12.   1 f. 25 c.

ÉLÉMENS D'ARITHMÉTIQUE, suivis d'exemples raisonnés en forme d'anecdotes, à l'usage de la jeunesse ; par un Membre de l'Université. 1 vol. in-12.   1 f. 50 c.

ÉPITRES ET ÉVANGILES DES DIMANCHES ET FÊTES DE L'ANNÉE, avec de courtes réflexions. Édition augmentée des Prières de la Messe et des Vêpres du dimanche. In-12.   2 f. 50 c.

ESPRIT (de l') DES LOIS, par MONTESQUIEU. Nouvelle édition, ornée du portrait de l'auteur. 4 gros vol. in-12.   12 f.

ESQUISSE D'UN TABLEAU HISTORIQUE DES PROGRÈS DE L'ESPRIT HUMAIN, par CONDORCET. 1 gros vol. in-18.   3 fr.

FABLES DE LAFONTAINE, avec figures, 1 vol. in-18, br.   1 fr. 50 c.

— DE FLORIAN, avec figures, 1 vol. in-18, br.   1 fr. 50 c.

LA FILLE D'UNE FEMME DE GÉNIE, traduit de l'anglais. 2 vol. in-12, avec figures.   6 fr.

GRAMMAIRE FRANÇAISE DE RESTAUT. Gros vol. in-12. 2 f. 50 c.

GRANDEUR (de la) DES ROMAINS, par MONTESQUIEU. 1 vol. in-12. 2 f.

GRADUS AD PARNASSUM, ou Dictionnaire poétique latin-français. Grand in-8.   7 f.

GUIDE DU MARÉCHAL, par LAFOSSE. Nouvelle édition.   7 f. 50 c.

HISTOIRE DES DOUZE CÉSARS, par F. DE LA HARPE. Cinquième édit. 3 vol. in-18.   6 f. 50 c.

HISTOIRE ABRÉGÉE DE L'ANCIEN TESTAMENT, à l'usage de toutes les écoles. 1 vol. in-12, cart.   1 fr. 50 c.

HISTORIETTES ET CONVERSATIONS A L'USAGE DES ENFANS, par BERQUIN. 2 vol. in-8.   3 f.

JARDINS (les quatre) ROYAUX DE PARIS. 1 vol. in-8. Troisième édition 1 f. 500.

JÉRUSALEM DÉLIVRÉE, traduite en vers, par M. OCTAVIEN. 2 vol. in-8. 8 f.

JUSTINII HISTORIARUM ex Trogo Pompeio Libri XLIV. In-18. 1 f. 50 c.

JULII CÆSARIS COMMENTARII, 1 vol. in-18.   1 f. 50 c.

LETTRES DE MESDAMES DE COULANGES ET DE NINON DE LENCLOS, suivies de la Coquette vengée. 1 vol. in-12. 1 f. 50 c.

LETTRES DE MESDAMES DE VILLARS, DE LAFAYETTE ET TENCIN. 1 vol. in-12. 1.50 c.

LETTRES DE MADEMOISELLE AISSÉ, accompagnées d'une notice biographique et de notes explicatives. 1 vol. in-12. 1 f. 50 c.

LETTRES PERSANES, par Montesquieu. *Nouvelle édit.* 1 vol. in-12. 3 f.

LETTRES DE J. MULLER à ses amis, MM. Bonstetten et Gleim, précédées de la vie et du tombeau de l'auteur. in-8. 6 f.

MALVINA, par madame Cottin. 3 vol. in-8. 4 f.

MÉMOIRES DE GRAMMONT, par Hamilton. 2 vol. in-32, fig. 3 f.

MÉMOIRES DU CARDINAL DE RETZ, DE GUY-JOLY ET DE LA DUCHESSE DE NEMOURS. *Nouvelle édition.* 6 vol. in-8, avec portrait. 36 f.

MORALE (la) EN ACTION, ou Élite de faits mémorables et d'anecdotes instructives. 1 vol. in-12, orné de 4 gravures. Paris, 1820. 3 f.

MORCEAUX CHOISIS DE FLÉCHIER, par Rolland. 1 vol. in-18, portrait. 1 f. 80 c.

MORCEAUX CHOISIS DE FLEURY, par Rolland. 1 vol. in-18, portrait. 1 f. 80 c.

ŒUVRES DE CHAMPFORT. 5 vol. in-8. 30 f.

ŒUVRES DRAMATIQUES DE DESTOUCHES. 6 vol. in-8. 56 f.

PARFAIT (le) CUISINIER, ou le Bréviaire des Gourmands. 1 volume in-12. 3 f.

PARFAIT (le) MODÈLE. 1 vol. in-12. 1 f. 25 c.

PRÉCEPTEUR (le) DES ENFANS, par madame de Renneville. 1 vol. in-12. 3 f.

PSAUTIER de David. *Nouvelle édition.* 1 vol. in-12. 1 f.

RÉCRÉATIONS D'EUGÉNIE, par madame de Renneville. Troisième édition. 1 vol. in-18, orné de 4 jolies figures. 1 f. 50 c.

RÉVOLUTION DE CONSTANTINOPLE en 1807 et 1808, par M. Juchereau de Saint Denis. 2 vol. in-8. 9 f.

SELECTA E NOVO TESTAMENTO Historiæ ex Erasmo desumptæ. 1 vol. in-18. 1 f. 40 c.

Souvenirs de madame de Caylus. 1 vol. in-12. 3 fr.

TRAITÉ DE LA VENTE, par Pothier. 1 vol. in-32. 2 f.

DE LA MORT CIVILE en France, par M. Desquiron de Saint-Agnant, avocat près la Cour royale de Paris. 1 vol. in-8. 7 f.

VÉRITABLE (le) ESPRIT DE J.-J. ROUSSEAU, par M. l'abbé Sabatier, 3 vol. in-8. 15 f.

VIE DE SAINT LOUIS DE GONZAGUE, de la Compagnie de Jésus. 1 vol. in-12. 2 f. 50 c.

VOYAGE DE CHAPELLE ET BACHAUMONT. 1 vol. in-32. 1 f. 50 c.

VOYAGES (les) DE GULLIVER, traduits de Swift par Desfontaines. *Nouvelle et très jolie édit.* 4 vol. in-18, ornés de belles gravures. Paris. 6 f.

Imprimerie de BOURGOGNE et MARTINET, successeurs de Lachevardière, rue du Colombier, n. 30.

www.ingramcontent.com/pod-product-compliance
Lightning Source LLC
Chambersburg PA
CBHW070240200326
41518CB00010B/1628